Value Proposition Design

Die amerikanische Originalausgabe erschien erstmals 2014 unter dem Titel
Value Proposition Design: How to Create Products and Services Customers Want
bei John Wiley & Sons, Inc., Hoboken, New Jersey.

MIX
Papier aus verantwortungsvollen Quellen
FSC
www.fsc.org
FSC® C089473

Klimaneutral
Papier
ClimatePartner.com/13732-1910-1001

ISBN 978-3-593-50331-8 Print
ISBN 978-3-593-42978-6 E-Book (PDF)
ISBN 978-3-593-42997-7 E-Book (EPUB)

Umschlaggestaltung: Guido Klütsch, Köln unter Verwendung des Originals von Alan Smith und Trish Papadakos
Satz: Fotosatz L. Huhn, Linsengericht
Gesetzt aus der Maquette und Sketchnote
Druck und Bindung: Beltz Grafische Betriebe GmbH, Bad Langensalza
Beltz Grafische Betriebe ist ein klimaneutrales Unternehmen (ID 15985-2104-1001)
Printed in Germany

www.campus.de

Entwickeln Sie Produkte und Services,
die Ihre Kunden wollen.
Beginnen Sie mit …

Value Proposition Design

strategyzer.com/vpd

Verfasst von
Alex Osterwalder
Yves Pigneur
Greg Bernarda
Alan Smith

Designed von
Trish Papadakos

Übersetzt von
Jordan T. A. Wegberg

Campus Verlag
Frankfurt/New York

1 Canvas

2 Design

3 Test

4 Weiterentwickeln

Sie werden von Value Proposition Design begeistert sein, wenn ...

die Aufgabe echter Wertschöpfung Sie schon einmal überfordert hat

Manchmal haben Sie das Gefühl, ...

- es sollte bessere Hilfsmittel geben, damit Sie für Ihre Kunden und Ihr Geschäft Wert schaffen können.
- Sie verfolgen möglicherweise die falschen Ziele und sind sich unsicher über die nächsten Schritte.
- es ist schwer herauszufinden, was Kunden wirklich wollen.
- die Informationen und Daten, die Sie von (potenziellen) Kunden bekommen, sind verwirrend, und Sie wissen nicht, wie Sie sie am besten sortieren sollen.
- es ist eine echte Herausforderung, jenseits von Produkten und Merkmalen ein grundlegendes Verständnis für die Kundenwertschöpfung zu erlangen.
- Ihnen fehlt der Überblick, wie all die Puzzleteile zusammenpassen.

Sie frustriert sind von ergebnislosen Meetings und schlecht eingespielten Teams

Ihre Erfahrungen mit Teams sind:

- Ihnen fehlen eine gemeinsame Sprache und ein gemeinsames Verständnis für Kundenwertschöpfung.
- Sie stecken in unproduktiven Meetings fest, bei denen jede Menge unstrukturiertes Blabla geäußert wird.
- Sie arbeiten ohne klare Prozesse und Hilfsmittel.
- Sie sind hauptsächlich auf Technologie, Produkte und Merkmale konzentriert statt auf die Kunden.
- Sie führen Besprechungen durch, die Ihnen die Energie aussaugen und ohne klare Ergebnisse enden.
- Sie sind schlecht zusammengestellt.

Sie an riskanten, prestigeträchtigen Projekten beteiligt waren, die schiefgegangen sind

Sie haben Projekte erlebt, die …

- waghalsige Unternehmungen waren, gescheitert sind und eine Menge Geld verschwendet haben.
- viel Energie in das Ausfeilen und Verfeinern eines Businessplans investiert haben, bis die Illusion geschaffen war, dass es tatsächlich funktionieren könnte.
- viel Zeit in die Erstellung ausführlicher Tabellen gesteckt haben, die komplett fiktiv waren und sich als falsch erwiesen.
- mehr Zeit für die Entwicklung und Diskussion von Ideen gekostet haben, anstatt sie an Kunden und Stakeholdern zu testen.
- Meinungen den Vorrang vor Fakten aus der Feldforschung eingeräumt haben.
- keine klaren Prozesse und Werkzeuge zur Risikominimierung hatten.
- Prozesse verwendeten, die sich eher für das Führen eines Geschäfts eigneten als für die Entwicklung neuer Ideen.

Sie schon mal enttäuscht waren vom Scheitern einer guten Idee.

Download Poster »Vom Scheitern zum Erfolg«

Value Proposition Design wird Ihnen gute Dienste dabei leisten …

die Muster der Wertschöpfung zu begreifen

Organisieren Sie die Informationen darüber, was Kunden wollen, auf einfache Art und Weise, um die Muster der Wertschöpfung leicht erkennbar zu machen. Im Ergebnis können Sie effektiver Wertangebote und profitable Geschäftsmodelle gestalten, die unmittelbar auf die dringendsten und wichtigsten Wünsche und Bedürfnisse Ihrer Kunden abzielen.

Gewinnen Sie Klarheit.

die Erfahrungen und Kenntnisse Ihres Teams zu nutzen

Verschaffen Sie Ihrem Team eine gemeinsame Sprache, um Geschwätz zu vermeiden, strategiebezogene Gespräche zu führen, kreative Übungen durchzuführen und eine gemeinsame Linie zu finden. Das führt zu angenehmeren Besprechungen voller Schwung und erzeugt brauchbare Ergebnisse, die über den Fokus auf Technologie, Produkte und Merkmale hinausgehen und sich an der Wertschöpfung für Ihre Kunden und Ihr Unternehmen orientieren.

Bringen Sie Ihr Team in Einklang.

keine Zeit mit Ideen zu verschwenden, die nicht funktionieren

Testen Sie hartnäckig die wichtigsten Hypothesen Ihrer Geschäftsideen, um das Risiko des Scheiterns zu verringern. Das gibt Ihnen die Möglichkeit, auch kühne Ideen zu verfolgen, ohne in den Ruin zu gehen. Ihre Prozesse zur Bildung neuer Ideen werden den Aufgaben gerecht und ergänzen Ihre bestehenden Abläufe, die Ihnen beim Führen Ihres Geschäfts helfen.

Minimieren Sie das Risiko des Scheiterns.

zu entwerfen, zu testen und das zu bieten, was Kunden wollen

Download Poster »Vom Scheitern zum Erfolg«

Unser Wertangebot an Sie

Die Links, die Sie am Rand jeder Seite sehen, verweisen auf Ressourcen im Online-Begleitmaterial.

Achten Sie auf das Strategyzer-Logo, und folgen Sie den Links zu Online-Übungen, Werkzeugen/Vorlagen, Postern und anderem.

Anmerkung: Um Zugriff auf diese exklusiven Online-Angebote von *Value Proposition Design* zu erhalten, müssen Sie nachweisen, dass das Buch Ihr Eigentum ist. Halten Sie das Buch bereit, damit Sie die Geheimfragen beantworten und Ihre Eigentümerschaft bestätigen können!

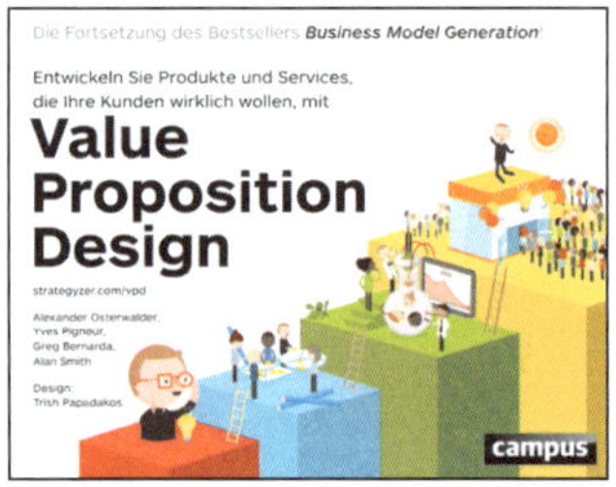

VPD-Buch
+
VPD-Online-Begleitmaterial

App + Online-Kurse

Weitermachen mit zusätzlichen Werkzeugen und Kursen

Lässt Produkte und Dienstleistungen schaffen, die Kunden wünschen
Kombinierbar mit anderen Geschäfts-methoden
Minimiert das Risiko eines (großen) Scheiterns
Anwenden
Integration in die Business Model Canvas
Schafft Ver-ständnis dafür, was den Kun-den wichtig ist
Erfolg haben!
Hilft bei der Herausbildung von Ideen
Erprobte und effektive Abfolge von Business-Tools
Zugang zu Materialien und Wissen für Fortgeschrittene
Faszinierendes Online-Multimedia-Angebot
Softwareunter-stützte Methodik
Praktisches, bildhaftes und angenehmes Format
Gemeinsame Sprache für Kommunikation und Zusammen-arbeit
Mit Gleichgesinnten austauschen und lernen
Ermöglicht (Selbst-)Ein-schätzung von Praxis und Fähigkeiten
Knapper, deutlicher und umsetzbarer Inhalt vermeidet Verwirrung
Anleitung zum Einstieg
Lernen

Die Werkzeuge und Abläufe von *Value Proposition Design*

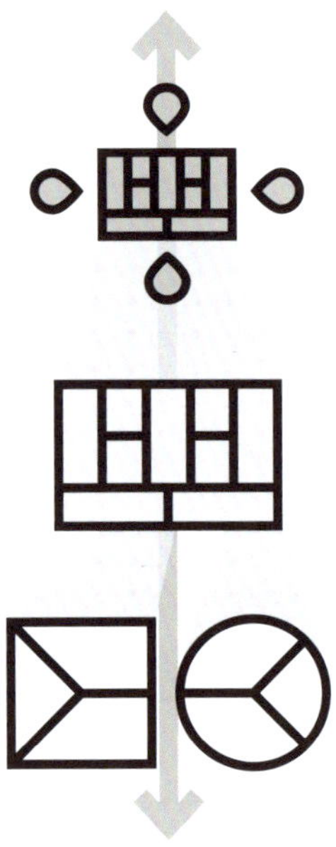

Canvas

Werkzeuge

Design / Test

Recherche

Das Herzstück von *Value Proposition Design* ist die Anwendung von **Werkzeugen** für die verwirrende **Suche** nach Wertangeboten, die Kunden wünschen, um diese dann in einer **Überprüfung** auf die Kundenwünsche abzustimmen.

Value Proposition Design zeigt Ihnen die Anwendung der **Value Proposition Canvas**, um bei einer schrittweisen **Suche** nach den **Wünschen** Ihrer Kunden großartige Wertangebote zu entwerfen und zu testen. Die Gestaltung von Wertangeboten ist ein nie endender Prozess, bei dem Sie Ihre Wertangebote fortwährend **weiterentwickeln** müssen, damit sie für Ihre Kunden relevant bleiben.

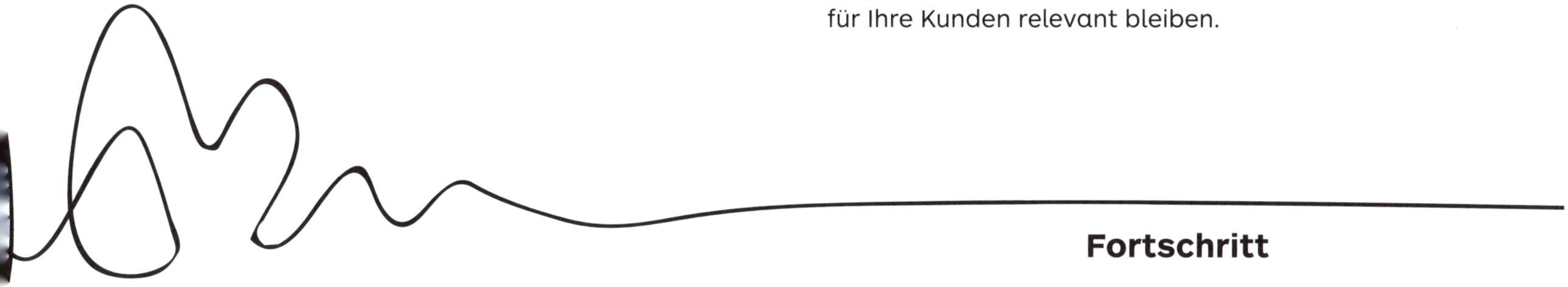

Fortschritt

Organisieren Sie den verwirrenden und non-linearen Prozess der Gestaltung von Wertangeboten und reduzieren Sie Risiken, indem Sie systematisch die passenden Werkzeuge und Abläufe anwenden.

Weiterentwickeln

Überprüfung

Design-Schnörkel übernommen von Damien Newman, Central.

Eine ganzheitliche Abfolge von Tools

Die Value Proposition Canvas ist das Werkzeug im Mittelpunkt dieses Buchs. Es macht Wertangebote sichtbar und begreifbar und dadurch leichter zu besprechen und zu managen. Es fügt sich nahtlos in die Business Model Canvas und die Environment Map ein, zwei Tools, die wir ausführlich in *Business Model Generation** vorstellen, dem Pendant des vorliegenden Buchs. Gemeinsam bilden sie die Grundlage für eine Reihe von Business-Werkzeugen.

Die Value Proposition Canvas schärft den Blick auf die Details zweier Bausteine der Business Model Canvas.

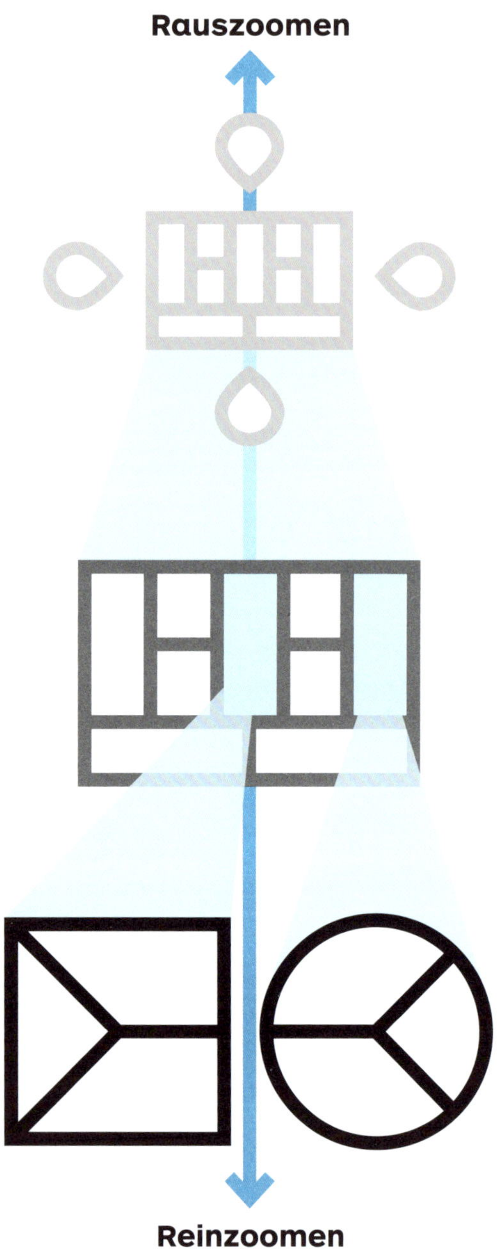

** Osterwalder und Pigneur, Business Model Generation (2011).*

Die
Environment Map
hilft Ihnen zu verstehen,
in welchem Kontext Sie arbeiten.

Die
Business Model Canvas
hilft Ihnen,
für Ihr Unternehmen Wert zu schöpfen.

Die
Value Proposition Canvas
hilft Ihnen,
für Ihre Kunden Wert zu schöpfen.

Zur Erinnerung: Die Business Model Canvas

Betten Sie Ihr Wertangebot in ein tragfähiges Geschäftsmodell ein, um für Ihr Unternehmen Wert zu schöpfen. Dazu können Sie die Business Model Canvas verwenden:
ein Werkzeug, das beschreibt, wie Ihr Unternehmen Wert schafft, vermittelt und gewinnt. Die Business Model Canvas und die Value Proposition Canvas fügen sich perfekt ineinander, wobei Letztere als eine Art Plug-in für Erstere dient und Ihnen ermöglicht, sich auf die Details dessen zu konzentrieren, wie Sie für Ihre Kunden Wert schaffen.

Die Auffrischung der Business Model Canvas auf dieser Seite ist ausreichend, um mit diesem Buch zu arbeiten und großartige Wertangebote zu schaffen. Wenn Ihr Interesse darüber hinausgeht, nutzen Sie die Online-Quellen oder kaufen Sie *Business Model Generation**, das Pendant dieses Buchs.

Kundensegmente
... sind die Gruppen von Personen und/oder Organisationen, die ein Unternehmen zu erreichen versucht und für die es mit einem speziell ausgearbeiteten Wertangebot Wert schaffen möchte.

Wertangebote
... beruhen auf einem Bündel von Produkten und Dienstleistungen, die für ein Kundensegment Wert schaffen.

Kanäle
... beschreiben, wie ein Wertangebot mittels Kommunikation, Distribution und Verkaufskanälen einem Kundensegment kommuniziert und übermittelt wird.

Kundenbeziehungen
... beschreiben, welche Art von Beziehung zu jedem Kundensegment geschaffen und aufrechterhalten wird, und sie erklären, wie Kunden geworben und gehalten werden.

Einnahmequellen
... resultieren aus einem Wertangebot, das erfolgreich einem Kundensegment unterbreitet wurde. Es geht darum, wie eine Organisation Wert schafft zu einem Preis, den Kunden zu zahlen bereit sind.

Schlüsselressourcen
... sind das wichtigste Gut, um die oben beschriebenen Elemente bereitzustellen und zu übermitteln.

Schlüsselaktivitäten
... sind die wichtigsten Aktivitäten, die ein Unternehmen benötigt, um erfolgreich zu agieren.

Schlüsselpartnerschaften
... zeigen das Netzwerk von Zulieferern und Partnern, die externe Ressourcen und Aktivitäten einbringen.

Kostenstruktur
... beschreibt alle Kosten, die beim Umsetzen eines Geschäftsmodells anfallen.

Gewinn
... wird berechnet, indem man die Gesamtkosten der Kostenstruktur von der Gesamtheit aller Ertragsströme abzieht.

** Osterwalder und Pigneur, Business Model Generation (2011).*

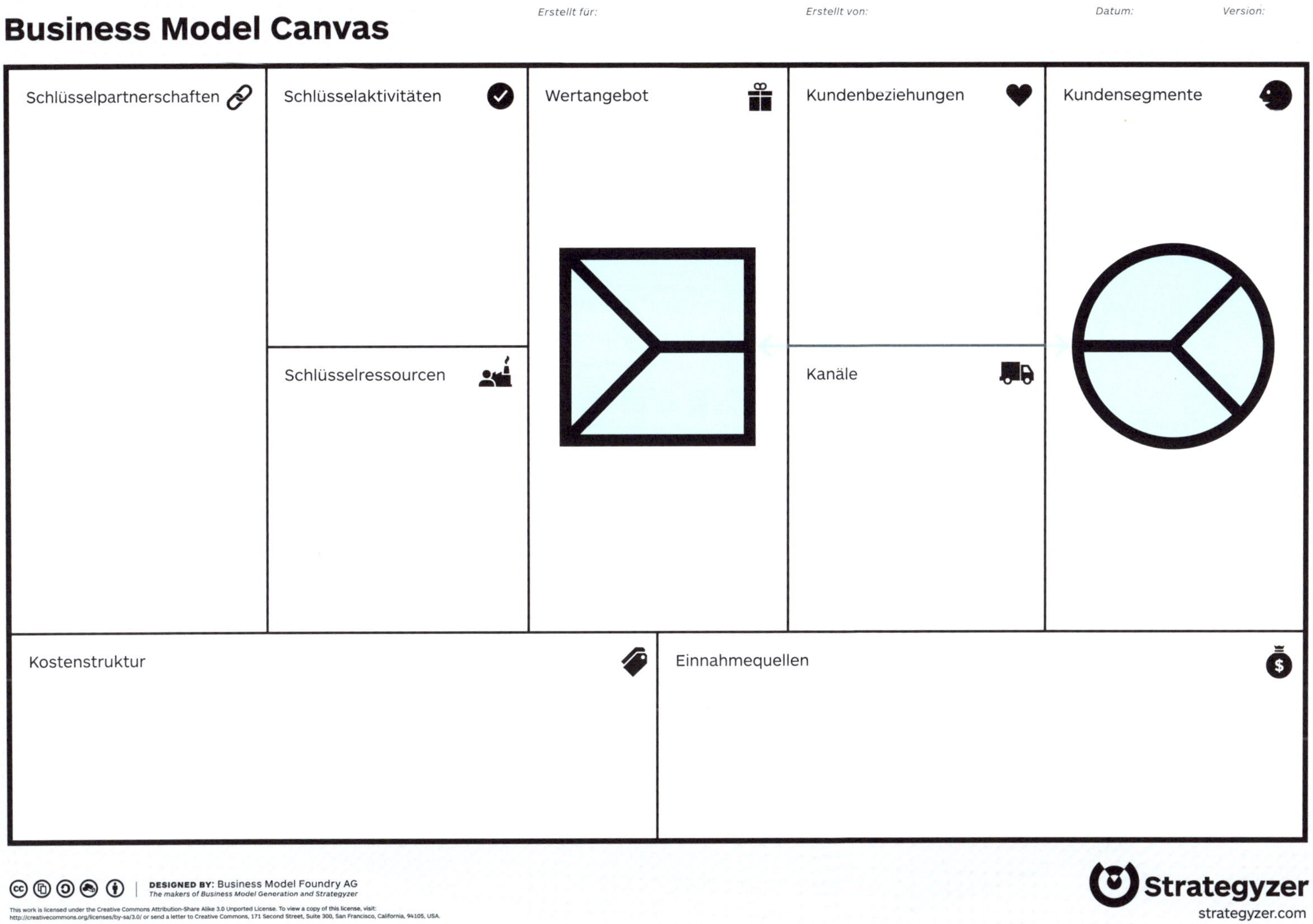

Download PDF Business Model Canvas und ausführliche Erklärung

Value Proposition Design funktioniert bei …

Schaffen Sie selbst etwas vollkommen Neues oder sind Sie Teil einer bestehenden Organisation? Manche Dinge werden einfacher und andere schwieriger sein, je nachdem auf welchem strategischen Spielfeld Sie sich befinden.

Ein Start-up-Unternehmer hat es mit anderen Einschränkungen zu tun als der Teamleiter für ein neues Projekt innerhalb einer bestehenden Organisation. Die in diesem Buch vorgestellten Tools passen auf beide Kontexte. Abhängig von Ihrer Ausgangsposition müssen Sie sie aber unterschiedlich anwenden, um verschiedene Stärken zu nutzen und unterschiedliche Hindernisse zu überwinden.

Neue Projekte

Einzelpersonen oder Teams machen sich auf den Weg, um ein überzeugendes Wertangebot und Geschäftsmodell von Grund auf neu zu schaffen.

Die wichtigsten Herausforderungen

- Beweisen, dass Ihre Ideen auch mit einem eingeschränkten Budget funktionieren können
- Die Beteiligung von Investoren berücksichtigen (wenn Sie Ihre Ideen anpassen)
- Das Risiko, kein Geld mehr zu haben, noch ehe Sie das richtige Wertangebot und Geschäftsmodell gefunden haben

Die wichtigsten Chancen

- Schnelle Entscheidungsfindung und Flexibilität zu Ihrem Vorteil nutzen
- Die Motivation des Eigentums als Erfolgsmotor nutzen

Etablierte Unternehmen

Teams innerhalb bestehender Unternehmen machen sich auf den Weg, um Wertangebote und Geschäftsmodelle zu verbessern oder zu erfinden.

Download Poster »Innovation in etablierten Unternehmen«

Die wichtigsten Chancen

- Auf bestehende Wertangebote und Geschäftsmodelle aufbauen
- Bestehende Kapitalgüter nutzen (Verkaufszahlen, Kanäle, Marken etc.)
- Portfolios von Geschäftsmodellen und Wertangeboten schaffen

Die wichtigsten Herausforderungen

- Den Segen des obersten Managements bekommen
- Zugang zu bestehenden Ressourcen erhalten
- Kannibalisierung in den Griff bekommen
- Risikoscheu überwinden
- Starre und langsame Prozesse überwinden
- Große Gewinne erzielen, um nach oben zu kommen
- Mit dem Karriererisiko der Innovatoren zurechtkommen

Verwenden Sie *Value Proposition Design*, um ...

Wertangebote zu entwickeln und zu verbessern. Die Werkzeuge, die wir untersuchen werden, funktionieren ebenso gut bei der Handhabung und Erneuerung bestehender Wertangebote (und Geschäftsmodelle) wie bei der Erschaffung von neuen. Setzen Sie Wertangebote und Geschäftsmodelle ein, um eine gemeinsame Sprache der Wertschöpfung in Ihrem Unternehmen zu schaffen. Verwenden Sie sie, um fortwährend Wertangebote zu entwickeln und zu verbessern, die sich mit den Kundenprofilen decken, was ein niemals endendes Unterfangen ist.

Erfinden

Erfinden Sie neue Wertangebote, die Wünsche erfüllen, mit Geschäftsmodellen, die funktionieren.

Verbessern

Managen, messen, hinterfragen und erneuern Sie bestehende Wertangebote und Geschäftsmodelle.

Schätzen Sie Ihre Kenntnisse bei der Gestaltung von Wertangeboten ein

Machen Sie unseren Online-Test und schätzen Sie ein, ob Sie die erforderlichen Einstellungen und Fähigkeiten haben, um erfolgreich Wertangebote zu entwickeln. Machen Sie den Test vor und nach dem Durcharbeiten von *Value Proposition Design*, um Ihren Fortschritt zu messen.

Online-Test Ihrer Kenntnisse

Unternehmerisches Wissen

Sie probieren gerne etwas Neues aus. Das Risiko des Scheiterns sehen Sie nicht als Bedrohung, sondern als Chance, um zu lernen und voranzukommen. Sie bewegen sich mühelos zwischen Strategie und Taktik.

Beherrschung der Werkzeuge

Sie nutzen systematisch die Value Proposition Canvas und die Business Model Canvas sowie andere Tools und Prozesse für Ihre Suche nach herausragenden Wertangeboten und Geschäftsmodellen.

Gestalterische Fähigkeiten

Sie erforschen zahlreiche Alternativen, ehe Sie eine bestimmte Richtung wählen und weiterentwickeln. Die non-lineare und schrittweise Vorgehensweise der Wertschöpfung gefällt Ihnen.

Kunden-empathie

Sie nehmen unablässig die Perspektive der Kunden ein und können ihnen sogar noch besser zuhören als etwas verkaufen.

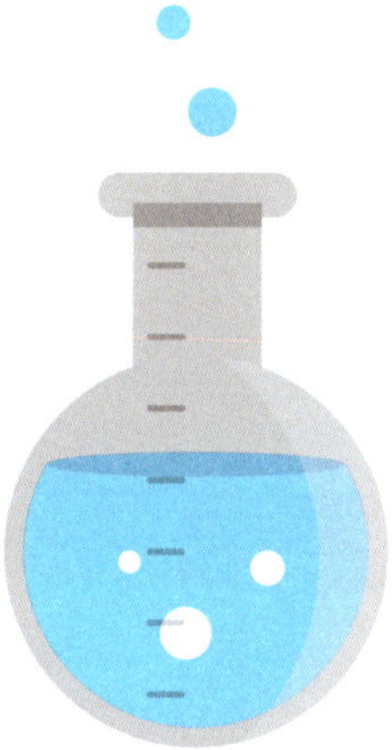

Experimentier-freude

Sie suchen systematisch nach Belegen, die Ihre Ideen stützen, und testen Ihre Visionen. Schon in den allerersten Phasen experimentieren Sie, um herauszufinden, was funktioniert und was nicht.

Machen Sie Ihren Kollegen *Value Proposition Design* schmackhaft

Ich …

befürchte, dass wir keine Methodik haben, um unsere Fortschritte bei der Entwicklung dieses neuen Wertangebots und Geschäftsmodells nachzuverfolgen.

mache mir Sorgen, dass wir uns zu stark auf Produkte und Merkmale konzentrieren anstatt auf Wertschöpfung für unsere Kunden.

wundere mich, wie oft wir trotz unserer guten Ideen und Absichten etwas machen, was keiner haben will.

bin überrascht, wie schlecht die Produktentwicklung, die Verkaufsabteilung und das Marketing aufeinander abgestimmt sind, wenn es um die Entwicklung neuer Wertangebote geht.

bin wirklich enttäuscht, wie viel wir bei unseren letzten Besprechungen über Wertangebote und Geschäftsmodelle geredet haben, ohne dass dabei greifbare Ergebnisse herausgekommen wären.

kann kaum glauben, wie schwammig diese letzte Präsentation über das neue Wertangebot und Geschäftsmodell war.

staune, wie viele Ressourcen wir verschwendet haben, als sich diese großartige Idee im letzten Businessplan als Flop erwies, weil wir sie nicht getestet haben.

mache mir Gedanken darüber, dass unser Produktentwicklungsprozess keine stärker kundenorientierte Methodik verwendet.

bin erstaunt, dass wir so viel in F&E investieren, es aber nicht schaffen, die richtigen Wertangebote und Geschäftsmodelle zu entwickeln.

frage mich, ob jeder in unserem Team die gleiche Auffassung davon hat, was ein gutes Wertangebot eigentlich ist.

Foliensatz mit 10 Argumenten zur Verwendung der Value Proposition Canvas und der Business Model Canvas

Can

vas

1

Die Value Proposition Canvas hat zwei Seiten. Mit dem Kundenprofil (S. 10) formulieren Sie Ihr Kundenverständnis. Mit der Value Map (S. 26) beschreiben Sie, wie Sie für diesen Kunden Wert zu schaffen beabsichtigen. Sie erreichen Übereinstimmung (S. 40) zwischen diesen beiden, wenn das eine auf das andere trifft.

Wert schaffen

Die Vorteile eines **Wertangebots,** das Sie entwickeln, um **Kunden** anzuziehen.

DE·FI·NI·TION

WERTANGEBOT

Beschreibt die Vorteile, die ein Kunde von Ihren Produkten oder Dienstleistungen erwarten kann

Kundenbeobachtung

Die **Kundenmerkmale**, die Sie am Markt **voraussetzen, beobachten und verifizieren.**

Value Map

Die Value (Proposition) Map beschreibt die Merkmale eines spezifischen Wertangebots in Ihrem Geschäftsmodell auf strukturierte und detaillierte Weise. Sie bricht Ihr Wertangebot herunter auf Produkte und Dienstleistungen, Problemlöser und Gewinnerzeuger.

Gewinnerzeuger beschreiben, wie Ihre Produkte und Dienstleistungen für den Kunden Gewinn erzeugen.

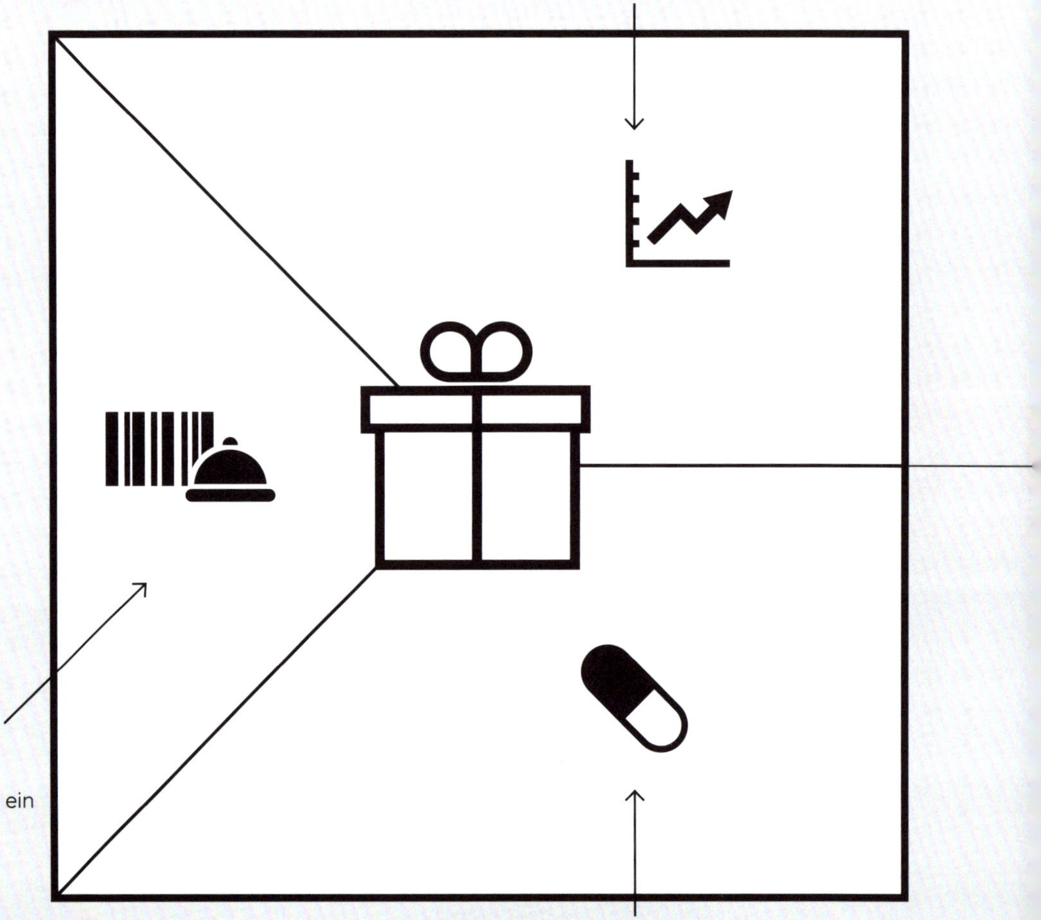

Dies ist eine Liste aller **Produkte und Dienstleistungen,** um die sich ein Wertangebot dreht.

Problemlöser beschreiben, wie Ihre Produkte und Dienstleistungen für den Kunden Probleme lösen.

Gewinne beschreiben die Resultate, die Kunden erzielen wollen, oder die konkreten Vorteile, nach denen sie suchen.

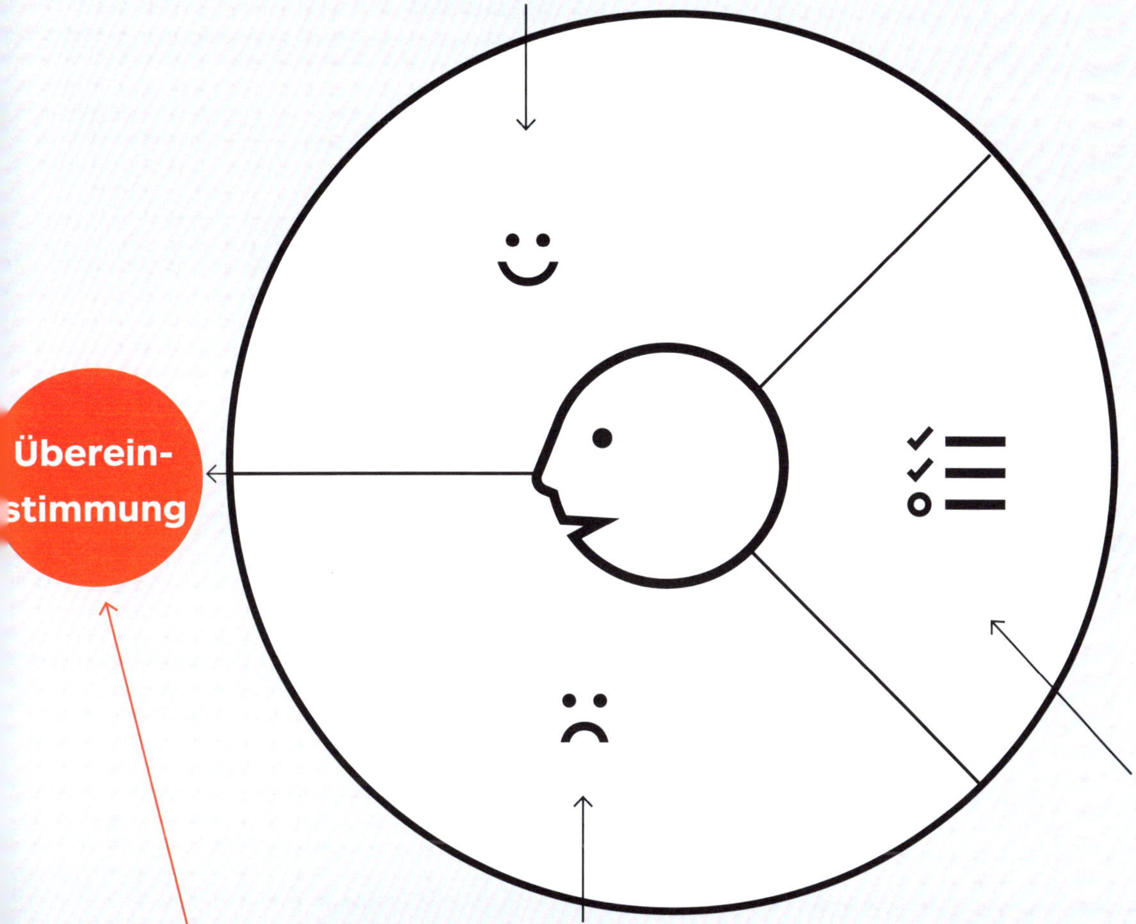

Kunden-profil

Das Kunden(segment)profil beschreibt ein spezielles Kundensegment in Ihrem Geschäftsmodell auf strukturierte und detaillierte Weise. Es bricht den Kunden herunter auf Kundenaufgaben, Probleme und Gewinne.

Kundenaufgaben beschreiben, was Kunden in ihrer Arbeit und in ihrem Alltagsleben erledigen möchten, und zwar mit ihren eigenen Worten.

Probleme beschreiben schlechte Ergebnisse, Risiken und Hindernisse, die mit den Kundenaufgaben in Zusammenhang stehen.

Sie erzielen **Übereinstimmung,** wenn Ihre Value Map sich mit Ihrem Kundenprofil deckt – wenn Ihre Produkte und Dienstleistungen Problemlöser und Gewinnerzeuger herstellen, die zu einer oder mehreren Kundenaufgaben, Problemen und Gewinnen passen, welche für Ihren Kunden wichtig sind.

1.1

Kunden-profil

Kundenaufgaben

Aufgaben beschreiben die Dinge, die Ihre Kunden bei ihrer Arbeit oder in ihrem Alltagsleben zu erledigen versuchen. Eine Kundenaufgabe könnten die Aufträge sein, die sie erfüllen und erledigen, die Probleme, die sie lösen, oder die Bedürfnisse, die sie befriedigen möchten. Achten Sie darauf, bei der Untersuchung dieser Aufgaben die Kundenperspektive einzunehmen. Was Sie aus Ihrer Perspektive für wichtig halten, muss nicht notwendigerweise eine Aufgabe sein, die Ihre Kunden unbedingt erledigen wollen.*

Sie sollten zwischen drei Hauptformen von zu erledigenden Kundenaufgaben und unterstützenden Aufgaben unterscheiden:

Funktionelle Aufgaben

Wenn Ihre Kunden einen speziellen Auftrag erfüllen und erledigen oder ein bestimmtes Problem lösen wollen. Beispielsweise den Rasen mähen, sich als Konsument gesund ernähren, einen Bericht schreiben oder Kunden im Berufsalltag weiterhelfen.

Soziale Aufgaben

Wenn Ihre Kunden gut dastehen oder Macht und Status gewinnen wollen. Diese Aufgaben beschreiben, wie Kunden von anderen wahrgenommen werden möchten, beispielsweise als Konsument modisch aussehen oder im Berufsleben kompetent auftreten.

Persönliche/emotionale Aufgaben

Wenn Ihre Kunden einen bestimmten emotionalen Status anstreben, etwa um sich gut oder sicher zu fühlen, beispielsweise beim Betrachten der eigenen Investitionen als Konsument innere Ausgeglichenheit erzielen oder das Gefühl eines sicheren Arbeitsplatzes haben.

Unterstützende Aufgaben

Im Kontext des Erwerbs und Konsums von Wert erledigen Kunden auch unterstützende Aufgaben, sei es als Konsumenten oder als Berufstätige. Diese Aufgaben entstehen aus drei unterschiedlichen Rollen:

- EINKÄUFER VON WERT: Aufgaben im Zusammenhang mit dem Kauf von Wert, beispielsweise Angebotsvergleiche, Kaufentscheidungen, Anstehen an der Kasse, Tätigen eines Einkaufs oder Annahme eines Produkts oder einer Dienstleistung
- MITSCHÖPFER VON WERT: Aufgaben im Zusammenhang mit der Mitschöpfung von Wert gemeinsam mit Ihrem Unternehmen, beispielsweise Schreiben von Produktbewertungen und Feedbacks oder Teilnahme beim Entwurf eines Produkts oder einer Dienstleistung
- ÜBERTRÄGER VON WERT: Aufgaben im Zusammenhang mit dem Ende des Lebenszyklus eines Wertangebots, beispielsweise Kündigung eines Abonnements, Entsorgen eines Produkts, Weitergabe an andere oder Wiederverkauf

** Das Konzept der zu erledigenden Aufgaben wurde von verschiedenen Businessexperten unabhängig voneinander entwickelt, darunter Anthony Ulwick von der Beratungsfirma Strategyn, die Consultants Rick Pedi und Bob Moesta sowie die Professorin Denise Nitterhouse von der DePaul University. Populär gemacht wurde es von Clay Christensen und seiner Beratungsfirma Innosight sowie von Anthony Ulwicks Strategyn.*

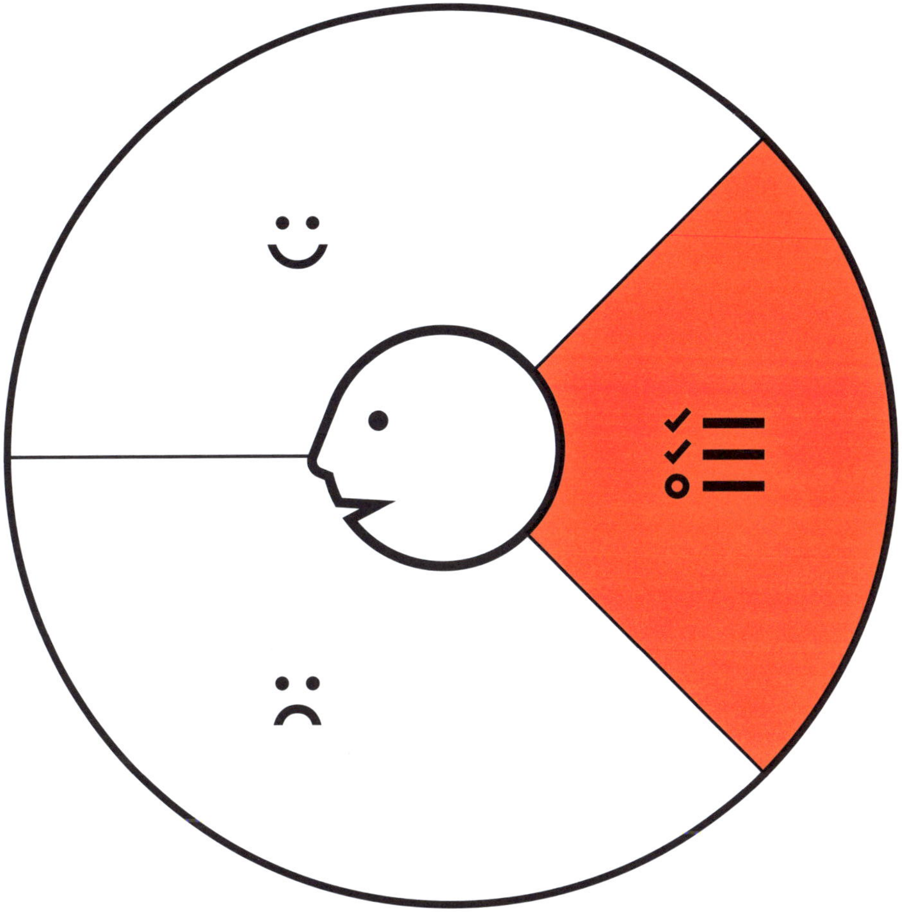

Aufgabenkontext

Kundenaufgaben hängen oft von dem spezifischen Kontext ab, in dem sie erfüllt werden. Der Kontext kann gewisse Einschränkungen oder Begrenzungen mit sich bringen. Zum Beispiel ist es nicht das Gleiche, jemanden auf die Schnelle anzurufen, wenn Sie gerade mit dem Zug fahren oder wenn Sie am Steuer eines Autos sitzen. Es ist auch etwas anderes, ob sie mit Ihren Kindern ins Kino gehen oder mit Ihrem Partner.

Aufgabenwichtigkeit

Es ist wichtig zu erkennen, dass nicht alle Aufgaben dieselbe Wichtigkeit für Ihren Kunden haben. Manche haben mehr Bedeutung für seine Arbeit oder sein Leben, weil ihre Nichterfüllung gravierende Auswirkungen haben kann. Andere sind unbedeutend, weil der Kunde stärker mit anderen Dingen beschäftigt ist. Manchmal hält der Kunde eine Aufgabe für entscheidend, weil sie häufig auftritt oder weil er unmittelbar ein gewünschtes oder unerwünschtes Ergebnis erhält.

+
wichtig
↕
unbedeutend
–

Download Triggerfragen zur Erforschung von Kundenaufgaben

Kundenprobleme

Probleme beschreiben alles, was Ihren Kunden vor, während oder nach der Erledigung einer Aufgabe bekümmert oder was ihn schlicht davon abhält, eine Aufgabe zu erledigen. Probleme beschreiben auch Risiken, zum Beispiel potenziell schlechte Ergebnisse, im Zusammenhang mit der mangelhaften oder fehlenden Erfüllung einer Aufgabe.

Versuchen Sie, drei Arten von Kundenproblemen zu unterscheiden und herauszufinden wie ernst die Kunden sie einschätzen.

Unerwünschte Ergebnisse, Schwierigkeiten und Merkmale
Funktionelle Probleme (z.B. eine Lösung funktioniert nicht oder nicht gut oder hat negative Nebenwirkungen), soziale Probleme (»Wenn ich das tue, stehe ich nicht gut da«), emotionale Probleme (»Ich fühle mich jedes Mal schlecht, wenn ich das tue«) oder zusätzliche Probleme (»Es ist nervig, dafür extra in einen Laden zu gehen«). Dazu können auch unerwünschte Merkmale gehören, die den Kunden nicht gefallen (z.B. »Joggen im Fitnessstudio ist langweilig« oder »Das ist ein hässliches Design«).

Hindernisse
Dazu gehört alles, was den Kunden davon abhält, mit der Erledigung einer Aufgabe überhaupt erst zu beginnen, oder was ihn ausbremst (z.B. »Ich habe keine Zeit, um diese Aufgabe sorgfältig auszuführen« oder »Ich kann mir keine der bestehenden Lösungen leisten«).

Risiken (unerwünschte potenzielle Ergebnisse)
Was schiefgehen und maßgebliche negative Konsequenzen nach sich ziehen könnte (z.B. »Ich könnte an Glaubwürdigkeit verlieren, wenn ich so eine Lösung anwende« oder »Eine Sicherheitslücke wäre katastrophal für uns«).

Wie gravierend ist das Problem?
Ein Kundenproblem kann gravierend oder gering sein, ähnlich wie Aufgaben für den Kunden wichtig oder unbedeutend sein können.

+
gravierend
↕
gering
−

Tipp: Machen Sie die Probleme konkret.
Um klar zwischen Aufgaben, Problemen und Gewinnen zu differenzieren, beschreiben Sie sie so konkret wie möglich. Wenn ein Kunde zum Beispiel sagt: »Die Warteschlange war reine Zeitverschwendung«, fragen Sie, nach wie vielen Minuten genau sich das Warten wie Zeitverschwendung anzufühlen begann. Auf diese Weise können Sie sich notieren: »Mehr als x Minuten in der Warteschlange verschwendet«. Wenn Sie begreifen, wie genau die Kunden den Grad eines Problems messen, können Sie bessere Gewinnerzeuger in Ihr Wertangebot einfließen lassen.

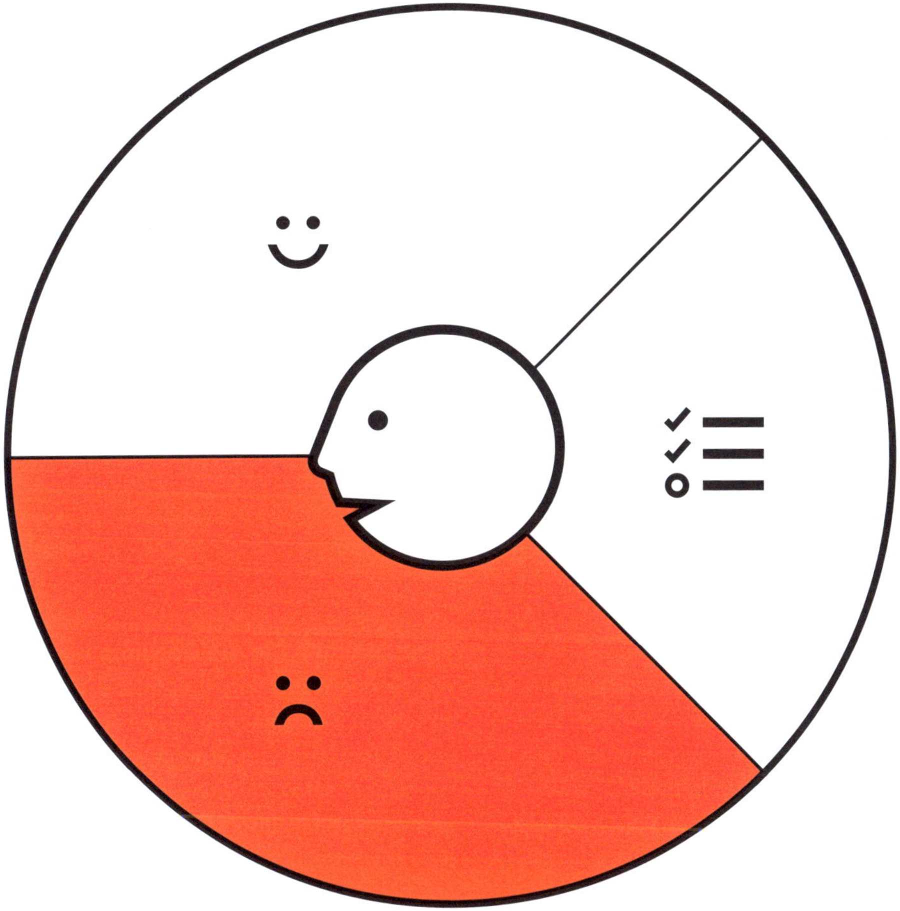

Die folgende Liste mit Triggerfragen kann Ihnen dabei helfen, verschiedene potenzielle Kundenprobleme ausfindig zu machen:

- Wie definieren Ihre Kunden »zu aufwendig«? Kostet es sie zu viel Zeit, ist es ihnen zu teuer oder erfordert es erhebliche Mühen?
- Was verursacht Ihren Kunden ein schlechtes Gefühl? Was sind ihre Frustrationen, ihre Ärgernisse oder die Dinge, die ihnen Kopfzerbrechen bereiten?
- Inwiefern genügen die aktuellen Wertangebote Ihren Kunden nicht? Welche Merkmale fehlen ihnen? Ärgern sie sich über Leistungsmängel oder Funktionsmängel?
- Welches sind die hauptsächlichen Schwierigkeiten und Herausforderungen, denen Ihre Kunden gegenüberstehen? Verstehen sie, wie die Dinge funktionieren, fällt es ihnen schwer, bestimmte Sachen zu erledigen, oder gehen sie einigen Aufgaben aus gewissen Gründen aus dem Weg?
- Welche negativen sozialen Konsequenzen fürchten oder erleben Ihre Kunden? Haben sie Angst, ihr Gesicht zu verlieren, ihre Macht, Vertrauen oder Status?
- Welche Risiken scheuen Ihre Kunden? Haben sie Angst vor finanziellen, sozialen oder technischen Risiken, oder fragen sie sich, was schiefgehen könnte?
- Was lässt Ihre Kunden nachts nicht schlafen? Welches sind ihre großen Themen, Sorgen und Bedenken?
- Welche Fehler machen Ihre Kunden häufig? Wenden sie eine Lösung auf die falsche Art an?
- Was hält Ihre Kunden davon ab, ein Wertangebot anzunehmen? Geht es um Investitionskosten, um Lernerfordernisse, oder gibt es andere Hindernisse, die einer solchen Annahme im Wege stehen?

Download Triggerfragen

Kundengewinne

Gewinne beschreiben die Ergebnisse und Vorteile, die Ihre Kunden wünschen. Manche Gewinne werden von den Kunden erbeten, erwartet oder gewünscht, andere dürften sie überraschen. Zu den Gewinnen gehören funktionelle Brauchbarkeit, soziale Vorteile, positive Gefühle und Kosteneinsparungen.

Versuchen Sie, vier Arten von Kundengewinn im Hinblick auf Ergebnisse und Vorteile zu unterscheiden.

Erforderliche Gewinne
Dies sind Gewinne, ohne die eine Lösung nicht funktionieren würde. Die grundlegende Erwartung an ein Smartphone ist beispielsweise, dass wir damit ein Telefongespräch führen können.

Erwartete Gewinne
Hierbei handelt es sich um relativ grundlegende Gewinne, die wir von einer Lösung erwarten, selbst wenn sie auch ohne sie funktionieren würde. Seit Apple das iPhone auf den Markt brachte, erwarten wir beispielsweise, dass Handys ansprechend gestaltet sind und gut aussehen.

Erwünschte Gewinne
Diese Gewinne gehen über das hinaus, was wir von einer Lösung erwarten, aber wir möchten sie sehr gerne haben. Es handelt sich im Allgemeinen um Gewinne, die Kunden äußern, wenn man sie befragt. Beispielsweise haben wir uns gewünscht, dass Smartphones sich nahtlos mit unseren übrigen Geräten verbinden lassen.

Unerwartete Gewinne
Diese Gewinne gehen über die Erwartungen und Wünsche der Kunden hinaus. Die Kunden würden sie nicht mal auf Nachfragen hin nennen. Ehe Apple Touchscreens und den App Store zum Mainstream machte, hatte niemand diese Merkmale als Bestandteile eines Telefons betrachtet.

Gewinnrelevanz
Ein Kundengewinn kann unverzichtbar oder »nice to have« sein, genau wie Probleme dem Kunden gravierend oder gering vorkommen können.

\+
unverzichtbar
↕
»nice to have«
−

Tipp: Machen Sie die Gewinne konkret.
Wie bei den Problemen ist es besser, die Gewinne so konkret wie möglich zu beschreiben, um Aufgaben, Probleme und Gewinne deutlich voneinander zu unterscheiden. Wenn ein Kunde »bessere Leistung« als erwünschten Gewinn angibt, fragen Sie ihn, wie viel er erwartet oder sich erträumt. Auf diese Weise können Sie aufschreiben: »Hätte sehr gerne eine verbesserte Leistung von mehr als x«. Wenn Sie begreifen, wie genau Kunden den Gewinn messen (also die Ergebnisse und Vorteile), können Sie in Ihrem Wertangebot bessere Gewinnerzeuger schaffen.

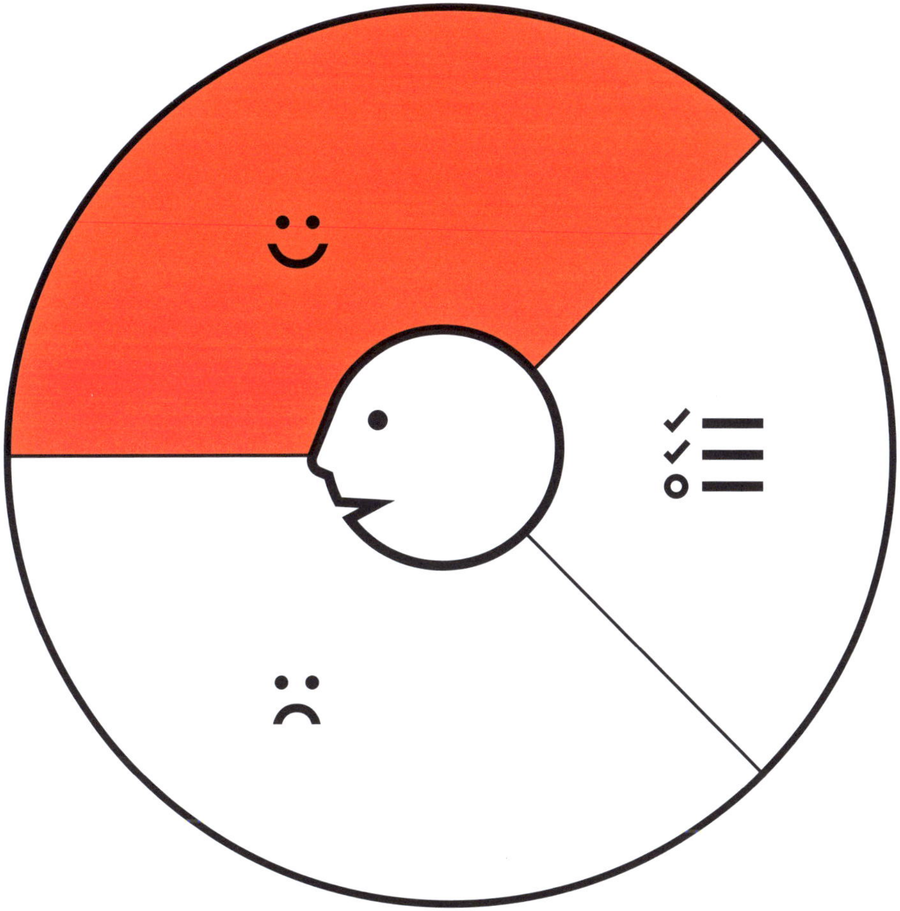

Die folgende Liste von Triggerfragen kann Ihnen dabei helfen, verschiedene potenzielle Kundengewinne ausfindig zu machen:

- Welche Einsparungen würden Ihre Kunden glücklich machen? Welche Ersparnisse in Form von Zeit, Geld und Bemühungen würden sie schätzen?
- Welche Qualität erwarten sie, und wovon würden sie sich mehr oder weniger wünschen?
- Wodurch kommen aktuelle Wertangebote bei Ihren Kunden gut an? Welche speziellen Merkmale mögen sie, welche Leistung und Qualität erwarten sie?
- Was würde die Aufgaben oder das Leben Ihrer Kunden erleichtern? Könnte es einen geringeren Lernbedarf, mehr Service oder geringere Betriebskosten geben?
- Welche positiven gesellschaftlichen Konsequenzen wünschen sich Ihre Kunden? Was lässt sie gut dastehen, erhöht ihre Macht und ihren Status?
- Wonach suchen Kunden am meisten? Suchen sie nach gutem Design, Garantien, speziellen oder mehr Funktionen?
- Wovon träumen Kunden? Wonach streben sie oder was wäre eine große Erleichterung für sie?
- Woran messen Ihre Kunden Erfolg und Scheitern? Wie beurteilen sie Leistung oder Kosten?
- Was würde die Wahrscheinlichkeit erhöhen, dass Ihre Kunden ein Wertangebot annehmen? Wünschen sie sich niedrigere Kosten, weniger Investitionen, ein geringeres Risiko oder bessere Qualität?

Download Triggerfragen

Profil eines »Lesers von Businessliteratur«

Wir haben uns entschieden, potenzielle Leser dieses Buchs zu verwenden, um das Kundenprofil zu illustrieren. Dabei sind wir bewusst über die bloßen Aufgaben, Probleme und Gewinne im Zusammenhang mit dem Lesen von Büchern hinausgegangen, weil wir ein innovatives und ganzheitlicheres Wertangebot für Geschäftsleute allgemein schaffen wollten.

Das auf der rechten Seite skizzierte Kundenprofil speist sich aus etlichen Interviews, die wir geführt haben, sowie aus Tausenden von Interaktionen mit Workshopteilnehmern. Gleichwohl ist es nicht verpflichtend, mit bereits existierendem Kundenwissen anzufangen. Sie können auch zunächst Ideen beleuchten, indem Sie ein Profil auf der Basis dessen skizzieren, wie Sie sich Ihre potenziellen Kunden vorstellen. Das ist ein ausgezeichneter Ausgangspunkt für die Vorbereitung von Kundeninterviews und Tests in Bezug auf Ihre Annahmen über Kundenaufgaben, -probleme und -gewinne.

Gewinne sind Vorteile, Ergebnisse und Merkmale, die Kunden verlangen oder wünschen. Sie sind die Resultate von Aufgaben oder gewünschten Merkmalen eines Wertangebots, das den Kunden dazu verhilft, eine Aufgabe gut zu erledigen.

Je greifbarer und spezifischer Sie die Probleme und Gewinne machen, umso besser. »Beispiele aus meiner Branche« ist beispielsweise konkreter als »relevant in meinem Kontext«. Fragen Sie Kunden, wie sie Gewinne und Probleme messen. Ergründen Sie, wie sie den Erfolg oder das Scheitern einer Aufgabe bewerten, die sie erledigen wollen.

Sorgen Sie dafür, dass Sie Ihre Kunden genau verstehen. Wenn Sie nur einige wenige Haftnotizen auf Ihrem Profil haben, deutet dies vermutlich auf einen Mangel an Kundenverständnis hin. Legen Sie so viele Aufgaben, Probleme und Gewinne frei wie möglich. Gehen Sie bei Ihrer Suche über das hinaus, was unmittelbar mit Ihrem Wertangebot verknüpft ist.

Sie sollten die sozialen und emotionalen Aufgaben Ihrer Kunden kennen und darüber hinaus auch ihre funktionellen Aufgaben, die im Allgemeinen leichter zu identifizieren sind.

Achten Sie darauf, mehr als ein oberflächliches Verständnis der Aufgaben zu haben. Warum wollen Kunden neues Wissen erwerben? Es könnte sein, dass sie neue Methoden in ihr Unternehmen einbringen wollen. Fragen Sie mehrmals »Warum«, um zu den wichtigsten Aufgaben vorzudringen.

Betrachten Sie die Aufgaben, Probleme und Gewinne nicht nur vor dem Hintergrund eines Wertangebots oder Produkts. Identifizieren Sie diese (z.B. »Businessbücher sind zu lang«) ebenso wie andere extreme Probleme (z.B. »Zeitmangel« oder »die Aufmerksamkeit des Chefs wecken«).

Aufgaben, Probleme und Gewinne gewichten

Auch wenn die individuellen Kundenpräferenzen sich unterscheiden, brauchen Sie ein Gespür für Kundenprioritäten. Untersuchen Sie, welche Aufgaben die Mehrzahl für wichtig oder für unbedeutend hält. Finden Sie heraus, welche Probleme sie gravierend und welche sie lediglich moderat finden. Stellen Sie fest, welche Gewinne sie für unerlässlich und welche sie für nett, aber nicht unbedingt notwendig halten.

Die Gewichtung von Aufgaben, Problemen und Gewinnen ist notwendig, damit Ihre Wertangebote jene Themen ansprechen, für die Kunden sich wirklich interessieren. Natürlich ist es schwierig herauszufinden, was Kunden wirklich wichtig ist, aber Ihr Verständnis wird sich bei jeder Interaktion und jedem Experiment mit Kunden vergrößern.

Es ist nicht schlimm, mit einer Rangfolge zu beginnen, die auf dem basiert, was Sie für Ihre potenziellen Kunden für wichtig halten, solange Sie sich bemühen, diese Rangfolge zu überprüfen, bis sie tatsächlich die Prioritäten aus Kundensicht widerspiegelt.

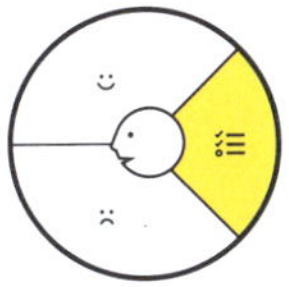

Wichtigkeit der Aufgaben
Gewichten Sie die Aufgaben entsprechend ihrer Wichtigkeit für den Kunden.

+ wichtig

- Fähigkeiten verbessern + Karriere voranbringen
- Die täglichen Aufgaben gut erledigen
- Ein Geschäft optimieren oder aufbauen
- Risiken bewerten und reduzieren
- Mit anderen zusammenarbeiten oder ihnen helfen
- Methoden finden, erlernen und anwenden

- Vor Kollegen, Chef und Kunden gut dastehen
- Mit Zuversicht Entscheidungen treffen
- Ideen finden und kommunizieren
- Das machen, was die Leute haben wollen
- Andere von bevorzugten Methoden überzeugen
- Up to date bleiben

unbedeutend –

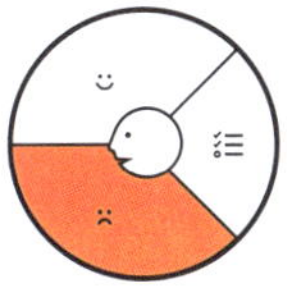

Schwere der Probleme
Gewichten Sie die Probleme entsprechend ihrer Schwere aus Sicht des Kunden.

+ gravierend

- Führt die Karriere in eine Sackgasse
- Führt in die falsche Richtung
- Die Führungsebene begreift es nicht
- Mit Risiko und Unsicherheit umgehen
- Zeitverschwendung mit Ideen, die nicht funktionieren
- Methoden in den eigenen Kontext »übersetzen«
- Zu viel Theorie

- Verknüpfung mit großem Scheitern
- Kein ausreichendes Budget
- Etwas machen, was keiner haben will
- Zeitmangel
- Keine klare Richtlinie zur Anwendung der Methode
- Langweilige Inhalte, durch die man sich mühsam durcharbeiten muss

gering –

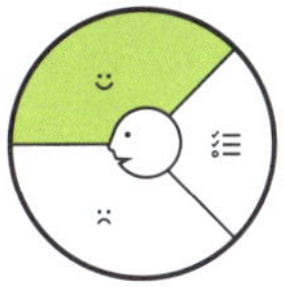

Relevanz des Gewinns
Gewichten Sie die Gewinne entsprechend ihrer Relevanz aus Sicht des Kunden.

+ unverzichtbar

- Verhilft zu Beförderung oder Gehaltserhöhung
- Rückendeckung durch Führung und Team
- Anerkennung des Teams
- Hilfreich in Sackgassen-Situationen
- Umsetzbare Ideen
- Kann vertrauensvoll umgesetzt werden
- Leicht verständlich

- Volltreffer-Wertangebote
- Volltreffer-Wertangebote
- Lässt Ideen gut kommunizieren
- Klare Messwerte für den Fortschritt
- Verbindung mit Gleichgesinnten
- Führt zu besserer Zusammenarbeit
- Konkrete Tipps (z.B. zur Risikoverringerung)

»nice to have« –

Schlüpfen Sie in die Haut Ihres Kunden

ZIEL
Die Anliegen des Kunden in präsentierfähiger Form visualisieren

ERGEBNIS
Brauchbares Kundenprofil auf einer Seite

Wie gut verstehen Sie die Aufgaben, Probleme und Gewinne Ihrer Kunden? Erstellen Sie ein Kundenprofil.

Anleitung
Erstellen Sie das Profil eines Ihrer gegenwärtigen Kundensegmente, um die Verwendung des Kundenprofils zu üben. Wenn Sie an einer neuen Idee arbeiten, wählen Sie das Kundensegment, für das Sie Wert schaffen wollen.

1) Laden Sie die Customer Profile Canvas herunter.
2) Nehmen Sie einen Block mit kleinen Haftnotizzetteln.
3) Erstellen Sie Ihr Kundenprofil.

1
Kundensegment auswählen
Wählen Sie ein Kundensegment, dessen Profil Sie erstellen wollen.

2
Die Aufgaben des Kunden identifizieren
Fragen Sie, welche Aufträge Ihre Kunden zu erfüllen versuchen. Halten Sie alle ihre Aufgaben fest, indem Sie jede einzelne auf einen Haftnotizzettel schreiben.

3
Die Probleme des Kunden identifizieren
Welche Probleme hat Ihr Kunde? Schreiben Sie so viele auf, wie Ihnen einfallen, einschließlich Hindernisse und Risiken.

4
Die Gewinne des Kunden identifizieren
Welche Ergebnisse und Vorteile wollen Ihre Kunden erzielen? Schreiben Sie so viele Gewinne auf, wie Ihnen einfallen.

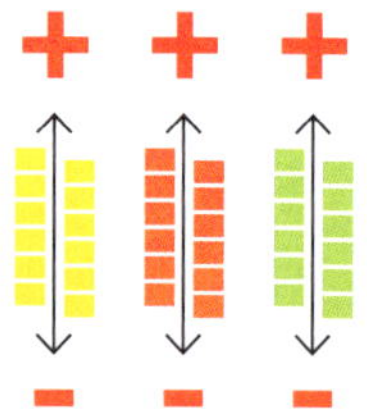

5
Aufgaben, Probleme und Gewinne gewichten
Sortieren Sie Aufgaben, Probleme und Gewinne in Spalten, wobei die wichtigsten Aufgaben, die gravierendsten Probleme und die unverzichtbarsten Gewinne jeweils oben stehen, während die geringen Probleme und die »Nice-to-have«-Gewinne unten stehen.

Führen Sie diese Übung online durch.

Kundenprofil

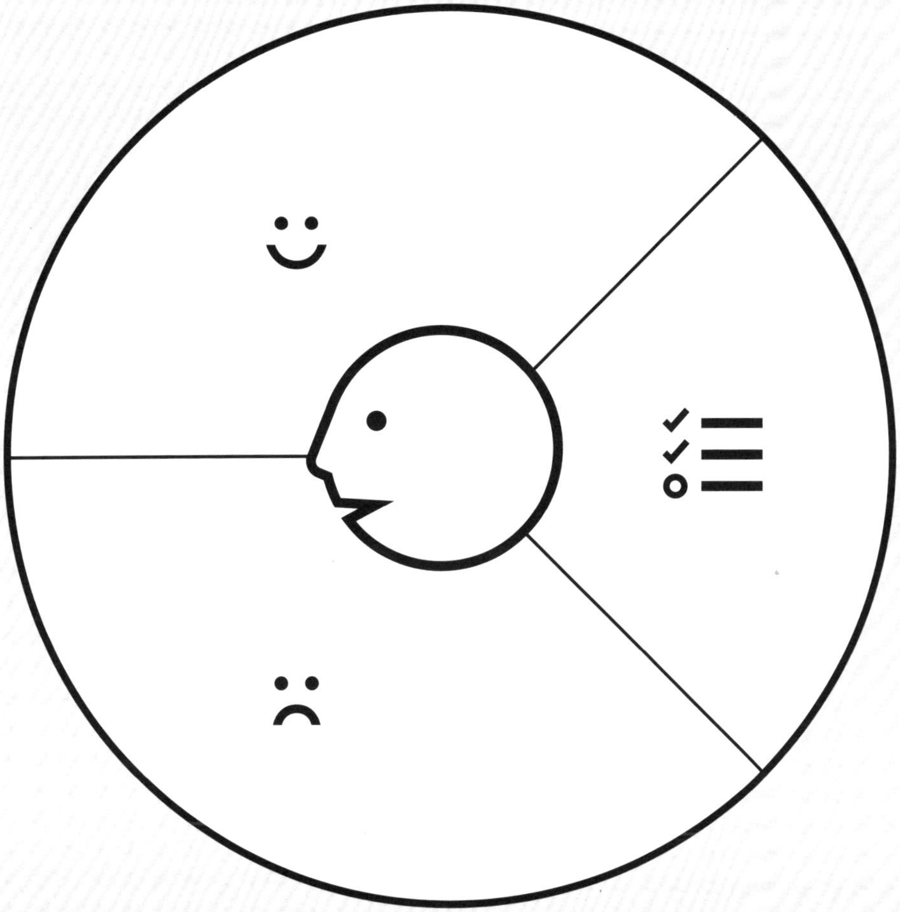

Download PDF Kundenprofil

Best Practices für die Erfassung von Aufgaben, Problemen und Gewinnen

Vermeiden Sie häufige Fehler beim Erstellen eines Kundenprofils, folgen Sie stattdessen diesen Best Practices.

✗ Häufige Fehler

Vermischung verschiedener Kundensegmente zu einem Profil

Vermischung von Aufgaben und Ergebnissen

Fokus nur auf funktionelle Aufgaben und Vernachlässigung sozialer und emotionaler Aufgaben

Auflisten von Aufgaben, Problemen und Gewinnen vor dem Hintergrund Ihres Wertangebots

Zu wenige Aufgaben, Probleme und Gewinne identifiziert

Beschreibung der Probleme und Gewinne zu vage

✓ Best Practices

Erstellen Sie eine Value Proposition Canvas für jedes einzelne Kundensegment. Wenn Sie an Unternehmen verkaufen, fragen Sie sich, ob Sie verschiedene Arten von Kunden innerhalb jeder Firma haben (z. B. Anwender, Einkäufer etc.).

Aufgaben sind die Aufträge, die Kunden zu erfüllen versuchen, die Schwierigkeiten, die sie beheben möchten, oder die Bedürfnisse, die sie befriedigen wollen, während Gewinne die konkreten Ergebnisse sind, die sie erzielen möchten – oder im Falle von Problemen vermeiden und eliminieren.

Manchmal sind soziale oder emotionale Aufgaben sogar noch wichtiger als die »sichtbaren« funktionellen Aufgaben. »Vor anderen gut dazustehen« kann wichtiger sein, als eine tolle technische Lösung zu finden, die effektiv bei der Bewältigung der Aufgabe hilft.

Wenn Sie Ihren Kunden skizzieren, sollten Sie vorgehen wie ein Anthropologe und »vergessen«, was Sie anbieten. Ein Business-Verleger z. B. sollte Aufgaben, Probleme und Gewinne nicht ausschließlich im Zusammenhang mit Büchern aufführen, denn ein Leser hat die Wahl zwischen Businessbüchern, Consultants, Youtube-Videos oder sogar dem Belegen eines Seminars oder Lehrgangs. Gehen Sie über die Aufgaben, Probleme und Gewinne hinaus, die Sie mit Ihrem Wertangebot abzudecken wünschen oder hoffen.

Ein gutes Kundenprofil wimmelt von Haftnotizen, denn die meisten Kunden haben eine Menge Probleme und erwarten oder wünschen zahlreiche Gewinne. Ergründen Sie alle wichtigen Aufgaben, gravierenden Probleme und unverzichtbaren Gewinne Ihres (potenziellen) Kunden.

Machen Sie die Probleme und Gewinne begreifbar und konkret. Anstatt bei den Gewinnen bloß zu schreiben »Lohnerhöhung«, spezifizieren Sie, wie hoch die vom Kunden gewünschte Erhöhung ist. Anstatt bei den Problemen zu schreiben »dauert zu lange«, geben Sie an, wie lange »zu lange« genau ist. Das ermöglicht Ihnen zu verstehen, woran genau die Kunden Erfolg und Scheitern messen.

Probleme vs. Gewinne

Wenn Sie mit dem Kundenprofil anfangen, könnten Sie einfach dieselben Ideen bei den Problemen und bei den Gewinnen notieren, jeweils in der gegenteiligen Form. Wenn es beispielsweise zu den Aufgaben des Kunden gehört, »mehr Geld zu verdienen«, könnten Sie »Gehaltserhöhung« bei den Gewinnen und »Gehaltsverlust« bei den Problemen schreiben.

So machen Sie es besser:

- Finden Sie heraus, wie viel mehr Geld der Kunde zu verdienen erwartet, damit es sich wie ein Gewinn anfühlt, und ergründen Sie, welcher Verlust sich für ihn als Problem darstellen würde.
- Notieren Sie bei den Problemen auch die Hindernisse, die es unmöglich machen oder erschweren, eine Aufgabe zu erfüllen. In unserem Beispiel könnte das Problem lauten: »Mein Arbeitgeber gibt keine Gehaltserhöhungen.«
- Fügen Sie den Problemen auch die Risiken hinzu, die mit einer Nichterfüllung der Aufgabe einhergehen. In unserem Beispiel könnte das Problem sein: »Kann mir möglicherweise die zukünftigen Studiengebühren meines Kindes nicht leisten.«

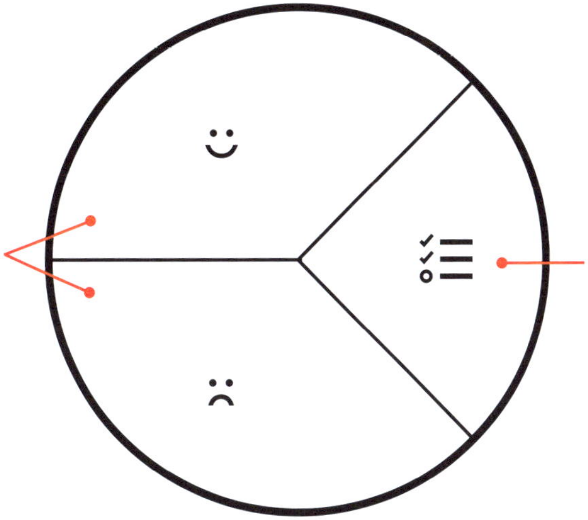

Fragen Sie mehrmals »Warum«, bis Sie die Aufgaben Ihres Kunden wirklich verstehen

Wenn Sie mit dem Kundenprofil beginnen, könnte eine weitere Schwierigkeit darin liegen, dass Sie sich mit einem oberflächlichen Verständnis der Aufgaben Ihres Kunden zufriedengeben. Um das zu vermeiden, müssen Sie sich fragen, warum ein Kunde eine bestimmte Aufgabe erfüllen möchte, um weiter zu seinen echten Motiven vorzudringen.

Zum Beispiel: Warum könnte ein Kunde eine Fremdsprache lernen wollen? Vielleicht weil die »wirkliche« Aufgabe des Kunden darin liegt, seinen Lebenslauf zu verbessern. Warum will er seinen Lebenslauf verbessern? Vielleicht weil er mehr Geld verdienen will.

Geben Sie sich nicht zufrieden, ehe Sie wirklich verstanden haben, welche zugrunde liegenden Aufgaben Ihre Kunden antreiben.

1.2

Value Map

Produkte und Dienstleistungen

Dies ist schlicht eine Liste dessen, was Sie anbieten. Stellen Sie sich darunter alle Artikel vor, die Ihr Kunde in Ihrem Schaufenster sehen kann – metaphorisch gesprochen. Es ist eine Aufzählung sämtlicher Produkte und Dienstleistungen, auf denen Ihr Wertangebot aufbaut. Dieses Bündel von Produkten und Dienstleistungen hilft Ihren Kunden, entweder funktionelle, soziale oder emotionale Aufgaben zu erfüllen oder ihre Grundbedürfnisse zu befriedigen. Es ist wichtig zu erkennen, dass Produkte und Dienstleistungen alleine keinen Wert schaffen – nur in Verbindung mit einem spezifischen Kundensegment und den dazugehörigen Aufgaben, Problemen und Gewinnen.

Ihre Liste kann auch unterstützende Produkte und Dienstleistungen umfassen, die Ihren Kunden helfen, die Rolle des Einkäufers auszuüben (also den Kunden beim Preisvergleich, bei der Entscheidung und beim Kauf unterstützen), die des Mitschaffenden (also den Kunden bei der Entwicklung des Wertangebots beteiligen) oder die des Übertragenden (also dem Kunden helfen, sich eines Produkts zu entledigen).

Ihr Wertangebot wird sich vermutlich aus verschiedenen Arten von Produkten und Dienstleistungen zusammensetzen:

Physisch/materiell
Waren, zum Beispiel angefertigte Produkte

Immateriell
Produkte wie Copyrights oder Dienstleistungen wie Kundenbetreuung

Digital
Produkte wie Musik-Downloads oder Dienstleistungen wie Online-Empfehlungen

Finanziell
Produkte wie Investmentfonds, Versicherungen oder Dienstleistungen wie die Finanzierung eines Kaufs

Relevanz
Es ist wichtig zu erkennen, dass nicht alle Produkte und Dienstleistungen für Ihre Kunden dieselbe Relevanz besitzen. Manche Produkte und Dienstleistungen sind unerlässlich für Ihr Wertangebot, andere lediglich optional.

+
unverzichtbar
↕
»nice to have«
–

Problemlöser

Problemlöser beschreiben, wie genau Ihre Produkte und Dienstleistungen spezifische Kundenprobleme lösen. Sie erläutern explizit, wie Sie einige der Dinge eliminieren oder reduzieren wollen, die Ihre Kunden vor, während oder nach der Erfüllung einer Aufgabe gestört oder sie daran gehindert haben.

Gute Wertangebote konzentrieren sich auf die Probleme, die den Kunden wichtig sind, insbesondere gravierende Probleme. Sie müssen keinen Problemlöser für jedes Problem erfinden, das Sie im Kundenprofil erkannt haben – das kann kein Wertangebot leisten. Gute Wertangebote konzentrieren sich häufig nur auf wenige Probleme, die sie dafür aber besonders gut lösen.

Die folgende Liste von Triggerfragen hilft Ihnen, über verschiedene Möglichkeiten nachzudenken, wie Ihre Produkte und Dienstleistungen die Probleme Ihrer Kunden lösen können.

Fragen Sie sich: Könnten Ihre Produkte und Dienstleistungen …

- Einsparungen erzielen? Das gilt für Zeit, Geld oder Mühe.
- Ihren Kunden ein besseres Gefühl vermitteln? Durch die Eliminierung von Frustrationen, Ärgernissen, Dingen, die den Kunden Kopfzerbrechen bereiten.
- unzulängliche Lösungen verbessern? Durch die Einführung neuer Merkmale, bessere Leistung oder gesteigerte Qualität.
- Schwierigkeiten und Herausforderungen beenden, denen Ihre Kunden gegenüberstehen? Durch Erleichterungen oder die Beseitigung von Hindernissen.
- negative soziale Folgen beseitigen, die Ihre Kunden erleben oder befürchten? In Bezug auf Gesichtsverlust, Verlust von Macht, Vertrauen oder Status.
- Risiken ausmerzen, die Ihre Kunden befürchten? Finanzielle, soziale, technische Risiken oder Dinge, die potenziell schiefgehen könnten.
- Ihren Kunden dabei helfen, nachts besser zu schlafen? Durch die Klärung bedeutsamer Themen, die Verringerung von Sorgen oder die Beseitigung von Bedenken.
- häufig von Kunden gemachte Fehler begrenzen oder ausschließen? Indem sie helfen, eine Lösung richtig anzuwenden.
- Barrieren beseitigen, die Ihre Kunden davon abhalten, Wertangebote anzunehmen? Durch geringere oder fehlende Investitionskosten, eine flachere Lernkurve oder die Beseitigung anderer Hindernisse, die die Annahme verhindern.

Relevanz

Ein Problemlöser kann für den Kunden von größerem oder geringerem Wert sein. Sorgen Sie dafür, dass Sie zwischen unerlässlichen und optionalen Problemlösern unterscheiden. Die Ersteren lösen gravierende Probleme, häufig auf radikale Art, und schaffen sehr viel Wert. Die Letzteren lindern nur geringe Probleme.

\+
unverzichtbar
↕
»nice to have«
−

Download Triggerfragen

Gewinnerzeuger

Gewinnerzeuger beschreiben, wie Ihre Produkte und Dienstleistungen für den Kunden Gewinn schaffen. Sie schildern explizit, wie Sie Ergebnisse und Vorteile produzieren wollen, die Ihre Kunden erwarten oder wünschen oder von denen sie überrascht wären, einschließlich funktioneller Nützlichkeit, sozialem Gewinn, positiven Emotionen und Kosteneinsparungen.

Genau wie die Problemlöser müssen die Gewinnerzeuger nicht jeden im Kundenprofil identifizierten Gewinn berücksichtigen. Konzentrieren Sie sich auf jene, die für Ihre Kunden relevant sind und mit denen Ihre Produkte und Dienstleistungen sich von anderen abheben.

Die folgende Liste von Triggerfragen hilft Ihnen, über verschiedene Möglichkeiten nachzudenken, wie Ihre Produkte und Dienstleistungen Ihren Kunden erforderliche, erwartete, erwünschte oder unerwartete Ergebnisse und Vorteile bieten können.

Fragen Sie sich: Könnten Ihre Produkte und Dienstleistungen …

- Einsparungen erzielen, die Ihren Kunden gefallen? Im Hinblick auf Zeit, Geld und Mühe.
- Ergebnisse hervorrufen, die Ihre Kunden erwarten oder die ihre Erwartungen übersteigen? Durch das Angebot von Qualitätsebenen, durch ein Mehr oder Weniger von etwas.
- aktuelle Wertangebote übertreffen und Ihre Kunden erfreuen? Im Hinblick auf spezielle Merkmale, Leistung oder Qualität.
- die Arbeit oder den Alltag Ihrer Kunden erleichtern? Durch bessere Anwendbarkeit, Verfügbarkeit, mehr Service oder geringere Gesamtbetriebskosten.
- positive soziale Konsequenzen erzeugen? Indem sie sie gut dastehen lassen oder einen Zugewinn an Macht oder Status bieten.
- etwas Spezifisches leisten, wonach die Kunden suchen? Gutes Design, Garantien, besondere oder mehr Produkteigenschaften.
- einen Traum der Kunden erfüllen? Indem sie ihnen helfen, ihre Ziele zu erreichen, oder indem sie eine Widrigkeit beseitigen.
- positive Ergebnisse erzielen, welche die Kriterien Ihrer Kunden für Erfolg und Scheitern erfüllen? Bessere Leistung oder geringere Kosten.
- helfen, die Annahme leichter zu machen? Geringere Kosten, weniger Investition, niedrigere Risiken, bessere Qualität und Leistung oder schöneres Design.

Relevanz

Ein Gewinnerzeuger kann für den Kunden mehr oder weniger relevante Ergebnisse und Vorteile erzielen, genau wie das bei den Problemlösern der Fall ist. Achten Sie darauf, zwischen unverzichtbaren und optionalen Gewinnerzeugern zu unterscheiden.

+
unverzichtbar
↕
»nice to have«
−

Download Triggerfragen

Das Wertangebot von Value Proposition Design abbilden

Bemerkenswerte Wertangebote konzentrieren sich auf Aufgaben, Probleme und Gewinne, die den Kunden wichtig sind, und erfassen diese außerordentlich gut. Auch hier gilt wieder: Sie sollten nicht versuchen, alle Kundenprobleme und -gewinne zu berücksichtigen. Konzentrieren Sie sich auf jene, die für den Kunden wirklich von Belang sind.

Es ist in Ordnung, verschiedene Wertangebote zu einem zusammenzufassen.

Eine »nackte« Liste der Produkte und Dienstleistungen, auf denen Ihr Wertangebot aufbaut, um ein spezifisches Kundensegment zu erreichen.

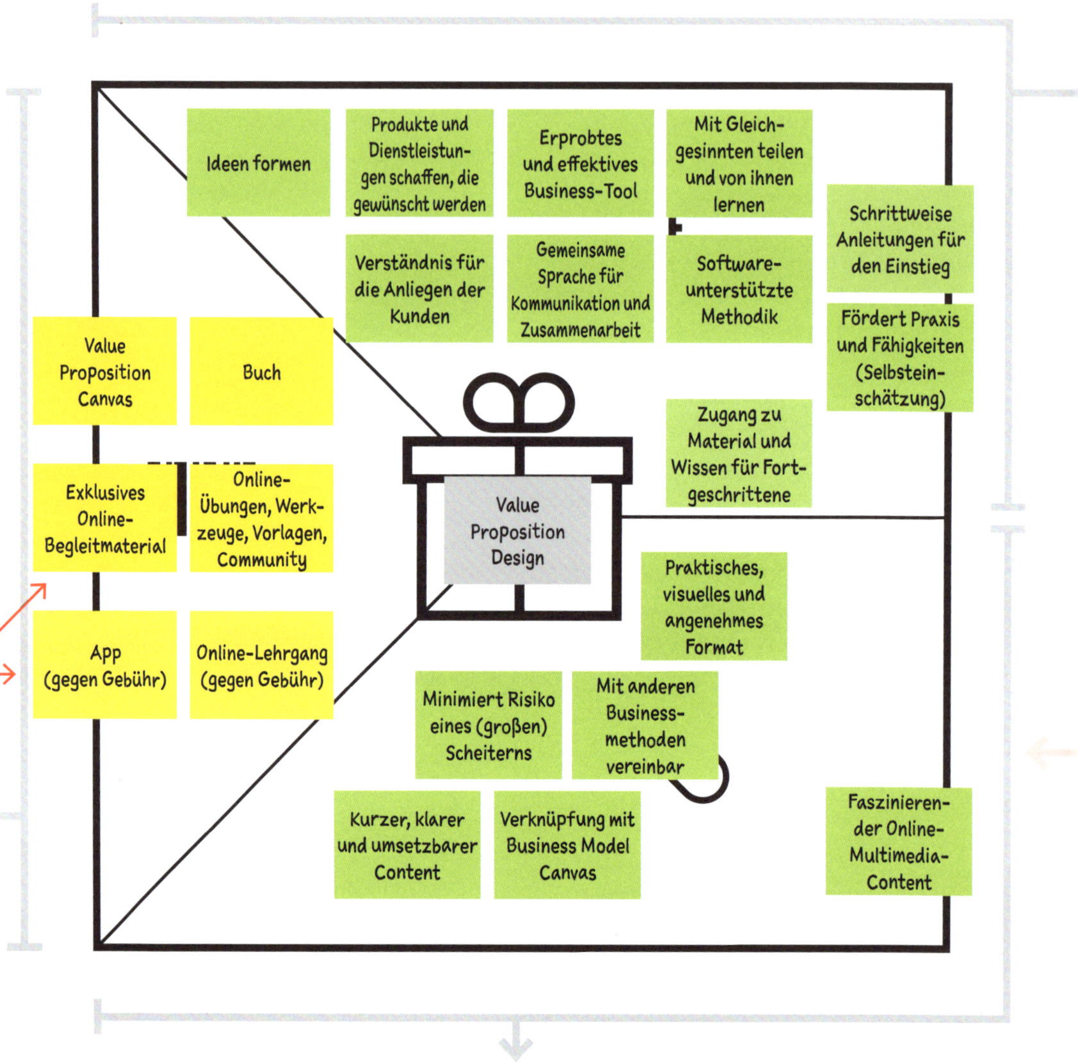

Problemlöser zeigen auf, wie genau Ihre Produkte und Dienstleistungen Kundenprobleme lösen. Jeder Problemlöser zielt auf mindestens ein oder mehrere Probleme oder Gewinne. Führen Sie hier keine Produkte oder Dienstleistungen auf.

Gewinnerzeuger zeigen, wie genau Ihre Produkte und Dienstleistungen den Kunden zu Gewinnen verhelfen. Jeder Gewinnerzeuger berücksichtigt mindestens ein oder mehrere Probleme oder Gewinne. Führen Sie hier keine Produkte oder Dienstleistungen auf.

Offizielle Abbildung dessen, wie die Produkte und Dienstleistungen rund um dieses Buch unserer Meinung nach Wert für den Kunden schaffen.

Skizzieren Sie, wie Ihre Produkte und Dienstleistungen Wert schaffen

ZIEL
Explizite Beschreibung dessen, wie Ihre Produkte und Dienstleistungen Wert schaffen

ERGEBNIS
Skizze der Wertschöpfung auf einer Seite

Anleitung

Zeichnen Sie die Value Map eines Ihrer bestehenden Wertangebote. Nutzen Sie beispielsweise jenes, das sich an das Kundensegment richtet, dessen Profil Sie in der vorhergehenden Übung erarbeitet haben. Es ist leichter, mit einem bestehenden Wertangebot anzufangen. Falls Sie jedoch noch keines haben, skizzieren Sie, wie Sie mit einer neuen Idee Wert schöpfen wollen. Wir werden die Erstellung neuer Wertangebote später noch eingehender behandeln.

Fürs Erste:

1. Nehmen Sie das Kundenprofil, das Sie zuvor erstellt haben.
2. Laden Sie die Value Map herunter.
3. Legen Sie sich ein paar Haftnotizzettel zurecht.
4. Bilden Sie ab, wie Sie für Ihre Kunden Wert schöpfen wollen.

Download PDF Value Map

Die Value Map

Strategyzer

1

Führen Sie Produkte und Dienstleistungen auf.
Zählen Sie alle Produkte und Dienstleistungen Ihres bestehenden Wertangebots auf.

2

Benennen Sie die Problemlöser.
Erläutern Sie, wie Ihre Produkte und Dienstleistungen den Kunden aktuell helfen, ihre Probleme zu lösen, indem sie unerwünschte Resultate, Hindernisse oder Risiken ausschalten. Verwenden Sie für jeden Problemlöser einen Haftnotizzettel.

3

Benennen Sie die Gewinnerzeuger.
Erklären Sie, wie Ihre Produkte und Dienstleistungen aktuell die von den Kunden erwarteten oder gewünschten Ergebnisse und Vorteile erzeugen. Verwenden Sie für jeden Gewinnerzeuger einen Haftnotizzettel.

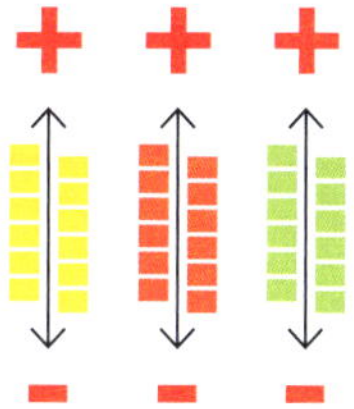

4

Sortieren Sie nach Wichtigkeit.
Sortieren Sie die Produkte und Dienstleistungen, die Problemlöser und die Gewinnerzeuger gemäß ihrer Bedeutsamkeit für den Kunden.

Führen Sie diese Übung online durch.

Problemlöser vs. Gewinnerzeuger

Problemlöser und Gewinnerzeuger schaffen beide auf verschiedene Art für den Kunden Wert. Der Unterschied ist, dass die Ersteren sich speziell mit den Problemen im Kundenprofil befassen, während die Letzteren sich insbesondere um den Gewinn drehen. Es ist in Ordnung, wenn einige auf Probleme und Gewinne zugleich ausgerichtet sind. Das Hauptziel dieser beiden Bereiche ist es, die Kundenwertschöpfung Ihrer Produkte und Dienstleistungen deutlich zu machen.

Was ist der Unterschied zu den Problemen und Gewinnen im Kundenprofil?

Problemlöser und Gewinnerzeuger unterscheiden sich deutlich von Problemen und Gewinnen. Über die Ersteren haben Sie die Kontrolle, über die Letzteren nicht. Sie entscheiden (bzw. planen), wie Sie Wert schöpfen wollen, indem Sie sich bestimmten Aufgaben, Problemen oder Gewinnen widmen. Sie entscheiden jedoch nicht darüber, welche Aufgaben, Probleme und Gewinne der Kunde hat. Und kein Wertangebot bezieht sich auf sämtliche Aufgaben, Probleme und Gewinne eines Kunden. Die besten richten sich auf diejenigen, die für den Kunden die größte Bedeutung haben, und tun das außerordentlich gut.

Best Practices für das Skizzieren von Wertschöpfung

✗ Häufige Fehler

Alle Ihre Produkte und Dienstleistungen aufführen, nicht nur jene, die an ein bestimmtes Segment gerichtet sind

Dem Problemlöser- und dem Gewinnerzeuger-Feld Produkte und Dienstleistungen hinzufügen

Problemlöser und Gewinnerzeuger anbieten, die nichts mit den Problemen und Gewinnen im Kundenprofil zu tun haben

Den unrealistischen Versuch machen, sämtliche Kundenprobleme und -gewinne ins Visier zu nehmen

✓ Best Practices

Produkte und Dienstleistungen schöpfen Wert nur in Verbindung mit einem bestimmten Kundensegment. Führen Sie nur diejenigen Produkt- und Dienstleistungspakete auf, die gemeinsam ein Wertangebot für ein bestimmtes Kundensegment darstellen.

Problemlöser und Gewinnerzeuger sind Erklärungen oder Merkmale, die die Wertschöpfung Ihrer Produkte und Dienstleistungen deutlich machen. Beispiele dafür sind »spart Zeit« und »gutes Design«.

Denken Sie daran, dass Produkte und Dienstleistungen nicht wertschöpfend im absoluten Sinne sind. Das ist immer abhängig von den Aufgaben, Problemen und Gewinnen des Kunden.

Beachten Sie, dass es bei guten Wertangeboten darum geht auszuwählen, welche Aufgaben, Probleme und Gewinne berücksichtigt werden sollen und welche nicht. Kein Wertangebot bezieht sich auf alle. Wenn Ihre Skizze das andeutet, sind Sie wahrscheinlich nicht ganz ehrlich im Hinblick auf all die Aufgaben, Probleme und Gewinne, die in Ihrem Kundenprofil auftauchen sollten.

1.3

Übereinstimmung

Übereinstimmung

Sie erzielen Übereinstimmung, wenn die Kunden sich für Ihr Wertangebot begeistern können, was dann der Fall ist, wenn Sie wichtige Aufgaben berücksichtigen, große Probleme lösen und maßgebliche Gewinne ermöglichen, die für die Kunden von Belang sind. Wie wir im Verlaufe dieses Buchs erklären werden, ist Übereinstimmung schwer zu erzielen und aufrechtzuerhalten. Das Streben nach Übereinstimmung ist die Essenz der Gestaltung von Wertangeboten.

Die Kunden erwarten und erhoffen sich eine Menge von Produkten und Dienstleistungen, aber sie wissen auch, dass sie nicht alles haben können. Konzentrieren Sie sich auf jene Vorteile, die für die Kunden die größte Bedeutung haben und den entscheidenden Unterschied ausmachen.

Kunden haben zahlreiche Probleme. Keine Organisation kann sich vernünftigerweise um alle kümmern. Konzentrieren Sie sich auf jene Schwierigkeiten, welche die größte Rolle spielen und nur unzureichend Berücksichtigung finden.

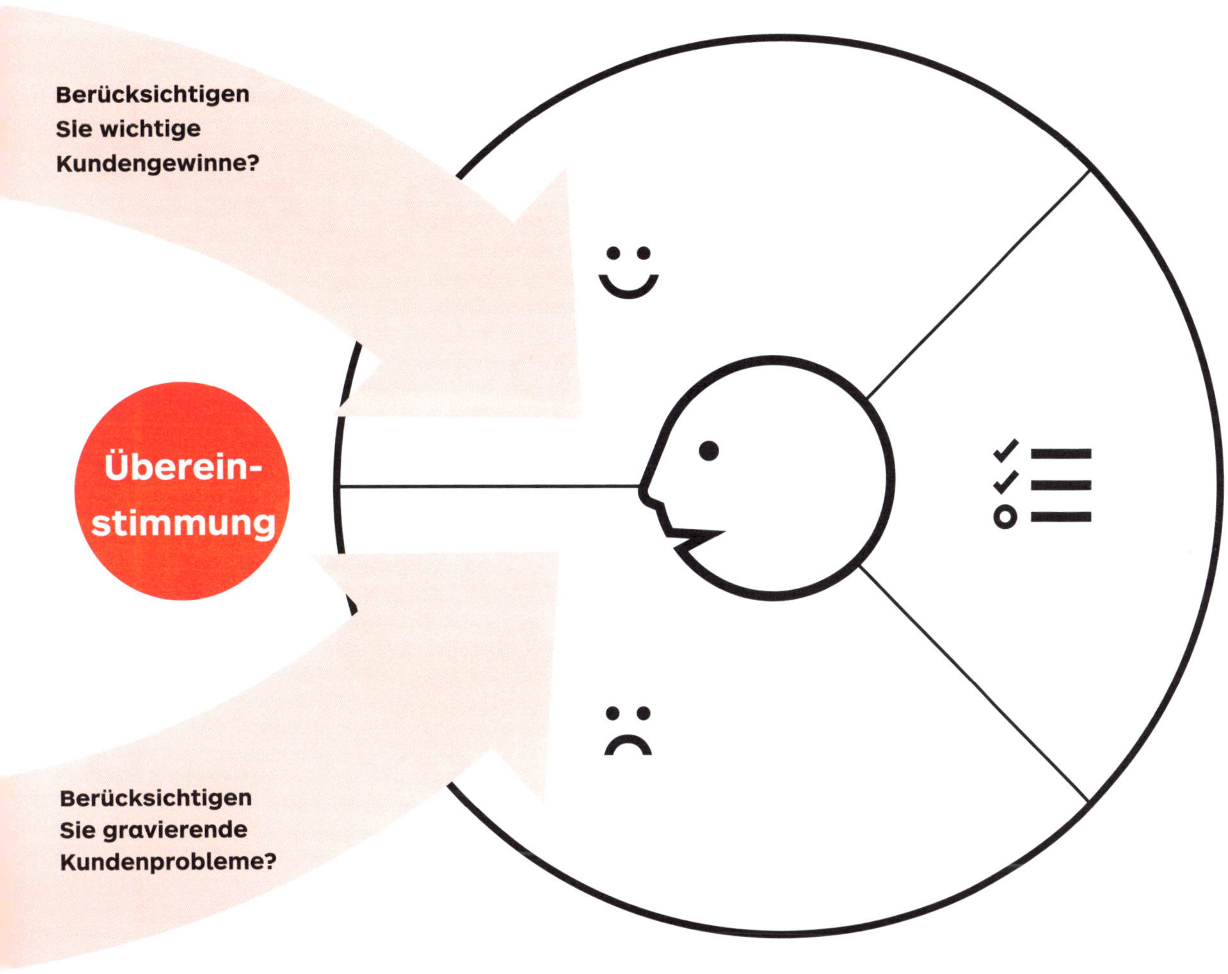

Ihre Kunden sind die Richter, die Geschworenen und die Henker Ihres Wertangebots. Und sie sind gnadenlos, wenn Sie keine Übereinstimmung erreichen!

Übereinstimmung?

Als wir das Wertangebot dieses Buchs entwickelt haben, lag es uns am Herzen, einige der wichtigsten Aufgaben, Probleme und Gewinne zu berücksichtigen, die potenzielle Kunden haben und die von der aktuellen Businessliteratur unzulänglich behandelt werden.

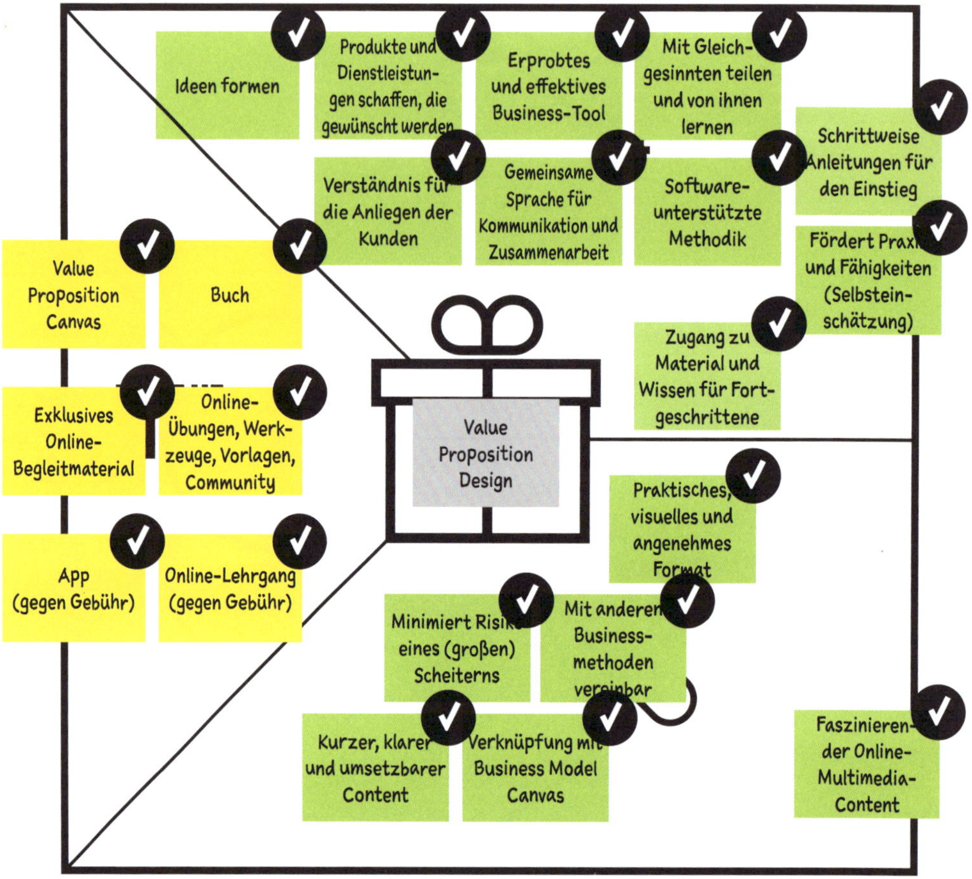

Häkchen weisen darauf hin, dass Produkte und Dienstleistungen Probleme lösen oder Gewinne bringen und sich direkt mit den Aufgaben, Problemen oder Gewinnen der Kunden beschäftigen.

Kreuze weisen darauf hin, welche Aufgaben, Probleme und Gewinne von dem Wertangebot nicht berücksichtigt werden.

Prüfen Sie Ihre Übereinstimmung

ZIEL
Sicherstellen, dass Sie das berücksichtigen, worauf es Ihren Kunden ankommt

ERGEBNIS
Verbindung zwischen Ihren Produkten und Dienstleistungen und den Aufgaben, Problemen und Gewinnen der Kunden

Führen Sie diese Übung online durch

1

Anleitung

Nehmen Sie die Value Proposition Map und das Kundensegmentprofil zur Hand, die Sie zuvor erstellt haben. Gehen Sie die Problemlöser und die Gewinnerzeuger einzeln durch und prüfen Sie, ob sie sich für eine Kundenaufgabe, ein Problem oder einen Gewinn als tauglich erweisen. Haken Sie alle ab, auf die das zutrifft.

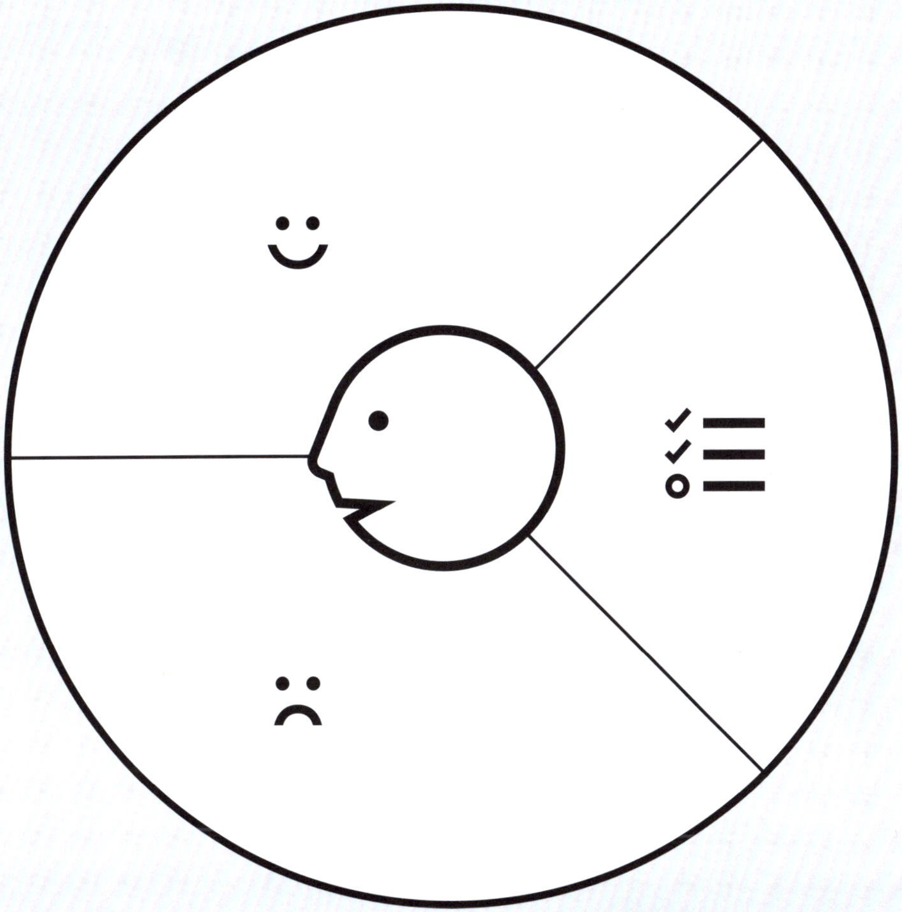

2

Ergebnis

Wenn ein Problemlöser oder ein Gewinnerzeuger keinerlei Übereinstimmung aufweist, schafft er womöglich keinen Kundenwert. Keine Sorge, wenn Sie nicht alle Probleme/Gewinne abgehakt haben – Sie können nicht alle abdecken. Fragen Sie sich: Wie tauglich ist Ihr Wertangebot wirklich für Ihren Kunden?

Download PDF Value Proposition Canvas

Drei Arten der Übereinstimmung

Die Suche nach Übereinstimmung ist der Gestaltungsprozess von Wertangeboten rund um Produkte und Dienstleistungen, die Aufgaben, Probleme und Gewinne abdecken, welche für Kunden wirklich von Belang sind. Die Übereinstimmung zwischen dem, was ein Unternehmen anbietet, und den Wünschen der Kunden ist die wichtigste Voraussetzung für ein erfolgreiches Wertangebot.

Diese Übereinstimmung erfolgt in drei Stufen. Die erste ist erreicht, wenn Sie maßgebliche Kundenaufgaben, Probleme und Gewinne identifizieren, die Sie mit Ihrem Wertangebot abdecken zu können glauben. Die zweite Stufe besteht darin, dass Kunden positiv auf Ihr Wertangebot reagieren und es am Markt Fuß fasst. Die Start-up-Bewegung nennt diese beiden Problem-Lösung-Übereinstimmung beziehungsweise Produkt-Markt-Übereinstimmung. Auf der dritten Stufe finden Sie ein Geschäftsmodell, das erweiterbar und profitabel ist.

Download Poster »Übereinstimmung«

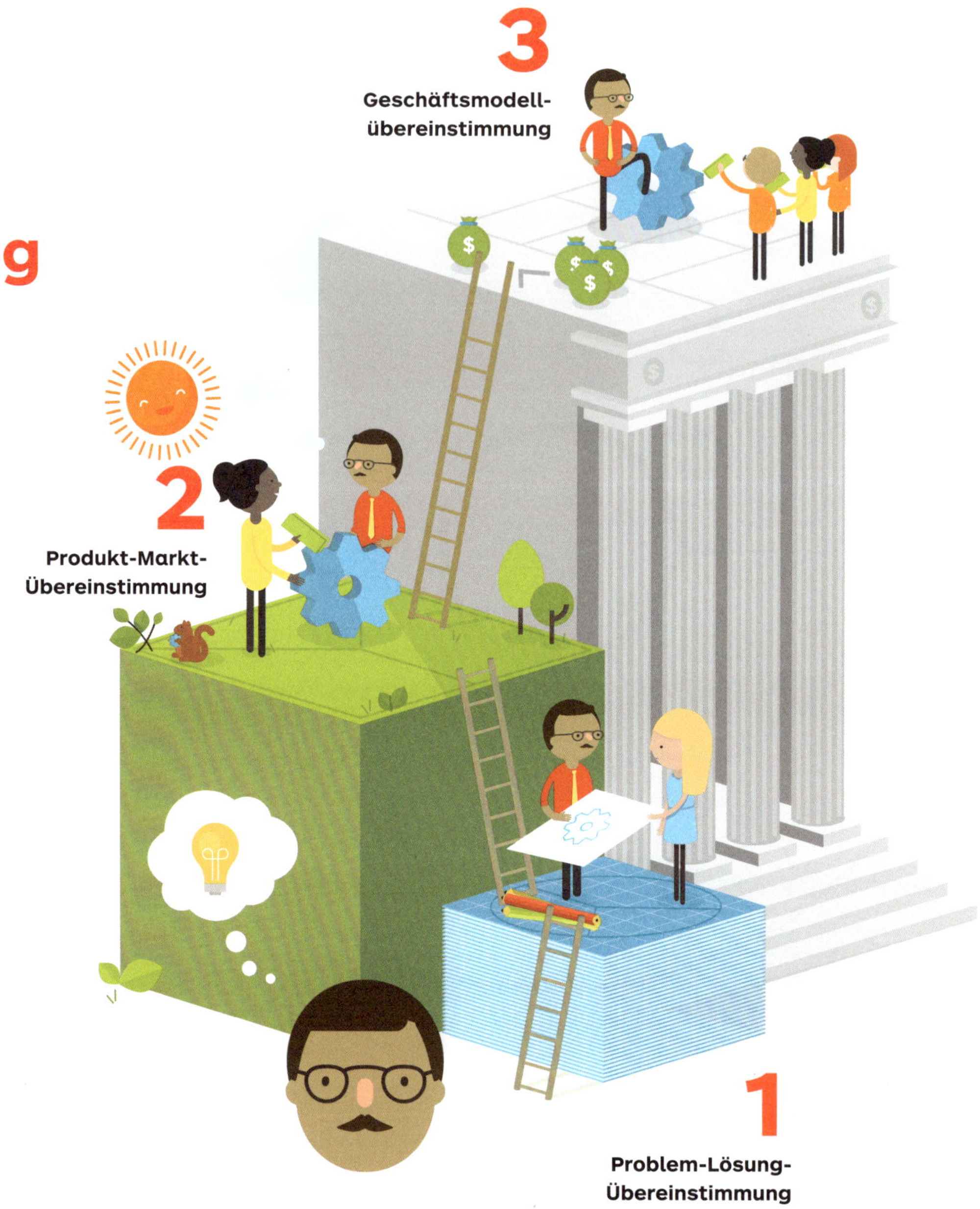

Auf dem Papier ⟶

1. Problem-Lösung-Übereinstimmung

Problem-Lösung-Übereinstimmung liegt vor, wenn Sie

- die Gewissheit haben, dass den Kunden bestimmte Aufgaben, Probleme und Gewinne wichtig sind;
- ein Wertangebot erstellt haben, das sich dieser Aufgaben, Probleme und Gewinne annimmt.

Auf dieser Stufe haben Sie noch keinen Beweis dafür, dass die Kunden tatsächlich an Ihrem Wertangebot interessiert sind.
Zu diesem Zeitpunkt sind Sie bemüht, die Aufgaben, Probleme und Gewinne zu identifizieren, die für die Kunden die größte Bedeutung haben, und entsprechende Wertangebote zu gestalten. Sie entwickeln zahlreiche alternative Wertangebote, um diejenigen zu präsentieren, welche die größte Tauglichkeit aufweisen. Die von Ihnen erzielte Übereinstimmung ist noch nicht nachgewiesen und existiert in erster Linie auf dem Papier. In den nächsten Schritten soll nachgewiesen werden, dass sich die Kunden für Ihr Wertangebot interessieren, oder Sie beginnen mit der Entwicklung eines neuen.

Am Markt ⟶

2. Produkt-Markt-Übereinstimmung

Produkt-Markt-Übereinstimmung liegt vor, wenn Sie

- die Gewissheit haben, dass Ihre Produkte und Dienstleistungen, Problemlöser und Gewinnerzeuger tatsächlich Kundenwert schaffen und am Markt Fuß fassen.

Während der zweiten Phase sind Sie bestrebt, die Ihrem Wertangebot zugrunde liegenden Annahmen zu bestätigen oder zu verwerfen. Unweigerlich werden Sie erkennen, dass viele Ihrer frühen Ideen einfach keinen Kundenwert schaffen (z. B. weil die Kunden sich nicht dafür interessieren), und Sie müssen neue Wertangebote entwerfen.
Diese zweite Stufe der Tauglichkeit zu erreichen ist ein langer und schrittweiser Prozess; das geschieht nicht über Nacht.

Auf der Bank

3. Geschäftsmodellübereinstimmung

Geschäftsmodellübereinstimmung liegt vor, wenn Sie

- den Nachweis haben, dass Ihr Wertangebot sich in ein profitables und erweiterbares Geschäftsmodell einfügen lässt.

Ein gelungenes Wertangebot ohne ein gelungenes Geschäftsmodell kann einen suboptimalen finanziellen Erfolg bedeuten oder sogar zum Scheitern führen. Kein Wertangebot – egal wie großartig – kann ohne ein solides Geschäftsmodell überleben.
Die Suche nach der Geschäftsmodellübereinstimmung beinhaltet ein fleißiges Hin und Her zwischen dem Entwurf eines Wertangebots, das Wert für die Kunden schafft, und einem Geschäftsmodell, das Wert für Ihr Unternehmen schafft. Sie haben so lange keine Geschäftsmodellübereinstimmung erreicht, bis Sie mehr Einkünfte durch Ihr Wertangebot generieren, als seine Erzeugung und Verbreitung kostet (oder »ihre« im Falle von Plattformmodellen mit mehreren zusammenhängenden Wertangeboten).

Kundenprofile in B2B

Wertangebote bei Business-to-Business (B2B)-Transaktionen betreffen typischerweise mehrere Stakeholder bei der Recherche, der Evaluation, dem Erwerb und der Nutzung eines Produkts oder einer Dienstleistung. Jeder hat ein anderes Profil mit unterschiedlichen Aufgaben, Problemen und Gewinnen. Stakeholder können die Kaufentscheidung in die eine oder in die andere Richtung kippen lassen. Identifizieren Sie die wichtigsten unter ihnen und gestalten Sie eine Value Proposition Canvas für jeden Einzelnen von ihnen.

Die Profile unterscheiden sich je nach dem Sektor und der Größe eines Unternehmens, aber typischerweise umfassen sie die folgenden Rollen:

+ Entflochten

Wertangebote für Stakeholder innerhalb des Geschäfts

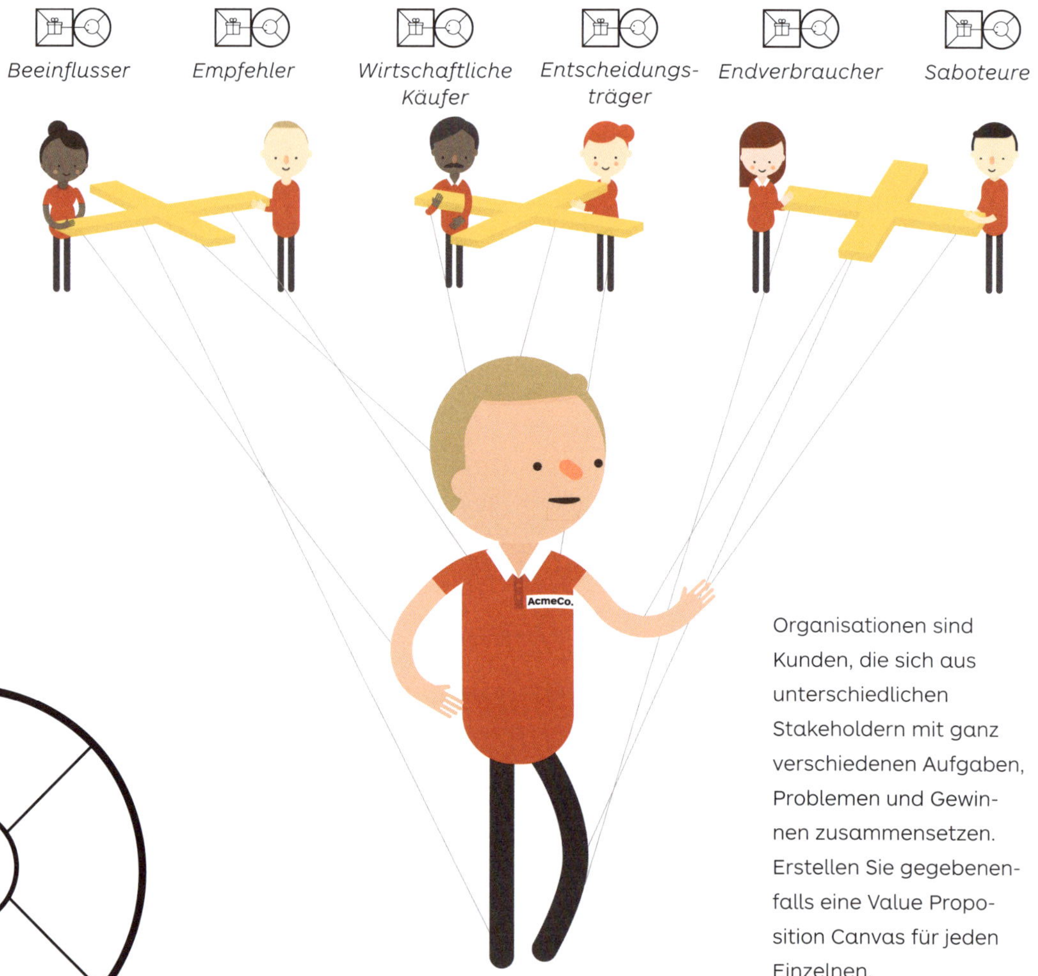

Organisationen sind Kunden, die sich aus unterschiedlichen Stakeholdern mit ganz verschiedenen Aufgaben, Problemen und Gewinnen zusammensetzen. Erstellen Sie gegebenenfalls eine Value Proposition Canvas für jeden Einzelnen.

Zusammengefasst

Wertangebot

Geschäftssegment

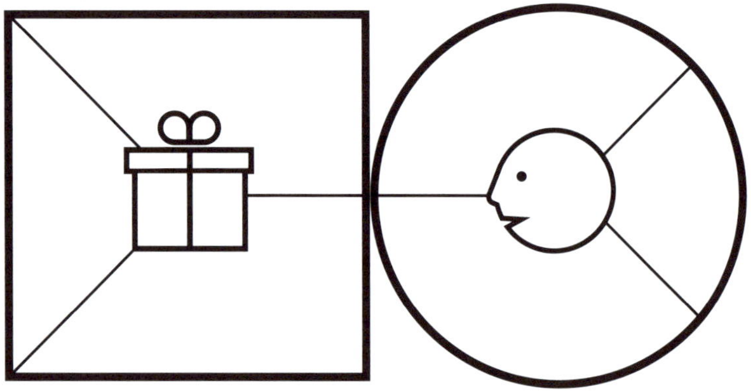

Übernommen von Steve Blank, The Four Steps to the Epiphany, 2006.

Die Familie aufschlüsseln

Wertangebote an den Konsumenten können auch verschiedene Stakeholder in der Recherche, der Evaluation, dem Erwerb und der Verwendung eines Produkts oder einer Dienstleistung umfassen. Stellen Sie sich zum Beispiel eine Familie vor, die beabsichtigt, eine Spielekonsole zu kaufen. In dieser Situation gibt es auch einen Unterschied zwischen dem wirtschaftlichen Käufer, dem Beeinflusser, dem Entscheidungsträger, dem Nutzer und dem Saboteur. Es ist deshalb sinnvoll, für jeden Stakeholder eine eigene Value Proposition Canvas zu erstellen.

Beeinflusser
Individuen oder Gruppen, deren Meinungen von Belang sein und auf die Entscheidungsträger hören könnten, auch auf informelle Art und Weise

Empfehler
Diejenigen, die den Recherche- und Evaluationsprozess durchführen und formelle Empfehlungen für oder gegen einen Kauf aussprechen

Wirtschaftliche Käufer
Die Person oder Gruppe, die das Budget kontrolliert und den tatsächlichen Kauf durchführt. Ihre Bedenken richten sich typischerweise auf finanzielle Leistungsfähigkeit und Budgeteffizienz.
In manchen Fällen kann der wirtschaftliche Käufer außerhalb einer Organisation angesiedelt sein, zum Beispiel wenn eine Regierung die medizinische Grundausrüstung für Seniorenpflegeheime bezahlt.

Entscheidungsträger
Die Person oder Gruppe, die letztlich verantwortlich ist für die Auswahl eines Produkts/einer Dienstleistung und für die Beauftragung der Kaufentscheidung. Entscheidungsträger haben im Allgemeinen die letztgültige Autorität über das Budget.

Endverbraucher
Die endgültigen Nutznießer eines Produkts oder einer Dienstleistung. Für einen Geschäftskunden können die Endverbraucher entweder innerhalb der eigenen Organisation sein (ein Produzent, der Software für seine Designer kauft) oder sie können externe Kunden sein (ein Gerätehersteller, der Chips für die Smartphones kauft, die er an Konsumenten verkauft). Endverbraucher können passiv oder aktiv sein, je nachdem wie viel sie im Entscheidungs- und Kaufvorgang zu sagen haben.

Saboteure
Die Personen und Gruppen, die den Prozess der Recherche, der Evaluation und des Erwerbs von Produkten oder Dienstleistungen behindern oder zum Scheitern bringen können

Entscheidungsträger befinden sich typischerweise innerhalb der Organisation des Kunden, während Beeinflusser, Empfehler, wirtschaftliche Käufer, Endverbraucher und Saboteure sowohl innerhalb als auch außerhalb der Organisation zu finden sind.

Mehrfache Übereinstimmung

Manche Geschäftsmodelle funktionieren nur mit einer Kombination aus verschiedenen Wertangeboten und Kundensegmenten. In solchen Situationen brauchen Sie Übereinstimmung zwischen jedem Wertangebot und seinem jeweiligen Kundensegment, damit das Geschäftsmodell tragfähig ist.

Zwei häufige Beispiele für mehrfache Übereinstimmung sind Zwischenhändler- und Plattform-Geschäftsmodelle.

Zwischenhändler

Wenn ein Unternehmen ein Produkt oder eine Dienstleistung über einen Zwischenhändler verkauft, muss es tatsächlich zwei Kunden bedienen: den Endverbraucher und den Zwischenhändler selbst. Ohne ein deutliches Wertangebot für den Zwischenhändler erreicht das Angebot den Endkunden möglicherweise gar nicht, oder zumindest nicht mit derselben Wirksamkeit.

Die chinesische Firma Haier verkauft Haushaltsgeräte und Elektronik an Haushalte in aller Welt. Dies tut sie vornehmlich über Einzelhändler wie Carrefour, Walmart und andere. Um erfolgreich zu sein, muss Haier sowohl den Haushalten (den Endverbrauchern) als auch den im Zwischenhandel tätigen Einzelhändlern ein attraktives Wertangebot unterbreiten.

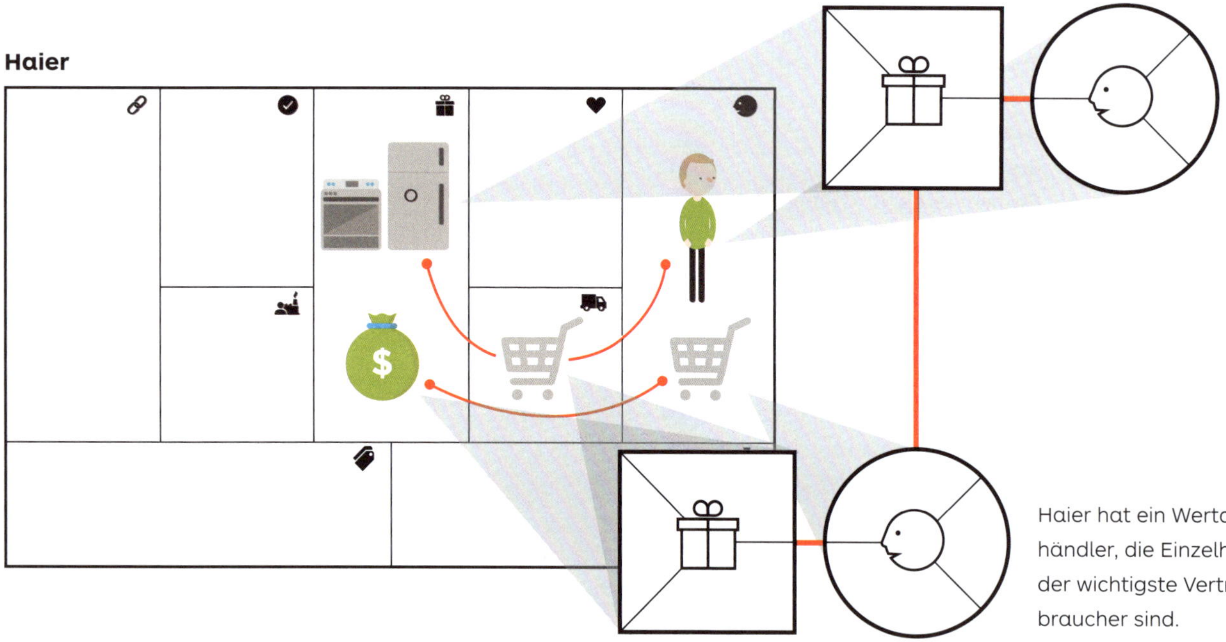

Haier hat ein Wertangebot für den Endverbraucher, die Haushalte.

Haier hat ein Wertangebot für seine Zwischenhändler, die Einzelhandelsgeschäfte, die auch der wichtigste Vertriebskanal für die Endverbraucher sind.

Plattformen

Plattformen funktionieren nur, wenn zwei oder mehr Beteiligte interagieren und aus demselben Geschäftsmodell Wert schöpfen. Plattformen werden als doppelseitig bezeichnet, wenn es zwei solcher Beteiligter gibt, und als mehrseitig, wenn mehr als zwei im Spiel sind. Eine Plattform existiert nur dann, wenn alle Seiten des Modells vorhanden sind.

Airbnb ist ein Beispiel für eine doppelseitige Plattform. Es handelt sich um eine Website, die Ortsansässige mit zu vermietenden Räumlichkeiten und Reisende auf der Suche nach Alternativen zu Hotelübernachtungen zusammenbringt. In einem solchen Fall muss das Geschäftsmodell zwei Wertangebote unterbreiten: eins für die Ortsansässigen (Gastgeber genannt) und eins für die Reisenden.

Airbnb

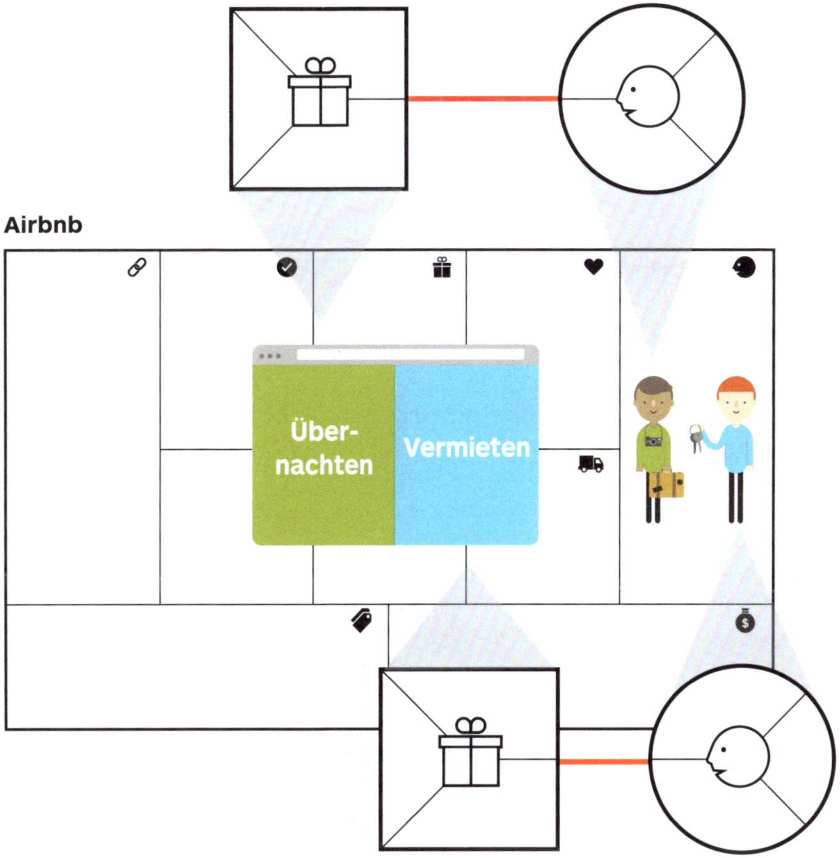

Ein Kinobesuch

Gehen wir das Konzept der Value Proposition Canvas noch einmal anhand eines anderen einfachen Beispiels durch. Stellen Sie sich vor, der Eigentümer einer Kinokette möchte neue Wertangebote für seine Kunden erstellen.

Er könnte mit den Merkmalen des Wertangebots anfangen und sich über die neueste Generation von Großleinwänden, topaktuelle Wiedergabetechnologien, leckere Snacks, soziale Erlebnisse, urbane Erfahrungswelten und so weiter auslassen. Aber natürlich spielt das alles nur eine Rolle, wenn es den Kunden wichtig ist. Also beschließt er, ein besseres Verständnis davon zu gewinnen, was seine Kunden wirklich wollen.

Traditionell würde er ein psychodemografisches Profil seiner Kundensegmente erstellen. Aber diesmal beschließt er, diese Form der Kundensegmentation mit Kundenprofilen zu ergänzen, welche die Aufgaben, Probleme und Gewinne der Kunden betonen.

Wie sollte das neue Wertangebot aussehen?

Was motiviert den Kinobesucher?

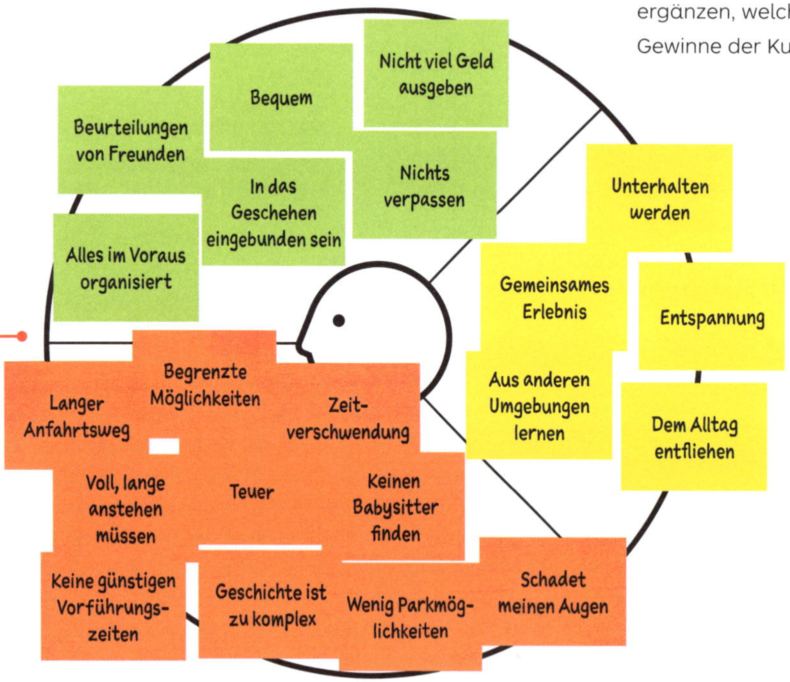

Tipp: Ein (potenzieller) Kunde existiert unabhängig von Ihrem Wertangebot.
Wenn Sie das Profil Ihres Kunden skizzieren, konzentrieren Sie sich nicht nur auf Aufgaben, Probleme und Gewinne, die mit Ihrem Wertangebot verknüpft sind. Fassen Sie es weiter, um herauszufinden, was Ihre Kunden wirklich motiviert.

Geschäftsmodell eines Kinos

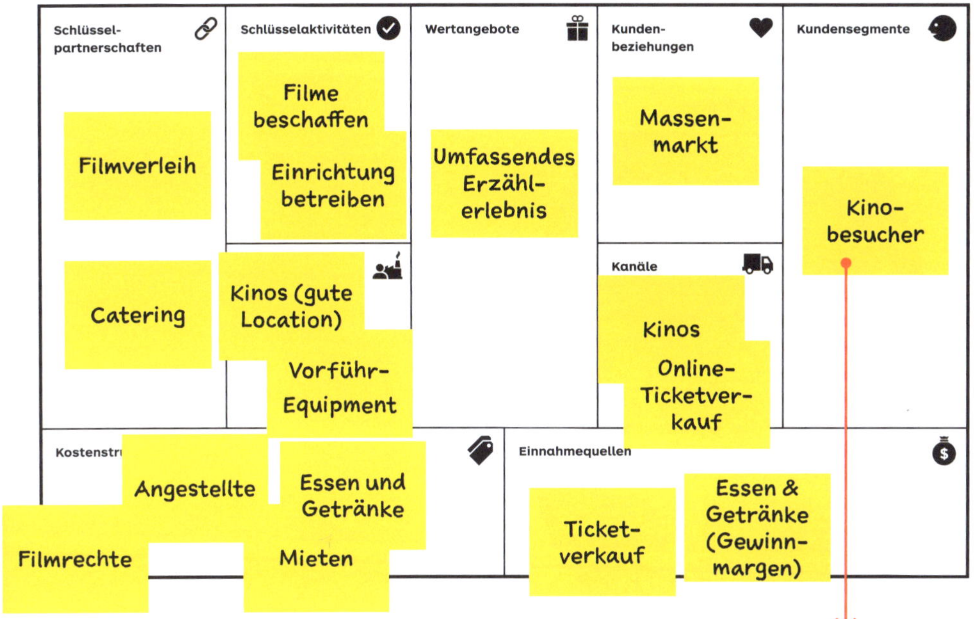

Der neue Ansatz: *Schwerpunkt auf Aufgaben, Probleme und Gewinne, die den Kunden motivieren*

Indem Sie ein Kundenprofil erstellen, wollen Sie herausfinden, was die Menschen wirklich antreibt, anstatt nur ihre sozioökonomischen Merkmale zu beschreiben. Sie ergründen, was sie wirklich zu erreichen versuchen, ihre zugrunde liegenden Motive, ihre Ziele und was sie hindert. Dadurch erweitern Sie Ihren Horizont und entdecken wahrscheinlich neue oder bessere Möglichkeiten, die Kunden zufriedenzustellen.

Der traditionelle Ansatz: *psychodemografische Profile*

Traditionelle psychodemografische Profile gruppieren die Konsumenten in Kategorien, welche dieselben sozioökonomischen Merkmale aufweisen.

Hanna Kinobesucherin
20 bis 30 Jahre alt
Gehobene Mittelklasse
Einkommen: 80 000 €/Jahr
Verheiratet, 2 Kinder

Kinoverhalten:

- bevorzugt Actionfilme
- mag Popcorn und Limonade
- steht nicht gerne Schlange
- kauft die Tickets online
- geht einmal im Monat ins Kino

Derselbe Kunde, anderer Kontext

Die Prioritäten ändern sich je nach dem Kontext des Kunden. Berücksichtigen Sie diesen Kontext, ehe Sie ein Wertangebot erstellen, das für den Kunden entscheidend ist.

Mit der Herangehensweise über die zu erledigenden Aufgaben enthüllen Sie die Motivationen unterschiedlicher Kundensegmente. Doch je nach Kontext sind einige Aufgaben wichtiger oder weniger bedeutsam als andere.

Tatsächlich ändert der Kontext, in dem eine Person sich befindet, häufig die Art der Aufgaben, welche sie erfüllen möchte.

Die Gäste eines Restaurants zum Beispiel werden wahrscheinlich sehr unterschiedliche Kriterien verwenden, um ihre gastronomischen Erfahrungen beim Mittag- oder Abendessen zu bewerten. Ein Mobiltelefonnutzer hat verschiedene Aufgabenstellungen, je nachdem ob er das Telefon im Auto, während eines Meetings oder zu Hause verwendet. Daher sind die Merkmale Ihres Wertangebots unterschiedlich und hängen von dem Kontext ab, auf den Sie Ihr Augenmerk richten.

In unserem Beispiel hat der Kontext, in dem unsere Kinobesucherin sich befindet, Einfluss darauf, welche Aufgaben ihr mehr oder weniger wichtig sind.

Fügen Sie Ihren Kundenprofilen Kontextelemente hinzu, wenn es nötig ist. Diese können später bei der Gestaltung von Wertangeboten zu Einschränkungen führen.

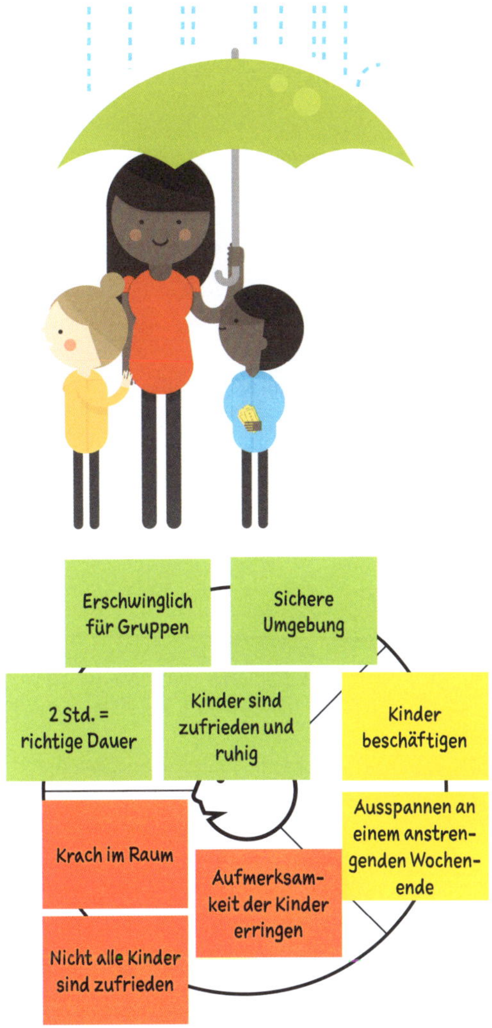

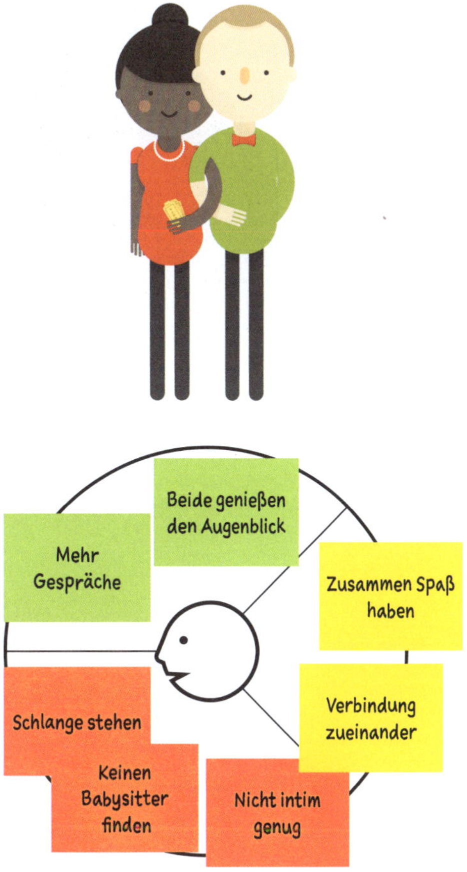

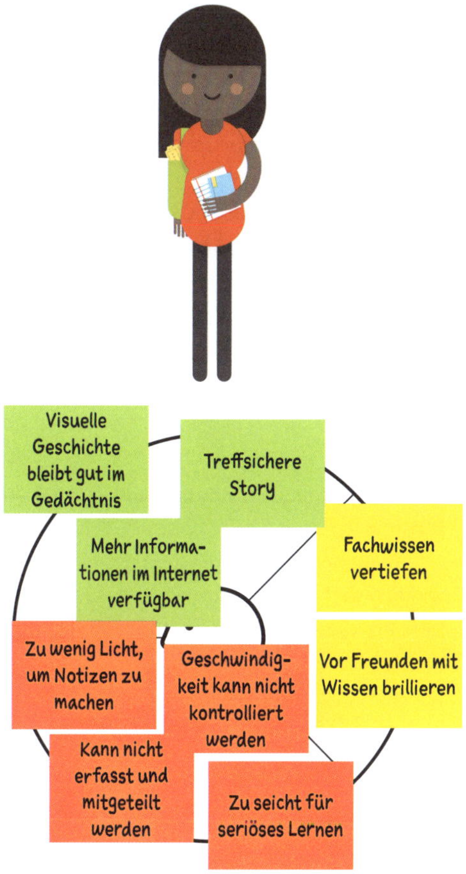

Der freie Nachmittag der Kinder

Wann? Mittwochnachmittag

Wo? Weg von zu Hause

Mit wem? Kinder und evtl. ihre Freunde

Beschränkungen? Nach der Schule, vor dem Abendessen

Partnerabend

Wann? Samstagabend

Wo? Weg von zu Hause

Mit wem? Partner

Beschränkungen? Kinder müssen betreut sein (falls vorhanden)

Persönliche Recherche

Wann? Jederzeit

Wo? Weg von zu Hause

Mit wem? Alleine

Beschränkungen? Möglichkeit, Notizen zu machen

Gleicher Kunde, verschiedene Lösungen

In unserer heutigen, überaus wettbewerbsorientierten Welt sind die Kunden von einer Vielzahl verlockender Wertangebote umgeben, die alle auf dieselbe beschränkte Aufnahmebereitschaft abzielen.

Sehr unterschiedliche Wertangebote können sich auf ähnliche Aufgaben, Probleme und Gewinne beziehen. Unsere Kinokette zum Beispiel konkurriert nicht nur mit anderen Kinos um die Aufmerksamkeit der Kunden, sondern auch mit einer ganzen Bandbreite alternativer Möglichkeiten: zu Hause einen Film ausleihen, essen gehen, einen Wellnessclub besuchen oder vielleicht sogar eine virtuelle Online-Kunstausstellung mit 3D-Brille besuchen.

Versuchen Sie zu verstehen, was Ihren Kunden wirklich wichtig ist. Untersuchen Sie ihre Aufgaben, Probleme und Gewinne über das hinaus, was Ihr eigenes Wertangebot unmittelbar anspricht, um ganz neue oder maßgeblich verbesserte Angebote zu ersinnen.

Verstehen Sie Ihre Kunden über Ihre Lösung hinaus. Ergründen Sie die Aufgaben, Probleme und Gewinne, die für sie von Belang sind, um herauszufinden, wie Sie Ihr Wertangebot verbessern oder ein ganz neues entwickeln können.

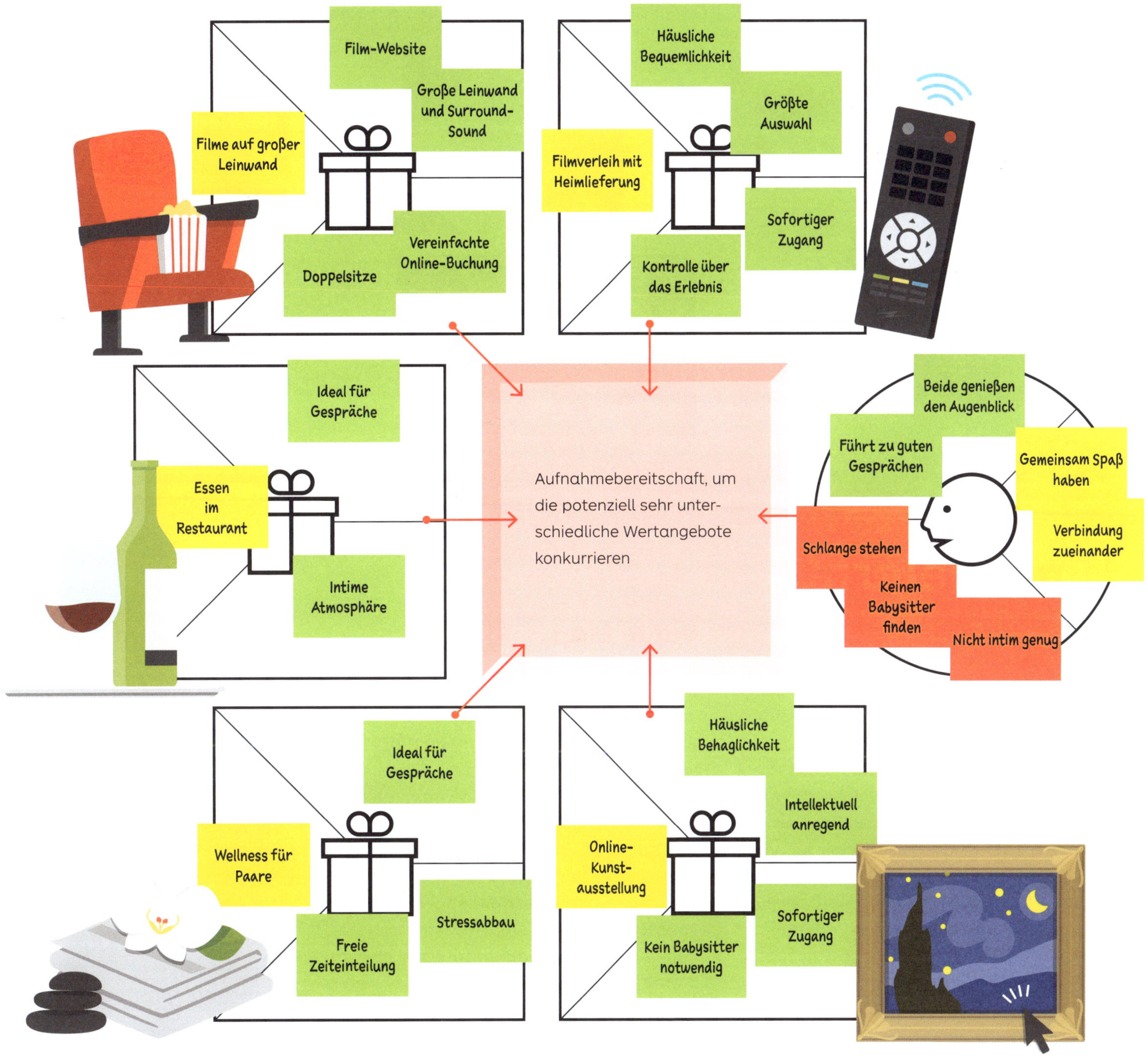
Film-Website
Große Leinwand und Surround-Sound
Filme auf großer Leinwand
Vereinfachte Online-Buchung
Doppelsitze
Häusliche Bequemlichkeit
Größte Auswahl
Filmverleih mit Heimlieferung
Sofortiger Zugang
Kontrolle über das Erlebnis
Ideal für Gespräche
Essen im Restaurant
Intime Atmosphäre
Aufnahmebereitschaft, um die potenziell sehr unterschiedliche Wertangebote konkurrieren
Beide genießen den Augenblick
Führt zu guten Gesprächen
Gemeinsam Spaß haben
Verbindung zueinander
Schlange stehen
Keinen Babysitter finden
Nicht intim genug
Ideal für Gespräche
Wellness für Paare
Stressabbau
Freie Zeiteinteilung
Häusliche Behaglichkeit
Intellektuell anregend
Online-Kunst-ausstellung
Sofortiger Zugang
Kein Babysitter notwendig

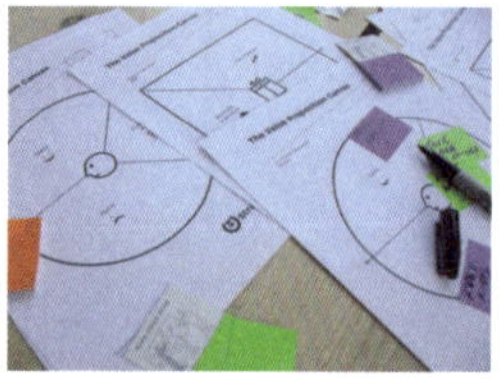

Hinzugelernt

Kundenprofil

Nutzen Sie das Kundenprofil, um zu visualisieren, worauf es den Kunden ankommt. Spezifizieren Sie ihre Aufgaben, Probleme und Gewinne. Kommunizieren Sie das Profil in Ihrem gesamten Unternehmen als Handlungsanweisung, die auf einen Blick ein gemeinsames Kundenverständnis schafft. Verwenden Sie es als »Anzeigetafel«, um nachvollziehen zu können, ob die angenommenen Kundenaufgaben, Probleme und Gewinne existieren, wenn Sie mit tatsächlichen Kunden sprechen.

Value Map

Benutzen Sie die Value Map, um deutlich zu machen, wie Ihrer Meinung nach Ihre Produkte und Dienstleistungen Probleme lösen und Gewinne erzeugen. Kommunizieren Sie die Value Map in Ihrem gesamten Unternehmen als ein Dokument, das auf einen Blick ein gemeinsames Verständnis dessen schafft, wie Sie Wert schöpfen wollen. Verwenden Sie es als »Anzeigetafel«, um nachvollziehen zu können, ob Ihre Produkte tatsächlich Probleme lösen und Gewinne erzeugen, wenn Sie sie an Kunden ausprobieren.

Übereinstimmung

Problem-Lösung-Übereinstimmung: der Nachweis, dass Kunden die Aufgaben, Probleme und Gewinne wichtig sind, die Sie mit Ihrem Wertangebot zu berücksichtigen versuchen. Produkt-Markt-Übereinstimmung: der Nachweis, dass die Kunden Ihr Wertangebot haben wollen. Geschäftsmodellübereinstimmung: der Nachweis, dass das Geschäftsmodell für Ihr Wertangebot erweiterbar und profitabel ist.

Die Value Proposition Canvas

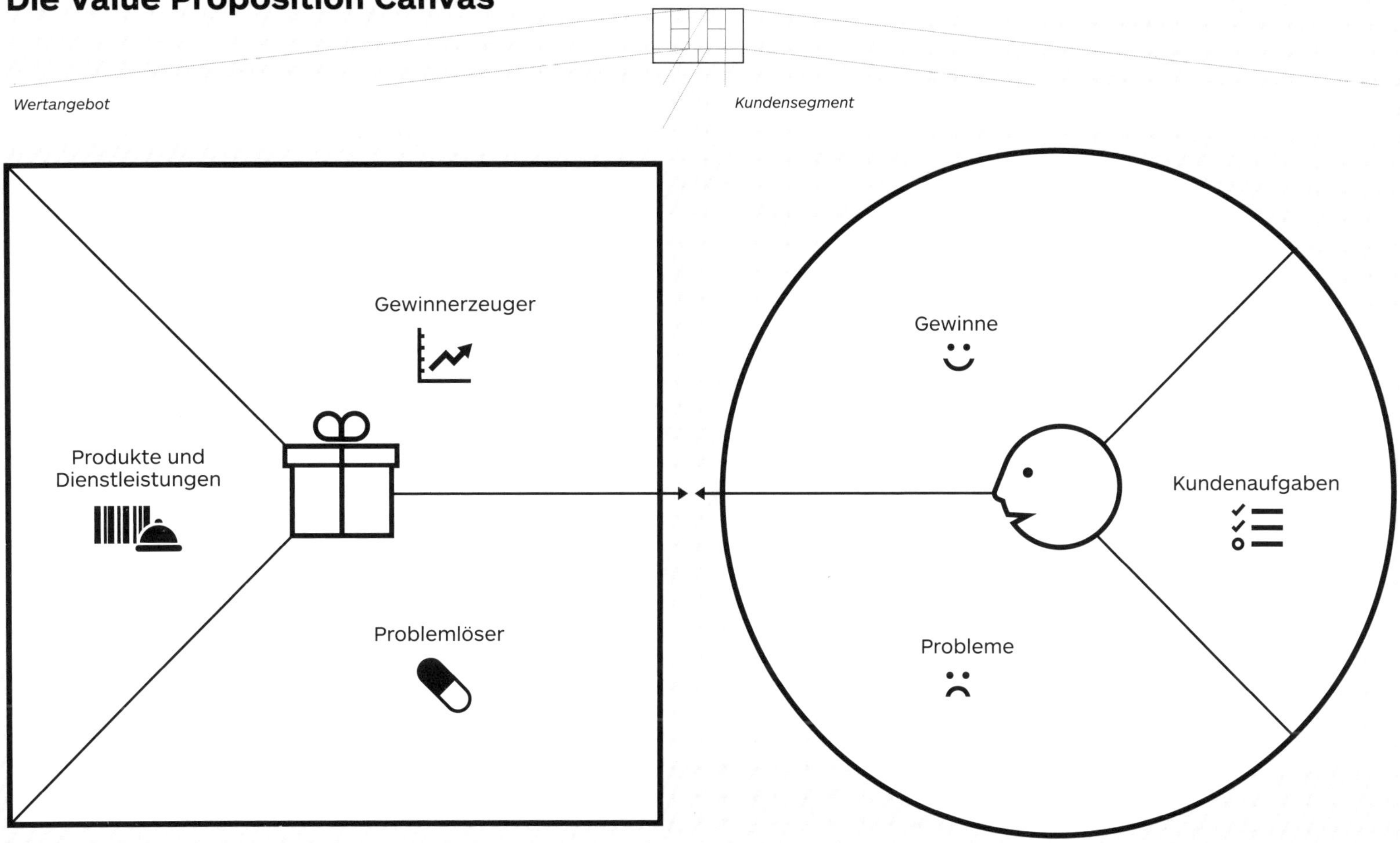

Download PDF Value Proposition Canvas

Design, Test, Repeat

Die Suche nach Wertangeboten, die den Aufgaben, Problemen und Gewinnen der Kunden entsprechen, ist ein ständiges Hin und Her zwischen dem Entwurf und dem Test von Prototypen. Der Prozess ist eher ein schrittweiser als ein fortlaufender. Das Ziel des *Value Proposition Design* ist es, Ideen schnellstmöglich zu testen, um zu lernen, bessere Entwürfe zu gestalten und erneut zu testen.

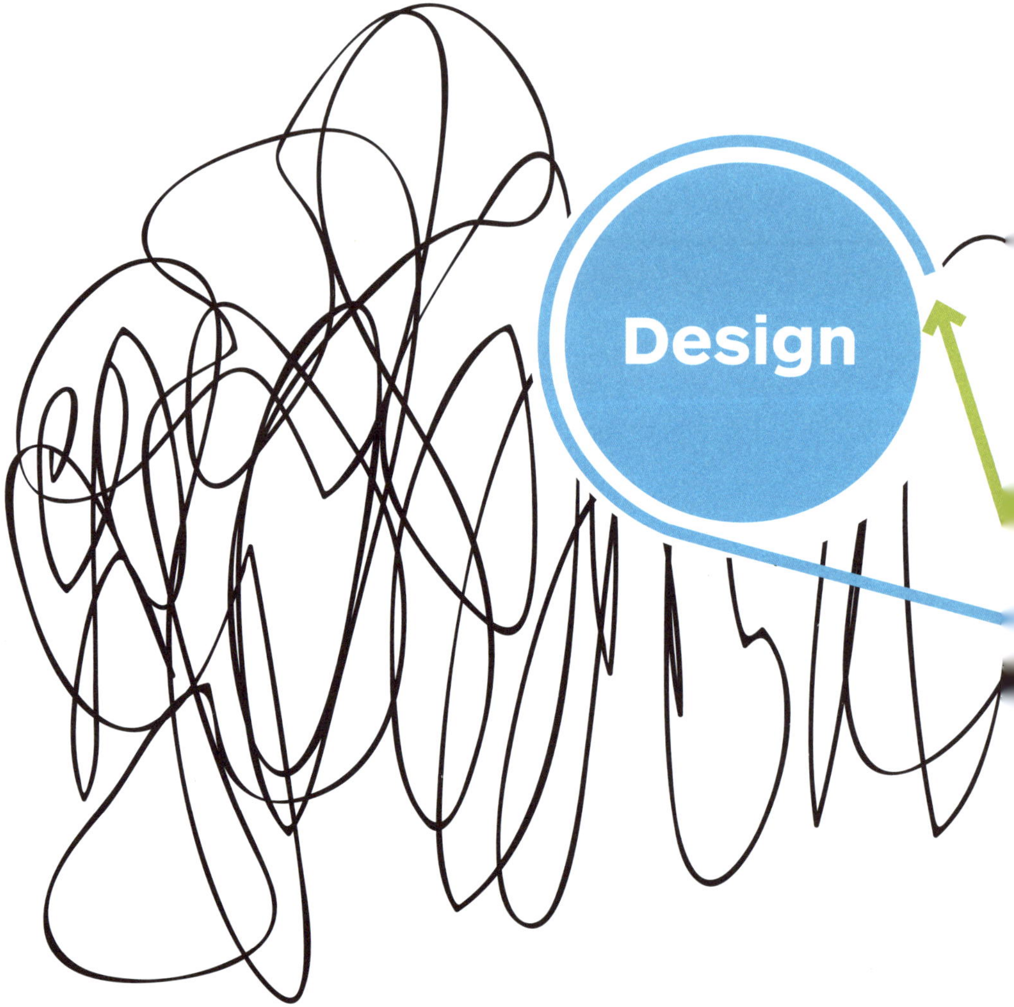

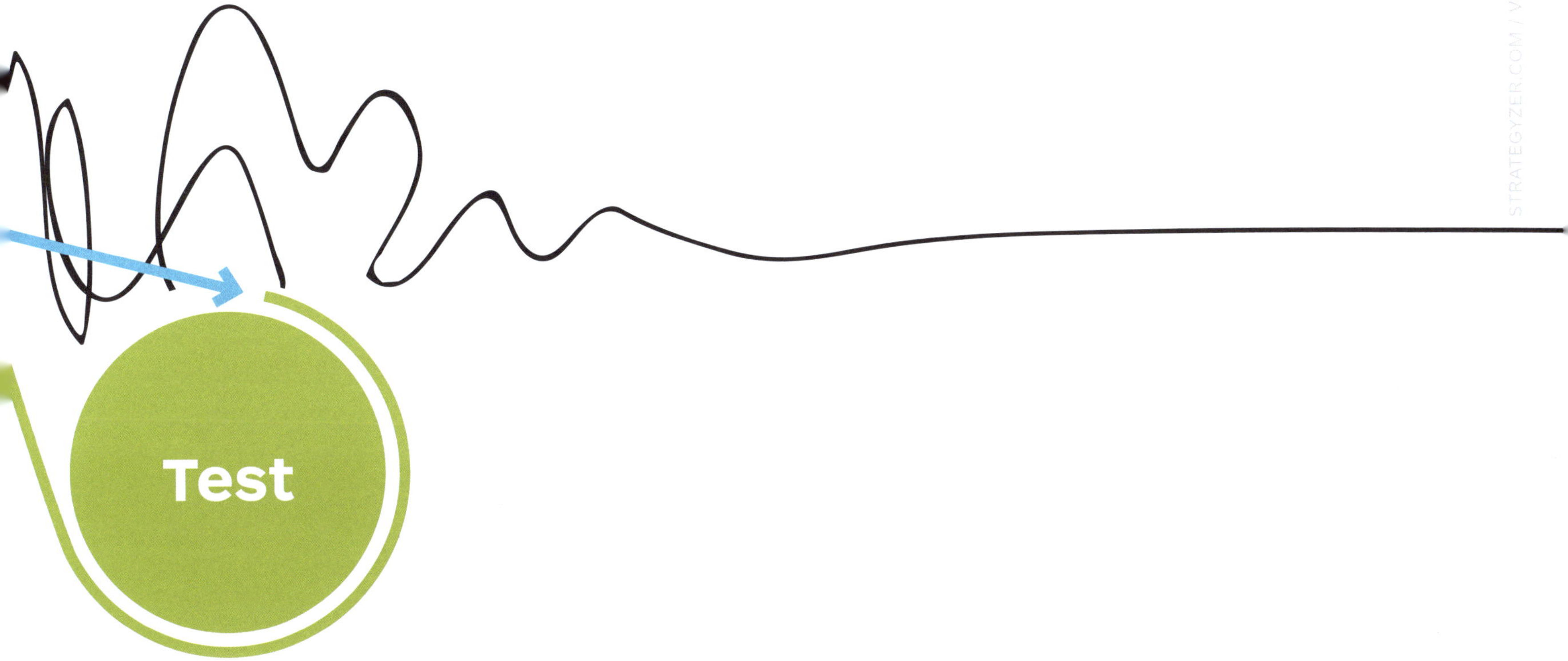
Test

Des

ign

2

Schneller Anstoß zum Value Proposition Design mit Prototyp-Möglichkeiten (S. 74) für einen Ihrer Ausgangspunkte (S. 86). Formen Sie Ihre Wertangebote, indem Sie die Kunden verstehen (S. 104), und wählen Sie dann aus, welches Sie weiter vertiefen wollen, indem Sie eine Wahl treffen (S. 120) und das richtige Geschäftsmodell finden (S. 142). Wenn Sie ein bereits bestehendes Unternehmen haben, entdecken Sie die Besonderheiten des Designs in etablierten Organisationen (S. 158).

VOM TESTLAUF
BEOBACHTUNG
AUSGANGSPUNKTE
Learning Card

Acme
?
ROTOTYPEN
ENTSCHEIDUNG
ZUM TESTLAUF
7 FRAGEN
FINANZEN
GESCHÄFTSMODELL
DURCHGEFALLEN

Formen Sie Ihre Ideen

Das Design ist der Vorgang, bei dem Sie Ihre Ideen in Wertangebot-Prototypen verwandeln. Es ist ein kontinuierlicher Kreislauf von Prototypen, Kundenuntersuchungen und einer Neuformung Ihrer Ideen. Das Design kann damit anfangen, dass Sie einen Prototyp entwickeln oder dass Sie die Kunden erforschen. Die Designaktivitäten sind Grundlage für die Testaktivitäten, die wir im nächsten Kapitel untersuchen (siehe Teil 3 »Test« ab S. 172).

Ideen, Ausgangspunkte und Erkenntnisse

ab S. 86

Ausgangspunkte für neue oder verbesserte Wertangebote können von überallher kommen. Sie können aus Ihren Kundenerkenntnissen stammen (ab S. 116), aus der Untersuchung von Prototypen (ab S. 76) oder aus vielen anderen Quellen (ab S. 88). Achten Sie darauf, sich nicht auf Ihre ersten Ideen zu versteifen, denn diese werden sich mit Sicherheit während der Prototyp-Phase radikal verändern (ab S. 76, Kundenforschung ab S. 104 und Testen ab S. 172).

Prototyp-Möglichkeiten

ab S. 74

Formen Sie Ihre Ideen mit schnellen, preiswerten und groben Prototypen. Gestalten Sie sie konkret durch Serviettenskizzen (S. 80), Lückentexte (S. 82) und Value Proposition Canvases (S. 84). Halten Sie nicht zu frühzeitig an einem Prototyp fest. Machen Sie Ihre Prototypen schlicht, damit Sie die Möglichkeiten ausloten, leicht wieder verwerfen und dann die besten finden können, die einen strengen Kundentestprozess überstehen (S. 240).

Kunden verstehen

ab S. 104

Bilden Sie Ihre Ideen und Prototypen auf der Grundlage frühzeitiger Kundenforschung. Nutzen Sie das verfügbare Datenmaterial (S. 108), sprechen Sie mit Kunden (S. 110) und versetzen Sie sich in ihre Welt hinein (S. 114). Zeigen Sie den Kunden Ihre Wertangebots-Prototypen nicht zu früh. Nutzen Sie frühzeitige Recherchen, um ein tiefes Verständnis für die Aufgaben, Probleme und Gewinne Ihrer Kunden zu erlangen. Ergründen Sie, worauf es ihnen wirklich ankommt, um Prototypen für Wertangebote zu schaffen, die mit hoher Wahrscheinlichkeit gründliche Kundentests bestehen (S. 172).

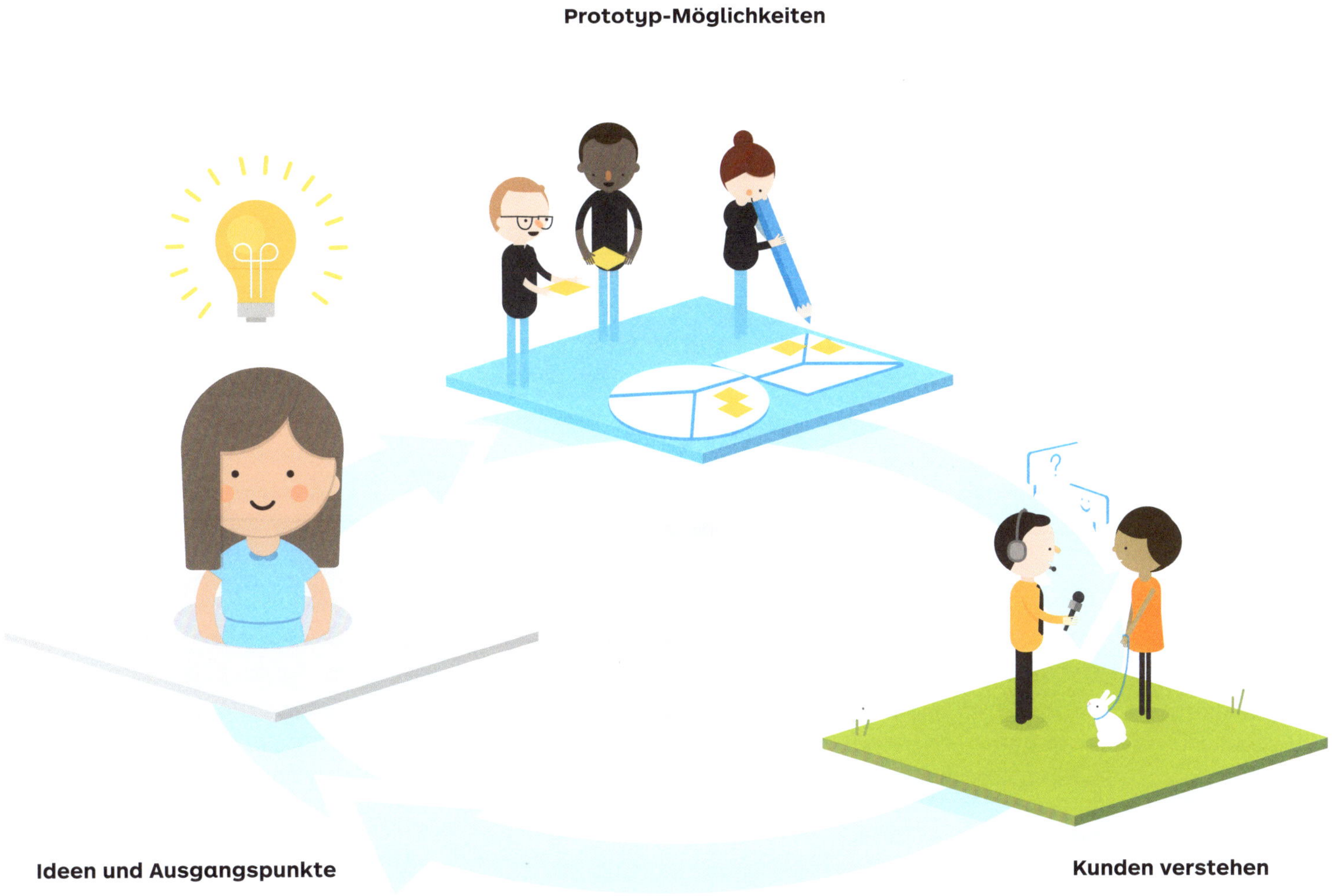
Prototyp-Möglichkeiten
?
Ideen und Ausgangspunkte
Kunden verstehen

10 Merkmale überzeugender Wertangebote

Halten Sie einen Moment inne und denken Sie über die Merkmale überzeugender Wertangebote nach, ehe Sie in diesem Kapitel darüber lesen, wie man sie gestaltet. Wir bieten Ihnen 10 Merkmale an, um Sie auf den Weg zu bringen. Zögern Sie nicht, Ihre eigenen hinzuzufügen. Überzeugende Wertangebote …

Download Poster »10 Merkmale überzeugender Wertangebote«

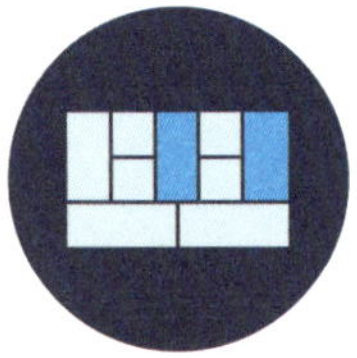

1

Sind in gute Geschäftsmodelle eingebunden

2

Konzentrieren sich auf die Aufgaben, Probleme und Gewinne, die für den Kunden am wichtigsten sind

3

Fokussieren auf unerledigte Aufgaben, ungelöste Probleme und unerreichte Gewinne

4

Zielen nur auf wenige Aufgaben, Probleme und Gewinne ab, dies jedoch außerordentlich gut

5

Gehen über funktionale Aufgaben hinaus und berücksichtigen emotionale und soziale Aufgaben

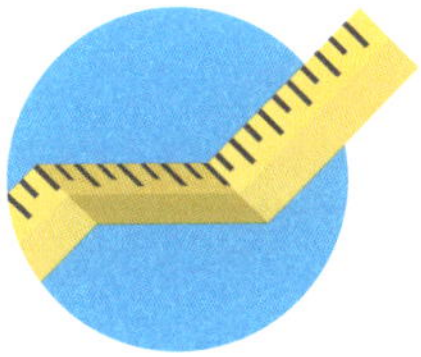

6

Korrespondieren damit, wie die Kunden Erfolg messen

7

Berücksichtigen Aufgaben, Probleme und Gewinne, die viele Menschen haben oder für die einige viel Geld bezahlen

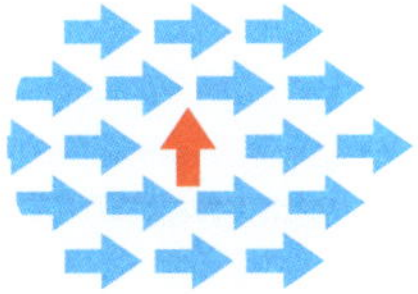

8

Unterscheiden sich von der Konkurrenz im Hinblick auf Aufgaben, Probleme und Gewinne, die den Kunden wichtig sind

9

Übertreffen die Konkurrenz maßgeblich in mindestens einer Hinsicht

10

Sind schwer nachzuahmen

Prototyp-Möglichkeiten

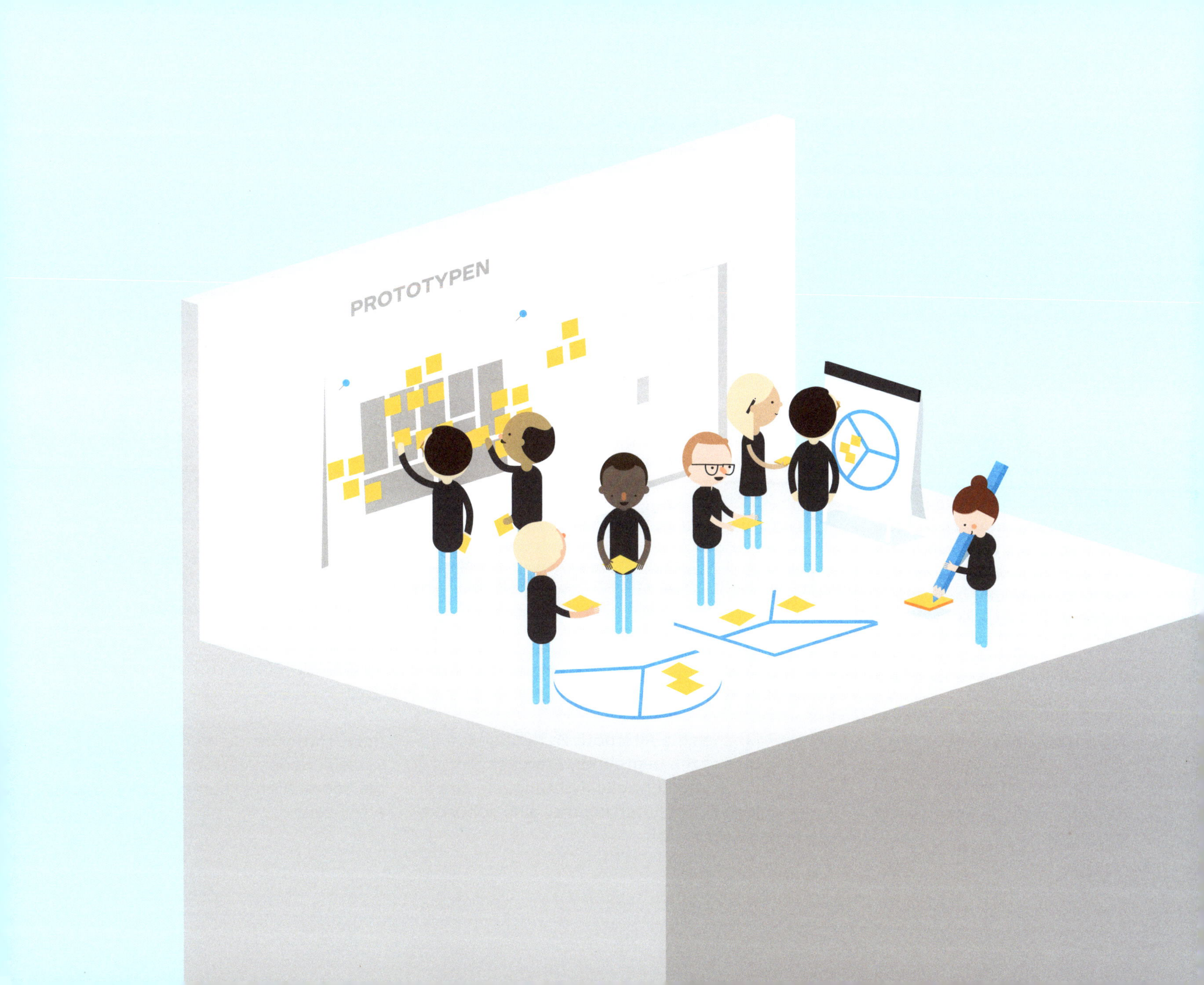
PROTOTYPEN

Was sind Prototypen?

Nutzen Sie schnelle und grobe Studienmodelle Ihrer Idee, um Alternativen zu ermitteln, Ihr Wertangebot zu formen und die besten Gelegenheiten zu finden. Prototypen werden in den Designerberufen häufig für physische Artefakte verwendet. Wir übertragen sie auf das Konzept der Wertangebote, um rasch Möglichkeiten auszuloten, ehe reale Produkte und Dienstleistungen getestet und erzeugt werden.

DE·FI·NI·TION

Prototyp

Schnelle, preiswerte und grobe Studienmodelle, um die Erwünschtheit, Umsetzbarkeit und Brauchbarkeit alternativer Wertangebote und Geschäftsmodelle zu ermitteln

Ergründen Sie mit den folgenden Prototyp-Techniken rasch vollkommen unterschiedliche Richtungen ein und derselben Idee, ehe sie eine davon weiter verfolgen.

Serviettenskizzen

S. 80

Machen Sie Alternativen mit Serviettenskizzen begreifbar. Erstellen Sie für jede potenzielle Richtung, die Ihre Idee einschlagen könnte, eine separate Skizze.

Lückentexte

S. 82

Beleuchten Sie die Wertschöpfung verschiedener Alternativen, indem Sie die Leerstellen in kurzen Lückentexten ergänzen.

Tipps

- Verbringen Sie maximal 5 bis 15 Minuten mit der Skizzierung Ihrer ersten Prototypen.
- Verwenden Sie immer einen sichtbaren Timer und halten Sie sich an einen vorgegebenen Zeitrahmen.
- Diskutieren Sie nicht zu lange, welche der verschiedenen möglichen Richtungen als Prototyp dienen soll. Erstellen Sie rasch mehrere Prototypen und vergleichen Sie sie dann.
- Denken Sie immer daran, dass der Prototyp ein Forschungsmittel ist. Investieren Sie keine Zeit in die Details eines Prototyps, der sich wahrscheinlich ohnehin noch stark verändern wird.

Value Proposition Canvases

S. 84

Erarbeiten Sie mit der Value Proposition Canvas mögliche Richtungen. Begreifen Sie, welche Aufgaben, Probleme und Gewinne jede Alternative berücksichtigt.

Darstellung eines Wertangebots

S. 234

Helfen Sie Kunden und Partnern, potenzielle Wertangebote zu verstehen, indem Sie sie lebendig machen, ohne sie zu realisieren.

Minimalprodukt

S. 222

Erstellen Sie eine Reihe minimaler Merkmale, die Ihr Wertangebot lebendig machen und es ermöglichen, dieses an Kunden und Partnern zu testen.

Mehr dazu in Teil 3 »Test« S. 172

10 Grundsätze für Prototypen

Entfesseln Sie die Kraft von Prototypen. Widerstehen Sie der Versuchung, Zeit und Energie in die Ergründung einer einzigen Richtung zu investieren. Nutzen Sie stattdessen die hier beschriebenen Grundsätze, um zahlreiche Richtungen mit demselben Aufwand an Zeit und Energie zu ergründen. Sie werden mehr erfahren und bessere Wertangebote entdecken.

Download Poster »10 Grundsätze für Prototypen«

1

Machen Sie es sichtbar und konkret.
Diese Art von Prototyp regt Gespräche an und fördert das Lernen. Fallen Sie nicht zurück in inhaltsleeres Geschwätz.

2

Sehen Sie die Welt mit unverstelltem Blick.
Schaffen Sie einen Prototyp dessen, »was unmöglich ist«. Forschen Sie mit aufgeschlossenem Geist. Lassen Sie vorhandenes Wissen Ihren Entdeckungen nicht im Wege stehen.

3

Verlieben Sie sich nicht in die ersten Ideen – schaffen Sie Alternativen.
Wenn Sie Ihre Idee(n) zu früh ausarbeiten, hindert Sie das daran, Alternativen zu schaffen und zu erforschen. Legen Sie sich nicht zu früh fest.

4

Fühlen Sie sich wohl im »Flüssigzustand«.
In der Anfangsphase des Prozesses ist die richtige Richtung noch ungewiss. Es ist ein Zustand des Fließens. Verfallen Sie nicht in Panik, und lassen Sie die Dinge sich nicht zu früh verfestigen.

5

Beginnen Sie mit geringer Genauigkeit, wiederholen Sie und verbessern Sie.
Ausgefeilte Prototypen lassen sich schwer wegwerfen. Halten Sie sie grob, schnell und preiswert. Verfeinern Sie sie erst, wenn Sie mehr darüber wissen, was funktioniert und was nicht.

6

Präsentieren Sie Ihre Arbeit frühzeitig – suchen Sie die Kritik.
Bitten Sie rechtzeitig und häufig um Feedback, bevor Sie Verfeinerungen vornehmen. Nehmen Sie negative Kritik nicht persönlich. Sie ist für die Verbesserung Ihres Prototyps Gold wert.

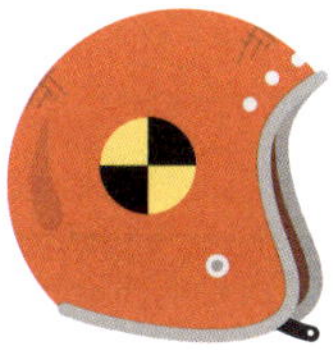

7

Lernen Sie schneller, indem Sie frühzeitig, oft und preiswert scheitern.
Die Angst vor dem Scheitern hält viele Menschen vom Forschen ab. Überwinden Sie dies mit einer Kultur der groben und schnellen Prototypen, die das Scheitern preiswert macht und zu schnellerem Lernen führt.

8

Verwenden Sie Kreativitätstechniken.
Verwenden Sie Kreativitätstechniken, um bahnbrechende Prototypen zu erforschen. Wagen Sie sich auf andere Wege als die in Ihrem Unternehmen oder Ihrer Branche üblichen.

9

Schaffen Sie »Shrek-Modelle«.
Shrek-Modelle sind extreme oder unerhörte Prototypen, die man nicht von Ihnen erwartet. Nutzen Sie sie, um Diskussionen anzuregen und zu lernen.

10

Dokumentieren Sie Lernerfolge, Einsichten und Fortschritte.
Dokumentieren Sie alle Ihre alternativen Prototypen, Lernerfolge und Erkenntnisse. Vielleicht können Sie frühe Ideen und Einsichten im späteren Prozessverlauf noch brauchen.

Ideen sichtbar machen mit Serviettenskizzen

ZIEL
Rasche Visualisierung von Ideen für Wertangebote

ERGEBNIS
Alternative Prototypen in Form von Serviettenskizzen

Serviettenskizzen sind die grobe Darstellung von Wertangeboten oder Geschäftsmodellen und betonen nur den Kern einer Idee, nicht ihre Funktionsweise. Sie sind grob genug, um auf eine Serviette zu passen, und vermitteln trotzdem die Idee. Verwenden Sie sie im frühen Stadium des Prototyp-Prozesses, um Alternativen zu ergründen und zu diskutieren.

Was ist eine Serviettenskizze?

Serviettenskizzen sind eine preiswerte Methode, um Ihre Ideen greifbarer und mitteilbar zu machen. Sie vermeiden es, über die Funktionsweise einer Idee ins Detail zu gehen, damit sie nicht durch Fragen der Umsetzbarkeit ausgebremst werden.

Wofür werden sie verwendet?

Verwenden Sie Serviettenskizzen, um Ideen während der frühen Phase des Designprozesses von Wertangeboten rasch präsentieren und weiterentwickeln zu können. Ihre Ungenauigkeit ist beabsichtigt, denn so können Sie Ideen ohne Bedauern verwerfen und Alternativen erforschen. Sie können sie auch nutzen, um ein erstes Feedback von Ihren Kunden zu erhalten.

Warnhinweis

Sorgen Sie dafür, dass andere die Serviettenskizzen als Forschungsmittel verstehen. Sie werden während des Prototyp- und Testprozesses viele der skizzierten Ideen verwerfen oder abändern.

Die besten Serviettenskizzen …

enthalten nur eine Kernidee oder -richtung (Ideen können später eingebracht werden).

erklären, worum es bei einer Idee geht, nicht wie sie funktioniert (noch keine Prozesse oder Geschäftsmodelle!).

sind schlicht genug, um auf einen Blick verstanden zu werden (Details sind späteren, verfeinerten Prototypen vorbehalten).

können in 10 bis 30 Sekunden präsentiert werden.

1

Brainstorming – 15 bis 20 Minuten

Wenden Sie verschiedene Brainstorming-Techniken an, zum Beispiel Triggerfragen (S. 15, 17, 31, 33) oder »Was-wäre-wenn«-Fragen, um eine hohe Zahl möglicher Richtungen für interessante Wertangebote zu erhalten. Kümmern Sie sich in diesem Stadium nicht um eine Auswahl, Quantität ist besser als Qualität. Dies sind schnelle und grobe Prototypen, die sich unweigerlich noch verändern werden.

2

Skizzieren – 12 bis 15 Minuten

Die Teilnehmer werden in verschiedene Gruppen eingeteilt, und jede Gruppe wählt rasch drei Ideen für drei alternative Wertangebote aus. Sie zeichnen eine Serviettenskizze für jede einzelne davon auf ein Flipchart. Die Anfertigung von zwei oder drei Skizzen erhöht die Vielfalt und verringert das Risiko endloser Diskussionen.

3

Präsentation – 30 Sekunden pro Gruppe

Ein Mitglied jeder Gruppe ergreift das Wort und präsentiert die (großen) Serviettenskizzen. Pro Präsentation sollten nicht mehr als 30 Sekunden benötigt werden – das reicht gerade aus, um zu umreißen, worum es geht, aber nicht um zu erklären, wie es funktioniert! Achten Sie auf ausreichende Vielfalt zwischen den Gruppen, oder schicken Sie alle zurück an den Zeichentisch.

4

Ausstellung

Alle Serviettenskizzen werden wie in einer Galerie an die Wand gehängt. Sie sollten jetzt über eine hübsche Auswahl alternativer Richtungen verfügen.

5

Punktevergabe – 10 bis 15 Minuten (idealerweise in einer Pause)

Die Teilnehmer bekommen 10 Aufkleber, um für ihre Lieblingsidee zu stimmen. Sie können alle Stimmen einer Idee geben oder sie auf mehrere Serviettenskizzen verteilen. Dies ist kein Entscheidungsmechanismus. Es ist lediglich ein Prozess, der diejenigen Ideen herausstellt, welche die Teilnehmer am spannendsten finden (S. 138).

6

Prototyp

Die Gruppen füllen eine Value Proposition Canvas für diejenige ihrer drei Ideen aus, die am meisten Stimmen bekommen hat. Verteilen Sie gegebenenfalls die Serviettenskizzen mit der höchsten Punktzahl auf die verschiedenen Gruppen.

Schnell Möglichkeiten schaffen mit Lückentexten

ZIEL
Rasches Design potenzieller Wertangebotsrichtungen

ERGEBNIS
Alternative Prototypen in Form von »präsentablen« Sentenzen

Lückentexte sind eine gute Methode, um rasch alternative Richtungen für Ihr Wertangebot zu prägen. Sie müssen dafür genau festlegen, wie Sie Wert schaffen wollen. Gestalten Sie drei bis fünf unterschiedliche Richtungen, indem Sie die Leerstellen des unten gezeigten Lückentexts füllen.

Download der Vorlage

Unsere ________ helfen ________, die
(Produkte und Dienstleistungen) *(Kundensegment)*

________ wollen, indem sie ________ und
(zu erfüllende Aufgaben) *(Ihr eigenes Verb, z.B. verringern, vermeiden)*

________. (Im Gegensatz zu ________.)
(Ihr eigenes Verb, z. B. erhöhen, ermöglichen) *(konkurrierendes Wertangebot)*

Tipp:
Zu Beginn oder am Ende des Satzes einfügen

Unser ______ hilft ______, die

______ wollen, indem es ______ und

______.

Buch

Geschäfts-leuten

ein Geschäft verbessern oder aufbauen

verhindert,

dass Dinge produziert werden, die keiner braucht,

klare Indikatoren

für die Erfolgsmes-sung schafft

Ideen mit Value Proposition Canvases ausgestalten

ZIEL
Explizit skizzieren, wie verschiedene Ideen Kundenwert schaffen

ERGEBNIS
Alternative Prototypen in Form von Value Proposition Canvases

Nutzen Sie die Value Proposition Canvas, um rasch alternative Prototypen zu skizzieren, genauso wie Sie das mit Serviettenskizzen oder Lückentexten tun. Arbeiten Sie nicht nur mit der Canvas, um endgültige Ideen zu verfeinern, sondern nutzen Sie sie als Forschungswerkzeug, bis Sie die richtige Richtung gefunden haben.

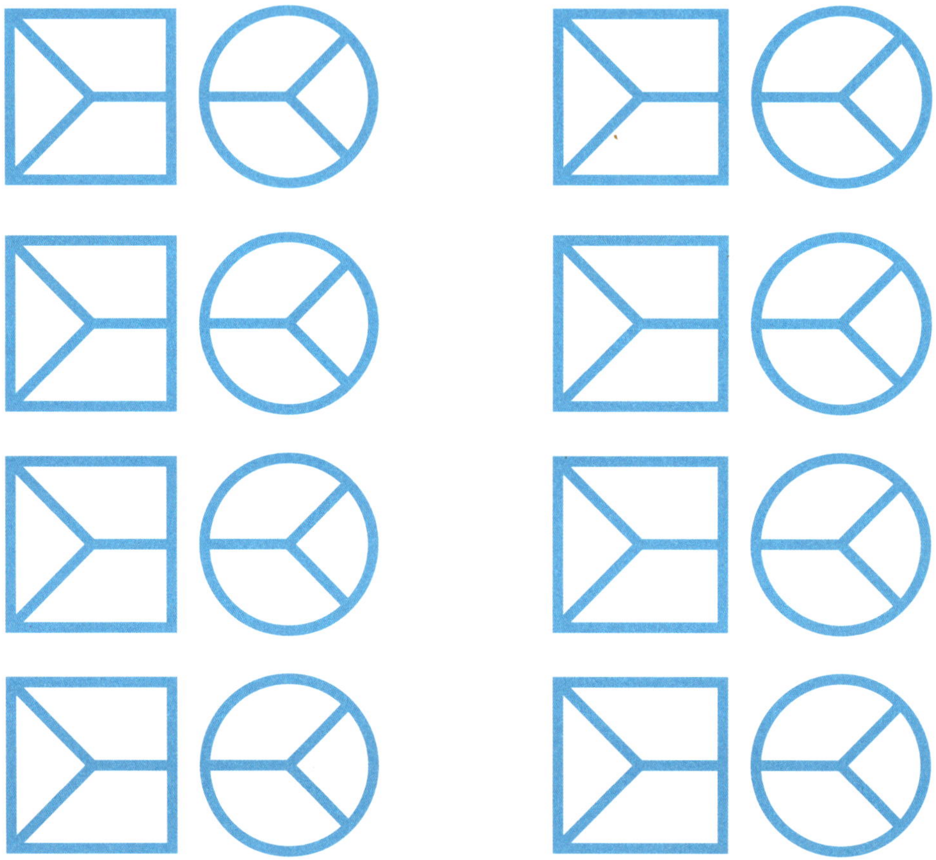

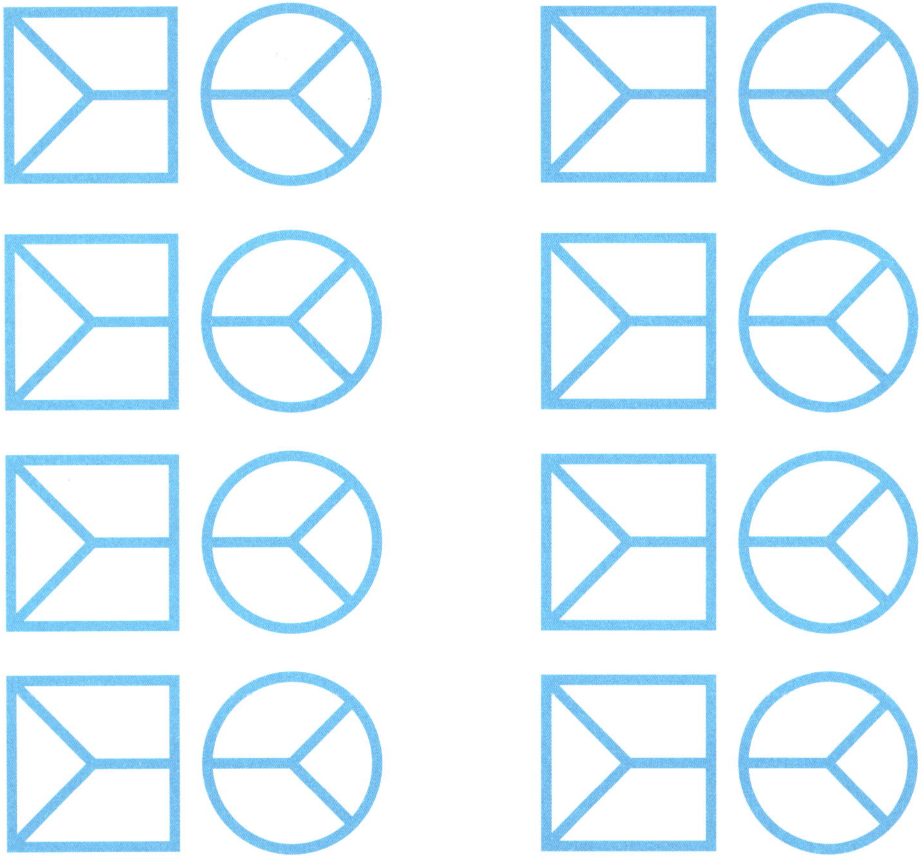

Verwenden Sie einen sichtbaren Timer, um die Zeit zu beschränken, die Sie an einem spezifischen Prototyp arbeiten. Halten Sie die frühen Prototypen kurz.

Haben Sie keine Angst, radikale Richtungen einzuschlagen, selbst wenn Sie wissen, dass ihre Weiterverfolgung unwahrscheinlich ist. Forschen und lernen Sie!

Ausgangspunkte

AUSGANGSPUNKTE
Learning Card
Strategyzer
We believe that
We observed
From that we learned that
Therefore we will

Wo anfangen?

Im Gegensatz zu einer verbreiteten Überzeugung müssen großartige neue Wertangebote nicht immer beim Kunden beginnen. Allerdings müssen sie immer damit enden, dass sie Aufgaben, Probleme oder Gewinne berücksichtigen, die den Kunden wichtig sind.

Auf dieser Doppelseite zeigen wir 16 Triggerbereiche, um mit neuen oder verbesserten Wertangeboten anzufangen. Sie beginnen entweder beim Kunden, bei Ihren bestehenden Wertangeboten, Ihrem Geschäftsmodell, Ihrem Umfeld oder bei Geschäftsmodellen und Wertangeboten aus anderen Branchen und Sektoren.

Rauszoomen

Können Sie ...

ein Pioniermodell aus einem anderen Sektor oder Industriezweig »importieren« oder imitieren?

Wert schöpfen auf der Grundlage eines neuen Technologietrends oder eine neue Gesetzgebung zu Ihren Gunsten nutzen?

ein neues Wertangebot finden, das Ihre Mitbewerber nicht kopieren können?

ein neues Wertangebot auf der Grundlage einer neuen Partnerschaft vorlegen?

auf Ihren existierenden Aktivitäten und Ressourcen aufbauen, einschließlich Patenten, Infrastruktur, Fähigkeiten und Kundenstamm?

Ihre Kostenstruktur grundlegend verändern, um Ihre Preise maßgeblich zu senken?

einen neuen Gewinnerzeuger für ein vorgegebenes Kundenprofil schaffen?

sich ein neues Produkt oder eine Dienstleistung vorstellen?

einen neuen Problemlöser für ein vorgegebenes Kundenprofil schaffen?

Reinzoomen

Download Poster »Innovations-Ausgangspunkte«

Ihre Geschäftsmodell-Umgebung

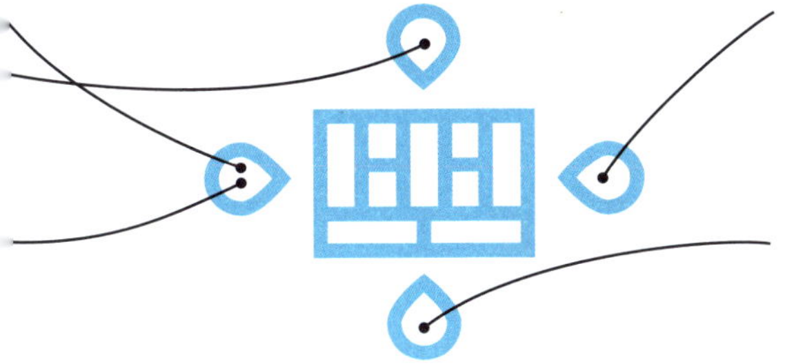

Ihr Wertangebot auf ein neues oder unterversorgtes Segment wie zum Beispiel die wachsende Mittelklasse in Emerging Markets übertragen?

ein Wertangebot für einen neuen makroökonomischen Trend wie zum Beispiel die steigenden Gesundheitsvorsorgekosten in der westlichen Welt entwerfen?

Ihr aktuelles Geschäftsmodell

Ihre bestehenden Beziehungen und Kanäle nutzen, um Kunden ein neues Wertangebot zu unterbreiten?

Ihr Kernprodukt kostenlos abgeben oder Ihre Preise um ein Vielfaches erhöhen?

Ihr(e) Wertangebot(e)

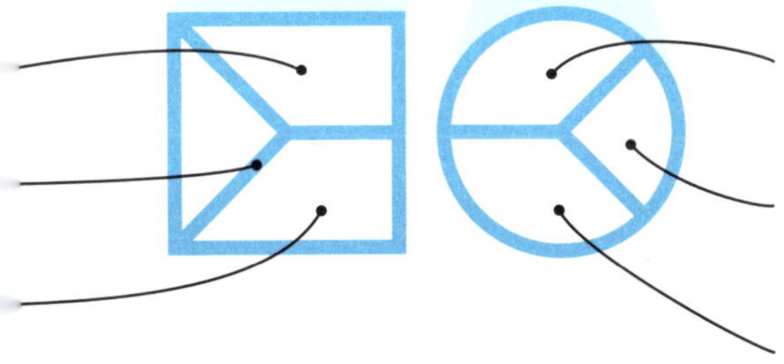

sich auf die wichtigsten unerreichten Gewinne Ihrer Kunden konzentrieren?

eine neue unbefriedigende Aufgabe enthüllen?

die größten ungelösten Probleme Ihrer Kunden lösen?

Ideen beflügeln mit Designbeschränkungen

Verwenden Sie Designbeschränkungen, um die Leute zu zwingen, über innovative Wertangebote nachzudenken, die in großartige Geschäftsmodelle eingebettet sind. Wir umreißen fünf Beschränkungen für Geschäfte, deren Wertangebot und Geschäftsmodell Sie auf Ihren eigenen Bereich übertragen können. Zögern Sie nicht, sich andere auszudenken.

ZIEL

Sich zwingen, über den Tellerrand hinauszuschauen

ERGEBNIS

Ideen, die von Ihren »gewöhnlichen« Wertangeboten und Geschäftsmodellen abweichen

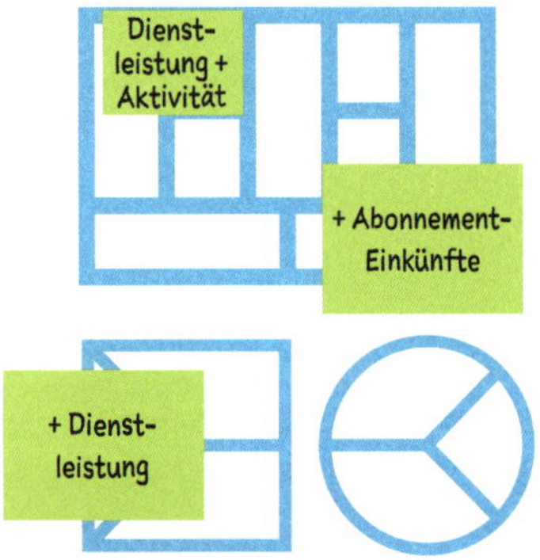

HILTI

Servitization

Beschränkung: Wandel vom Verkauf eines produktorientierten Wertangebots zu einem dienstleistungsorientierten, das Einkünfte aus einem Abonnementmodell generiert.

Hilti ist vom Verkauf von Werkzeugmaschinen an Bauherren übergewechselt zum Leasing von Fuhrparksteuerungsdienstleistungen an Führungskräfte in Bauunternehmen.

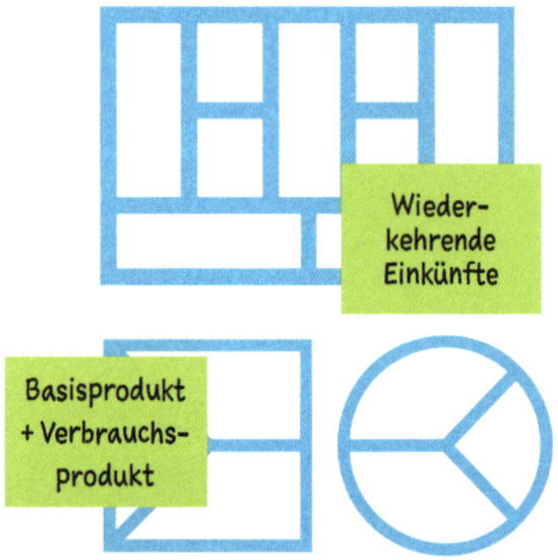

NESPRESSO

Razor-Blade-Geschäftsmodell

Beschränkung: ein Wertangebot schaffen, das aus einem Basisprodukt und einem Verbrauchsprodukt zusammengesetzt ist, welches wiederkehrende Einkünfte generiert.

Nespresso hat den Verkauf von Espresso von einem Transaktionsgeschäft verwandelt in eines mit wiederkehrenden Einkünften auf der Basis von Kaffeekapseln als Verbrauchsartikel für seine Espressomaschinen.

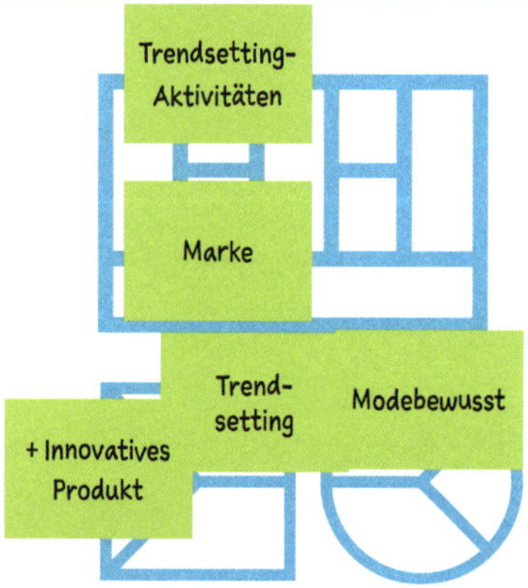

swatch

Trendsetter

Beschränkung: eine Technologie (Innovation) in einen modischen Trend umwandeln.

Swatch hat die Welt erobert, indem es eine Plastikarmbanduhr, die wegen einer verringerten Anzahl von Teilen und einer innovativen Produktionstechnologie billig hergestellt werden konnte, in einen globalen Modetrend verwandelte.

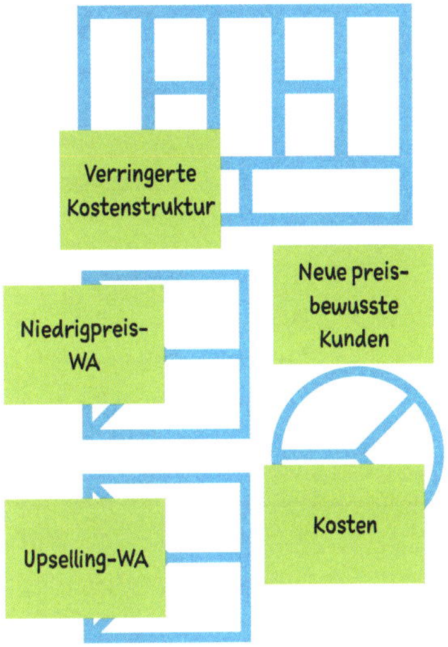

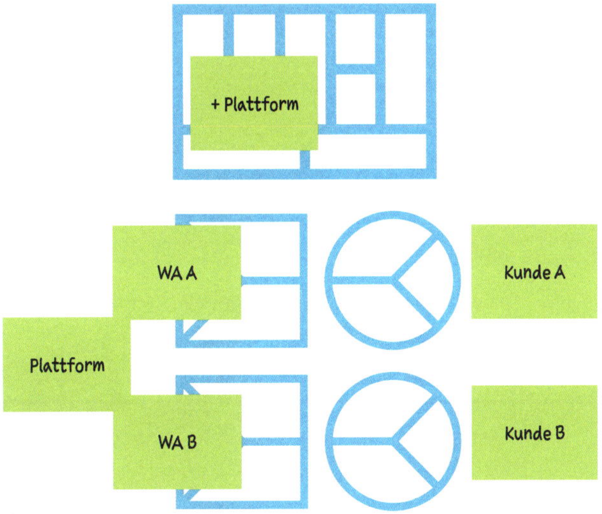

SOUTHWEST.COM

Niedrigpreise

Beschränkung: das Kern-Wertangebot auf seine Basismerkmale reduzieren, ein un- oder unterversorgtes Kundensegment mit einem Niedrigpreis anvisieren und alles Weitere als zusätzliches Wertangebot verkaufen.

Southwest wurde zur größten Niedrigpreis-Fluglinie, indem das Wertangebot auf ein absolutes Minimum reduziert wurde, nämlich das Reisen von A nach B, und das zu einem geringen Preis. Damit wurden Flugreisen für ein neues Segment zugänglich.

airbnb

Plattform

Beschränkung: ein Plattformmodell errichten, das diverse Akteure mit einem spezifischen Wertangebot für jeden Einzelnen verbindet.

Airbnb hat Privatwohnungen auf aller Welt zugänglich für Reisende gemacht, indem es sie mit Menschen in Verbindung brachte, die ihre Wohnungen kurzfristig vermieten möchten.

Tipps

- Wenn es möglich ist, weisen Sie den verschiedenen Arbeitsgruppen verschiedene Beschränkungen zu. Das ermöglicht Ihnen, parallel mehrere Alternativen auszuloten.
- Verwenden Sie Beschränkungen, welche die Herausforderungen auf Ihrem Spielfeld repräsentieren, zum Beispiel kostenlose Wertangebote, sinkende Gewinnspannen und so weiter.

Download Beschränkungskarten

Große Ideen hervorbringen mit Büchern und Zeitschriften

ZIEL
Horizont erweitern und neue Ideen generieren

ERGEBNIS
Ideen, die auf wichtigen Themen fußen und die neuesten Trends aufgreifen

Verwenden Sie Buchbestseller und Zeitschriften, um originelle Ideen für neue und innovative Wertangebote und Geschäftsmodelle zu erhalten. Das ist eine schnelle und effektive Methode, sich in verschiedene wichtige und populäre Themen zu vertiefen und auf aktuellen Trends aufzubauen.

Bücher in einen Workshop einzubringen ist so, als würden Sie die klügsten Köpfe der Welt zum Brainstorming einladen. Auf diesem Wege können Sie sich wesentlich mehr von ihnen zur gleichen Zeit leisten.

2
Durchblättern und Exzerpt erstellen
Die Teilnehmer blättern durch ihre Bücher und notieren die besten Ideen auf Haftnotizzetteln (45 Minuten).

1
Bücher auswählen
Legen Sie eine Reihe von Büchern und Zeitschriften auf einem großen Tisch aus, die einen Trend, ein wichtiges Thema oder eine spannende Idee behandeln. Bitten Sie jeden Workshopteilnehmer, sich ein Buch auszusuchen.

Tipps

- Wählen Sie Bücher über gesellschaftliche, technologische und umweltbezogene Themen, welche die Teilnehmer aus ihrer Komfortzone vertreiben.
- Vermeiden Sie komplizierte Businesstheorien oder -methoden.
- Lassen Sie Youtube-Videos einfließen, in denen die Autoren zentrale Thesen erläutern.
- Verwenden Sie Serviettenskizzen, um Ihre Wertangebotsideen zu vermitteln.

3

Austauschen und diskutieren

Die Teilnehmer tauschen sich in Gruppen von vier bis fünf Personen über ihre Schwerpunktthemen aus und halten ihre Erkenntnisse auf einer Tafel fest (20 Minuten).

5

Präsentation

Jede Gruppe stellt den anderen Gruppen ihre alternativen Wertangebote vor.

4

Möglichkeiten zum Brainstorming

Jede Gruppe erstellt drei neue Wertangebotsideen auf der Grundlage ihrer Diskussionen (30 Minuten).

Download »Bücherliste der spannenden Ideen«

Push oder Pull?

Die Push-oder-Pull-Debatte wird häufig geführt. *Push* bedeutet, dass Sie das Design Ihres Wertangebots bei einer Technologie oder einer Innovation beginnen, die Sie besitzen, während *Pull* heißt, dass Sie mit einer manifesten Kundenaufgabe, einem Problem oder einem Gewinn beginnen. Das sind zwei häufige Ausgangspunkte, von denen wir bereits viele erläutert haben (S. 88). Betrachten Sie beide als brauchbare Optionen, je nach Ihren Präferenzen und dem Kontext.

Technologie-Push

Beginnen Sie mit einer Erfindung, einer Innovation oder einer (technologischen) Ressource, für die Sie ein Wertangebot erarbeiten, das eine Kundenaufgabe, ein Problem oder einen Gewinn berücksichtigt. Einfach ausgedrückt: Dies ist eine Lösung auf der Suche nach einem Problem.

Erforschen Sie Prototypen von Wertangeboten, die auf Ihrer Erfindung, Innovation oder Technologieressource basieren, mit potenziell interessierten Kundensegmenten. Gestalten Sie für jedes Segment eine eigene Value Map, bis Sie eine Übereinstimmung von Problem und Lösung finden. Mehr über den Kreislauf von Bauen, Messen und Lernen auf S. 186.

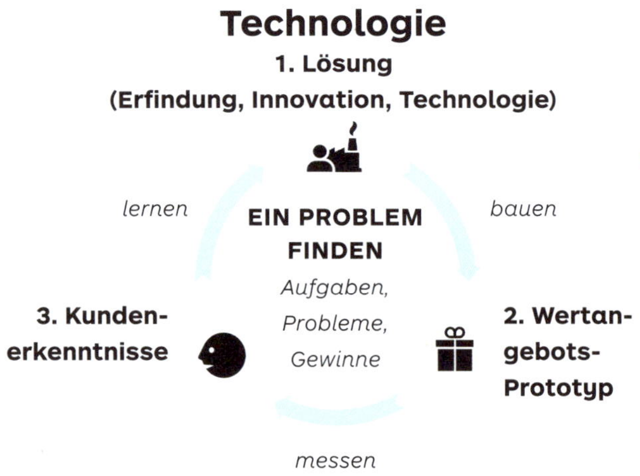

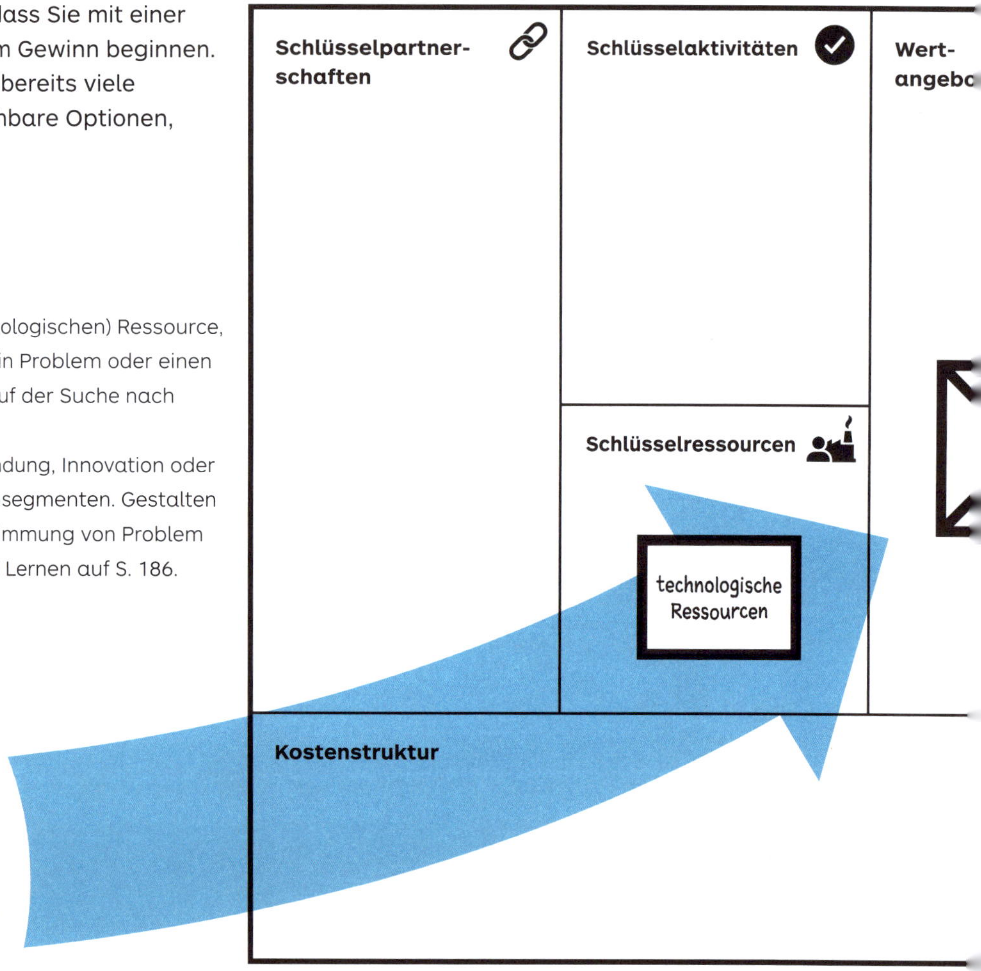

Markt-Pull

Beginnen Sie mit einer manifesten Kundenaufgabe, einem Problem oder einem Gewinn, und entwickeln Sie dafür ein Wertangebot. Einfach ausgedrückt: Dies ist das Problem auf der Suche nach einer Lösung.

Lernen Sie, welche Technologien und anderen Ressourcen für jeden Wertangebots-Prototyp notwendig sind, um manifeste Kundenaufgaben, Probleme und Gewinne zu berücksichtigen. Überarbeiten Sie Ihre Value Map und passen Sie die Ressourcen an, bis Sie eine brauchbare Lösung finden, um den Kundenaufgaben, Problemen und Gewinnen zu begegnen. Mehr über den Kreislauf von Bauen, Messen und Lernen auf S. 186.

Push: Technologie auf der Suche nach Aufgaben, Problemen und Gewinnen

ZIEL
Den technologieorientierten Ansatz ohne Risiko anwenden

ERGEBNIS
Verbesserte Fähigkeiten

Diese Push-Übung beginnt mit der Lösung

1
Entwickeln
Entwickeln Sie ein Wertangebot auf Grundlage der Technologie, die in der Pressemeldung des Swiss Federal Institute of Technology in Lausanne (EPFL) erörtert wird, indem Sie auf ein Kundensegment abzielen, das an der Anwendung dieser Technologie interessiert sein könnte.

2
Ideenentwicklung
Entwickeln Sie eine Idee für die Verwendung des Druckluft-Energiespeichers.

3
Segment
Wählen Sie ein Kundensegment aus, das an diesem Wertangebot interessiert sein könnte und bereit ist, dafür zu bezahlen.

Business Model Canvas

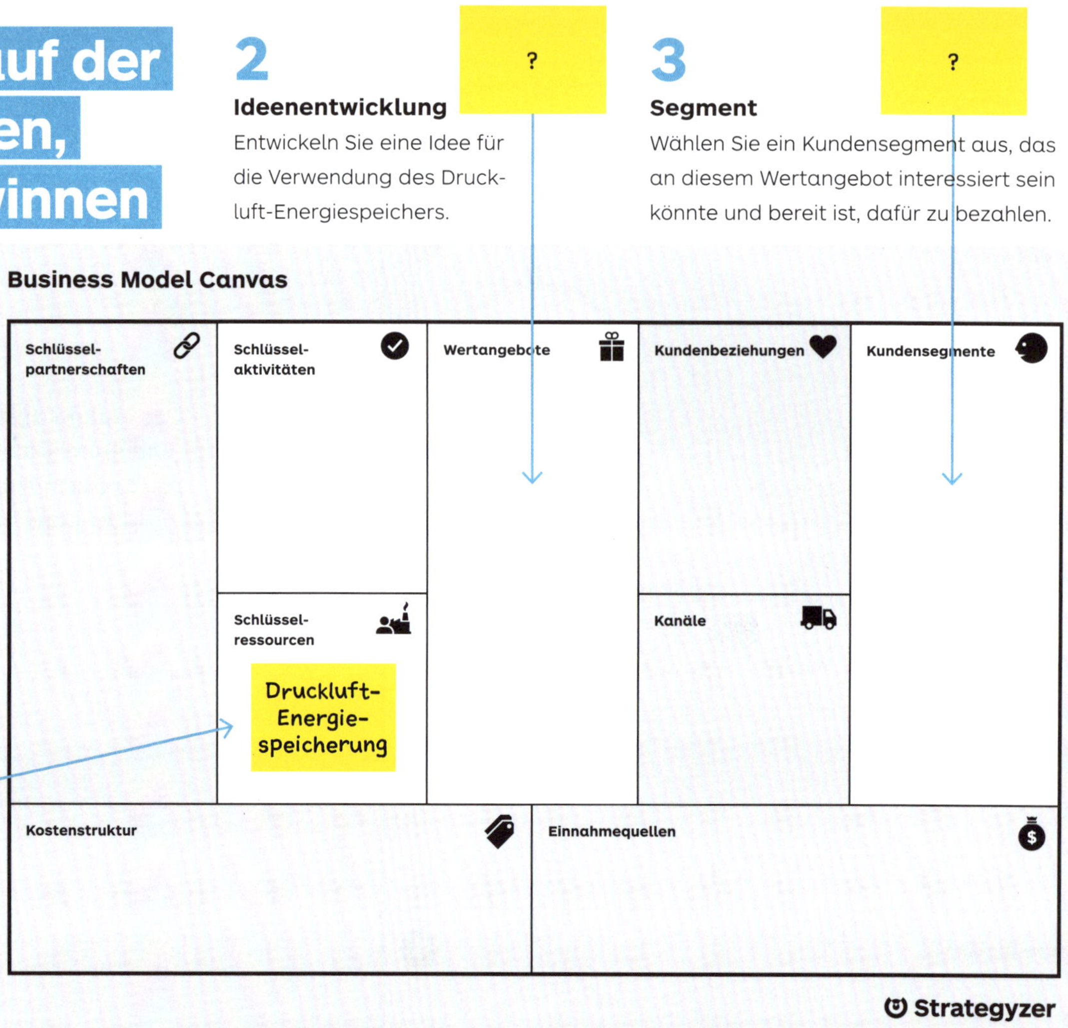

»Solar- und Windkraft sind hervorragende Kandidaten für die Stromerzeugung der Zukunft … Allerdings stimmt die maximale Verfügbarkeit von Sonnen- und Windenergie gelegentlich nicht mit den Spitzennachfragezeiten überein. Deshalb muss eine Methode gefunden werden, um die erzeugte Energie zu speichern und später wiederzuverwenden. *Die EPFL hat über zehn Jahre lang an einem ungewöhnlichen Speichersystem gearbeitet: komprimierte Luft. Die Verwendung eines Hydraulikkolbens erbringt die beste Systemleistung … Die erzeugte Hochdruckluft kann sicher und verlustfrei in Flaschen gespeichert werden, bis neuer Strom erzeugt werden muss, indem das im Zylinder enthaltene Gas sich ausdehnt. Einer der Vorteile unseres Systems ist, dass es keinerlei Rohstoffe erfordert. Ein Nebenprodukt wurde erarbeitet, um dieses Prinzip fortzuentwickeln und eine Komplettlösung für die Speicherung und Abgabe von Elektrizität zu schaffen. 2014 wird ein 25-kW-Pilotmodell in einer Fotovoltaikanlage im Jura errichtet … In Zukunft wird es zunächst 250-kW- und später dann auch 2500-kW-Installationen geben.«*

Tipps

- Fügen Sie der Technologie-Push-Übung Bedingungen hinzu. Vielleicht möchte Ihre Organisation bestimmte Kundensegmente nicht ansprechen (z.B. B2B, Business-to-Consumer [B2C], spezielle Regionen etc.). Oder Sie bevorzugen bestimmte strategische Richtungen, zum Beispiel Lizenzen anstelle von Lösungsentwicklung.
- Überprüfen Sie Ihre Mutmaßungen über die Kunden, indem Sie Kundenbefragungen vornehmen (S. 104) und Belege sammeln (S. 172), nachdem Sie ein potenziell interessantes Segment ausgewählt haben.

Reinzoomen

4

Profil erstellen
Skizzieren Sie das Profil des Kunden. Stellen Sie Mutmaßungen über Aufgaben, Probleme und Gewinne an.

5

Skizzieren
Verfeinern Sie das Wertangebot, indem Sie skizzieren, wie es die Probleme des Kunden löst und Gewinne erzielt.

6

Bewerten
Schätzen Sie die Übereinstimmung zwischen dem Kundenprofil und dem erstellten Wertangebot ein.

Fortsetzung S. 152

Value Proposition Canvas

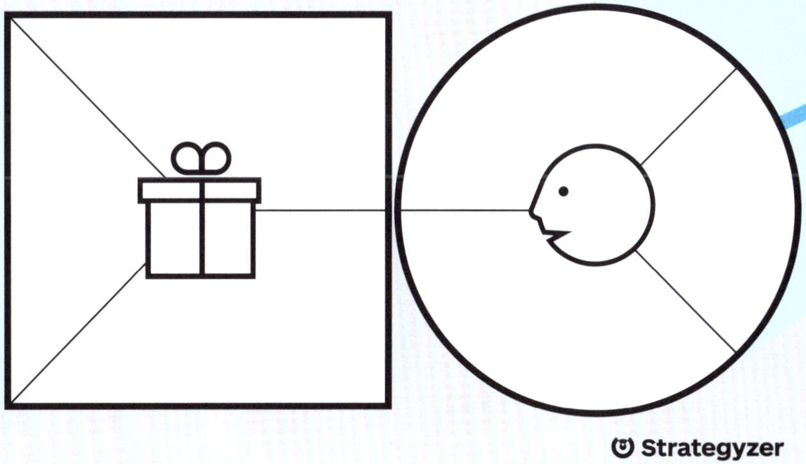

Pull: Aufgaben von hohem Wert identifizieren

Wer gute Wertangebote erstellt, beherrscht die Kunst, sich auf die wichtigen Aufgaben, Probleme und Gewinne zu konzentrieren. Wie können Sie wissen, auf welche dieser Aufgaben, Probleme und Gewinne Sie Ihr Augenmerk richten sollen? Identifizieren Sie Aufgaben von hohem Wert, indem Sie fragen, ob sie wichtig, konkret, unerfüllt und lukrativ sind.

Aufgaben von hohem Wert sind charakterisiert durch Probleme und Gewinne mit folgenden Merkmalen:

+

Wichtig

Wenn Erfolg oder Scheitern des Kunden bei der Erledigung der Aufgabe entweder zu bedeutsamen Gewinnen oder massiven Problemen führt.

- Führt ein Scheitern bei dieser Aufgabe zu massiven Problemen?
- Führt ein Scheitern bei dieser Aufgabe zum Verpassen bedeutsamer Gewinne?

+

Konkret

Wenn die mit einer Aufgabe verbundenen Probleme oder Gewinne unmittelbar oder häufig empfunden oder erlebt werden können, nicht bloß Tage oder Wochen später.

- Können Sie das Problem spüren?
- Können Sie den Gewinn sehen?

Unerfüllt

Wenn aktuelle Wertangebote nicht helfen, auf befriedigende Weise Probleme zu lösen oder gewünschte Gewinne zu erreichen, oder schlicht nicht existieren.

- Gibt es ungelöste Probleme?
- Gibt es unrealisierte Gewinne?

Lukrativ

Wenn viele Menschen die Aufgabe mit den damit verbundenen Problemen und Gewinnen haben oder eine kleine Zahl von Kunden bereit ist, einen hohen Preis zu bezahlen.

- Gibt es viele mit dieser Aufgabe, diesen Problemen oder Gewinnen?
- Gibt es wenige, die dazu bereit sind, viel zu zahlen?

Aufgaben von hohem Wert

Konzentrieren Sie sich auf die Aufgaben mit dem höchsten Wert und die damit zusammenhängenden Probleme und Gewinne.

Auf der Grundlage einer ursprünglichen Beratungstätigkeit von Innosight.

Pull: Aufgabenauswahl

ZIEL
Kundenaufgaben von hohem Wert identifizieren, auf die Sie sich konzentrieren können

ERGEBNIS
Rangfolge von Kundenaufgaben aus Ihrer Perspektive

Diese Pull-Übung beginnt mit dem Kunden.

Stellen Sie sich vor, Ihre Kunden sind CIOs, und Sie müssen verstehen, welche Aufgaben ihnen am wichtigsten sind. Führen Sie diese Übung durch, um ihre Aufgaben nach Prioritäten zu sortieren, oder wenden Sie sie auf Ihre eigenen Kundenprofile an.

Tipps

- Diese Übung hilft Ihnen, die Aufgaben aus Kundensicht nach Prioritäten zu sortieren. Das bedeutet nicht, dass Sie zwingend die wichtigsten davon in Ihrem Wertangebot berücksichtigen müssen; sie könnten auch außerhalb Ihrer Reichweite liegen. Sorgen Sie auf jeden Fall dafür, dass Ihr Wertangebot Aufgaben betrifft, die für die Kunden von großer Bedeutung sind.
- Gute Wertangebote konzentrieren sich oft auf nur wenige Aufgaben, Probleme und Gewinne, dies dafür aber außerordentlich gut.
- Ergänzen Sie diese Übung durch Kundenerkenntnisse aus der Feldforschung (S. 106) und beweisführende Experimente (S. 216).

Kundenprofil
Fiktives Kundenprofil eines CIO

Strategyzer

Wichtig

- Führt ein Scheitern bei der Aufgabe zu massiven Problemen?
- Führt ein Scheitern bei der Aufgabe zum Verfehlen entscheidender Gewinne?

Konkret

- Können Sie das Problem spüren?
- Können Sie den Gewinn sehen?

Unerfüllt

- Gibt es ungelöste Probleme?
- Gibt es unrealisierte Gewinne?

Lukrativ

- Gibt es viele mit dieser Aufgabe, diesem Problem oder diesem Gewinn?
- Sind einige wenige bereit, viel zu bezahlen?

Aufgaben von hohem Wert

Konzentrieren Sie sich auf die am höchsten bewerteten Aufgaben und die damit verbundenen Probleme und Gewinne.

Aufgaben	Wichtig	Konkret	Unerfüllt	Lukrativ	Aufgaben von hohem Wert
→ Wert für das Unternehmen schaffen	•••	•	•••	••	= 9
IT-Strategie gestalten	••	•	••	••	= 7

Punkteskala: • (niedrig) bis •••• (hoch)

Auf der Grundlage einer ursprünglichen Beratungstätigkeit von Innosight.

Sechs Innovationsmethoden anhand des Kundenprofils

Sie haben Ihr Kundenprofil skizziert. Was fangen Sie nun damit an? Hier stellen wir Ihnen sechs Methoden vor, um Ihren nächsten Wertangebotsschritt auszulösen.

Können Sie ...

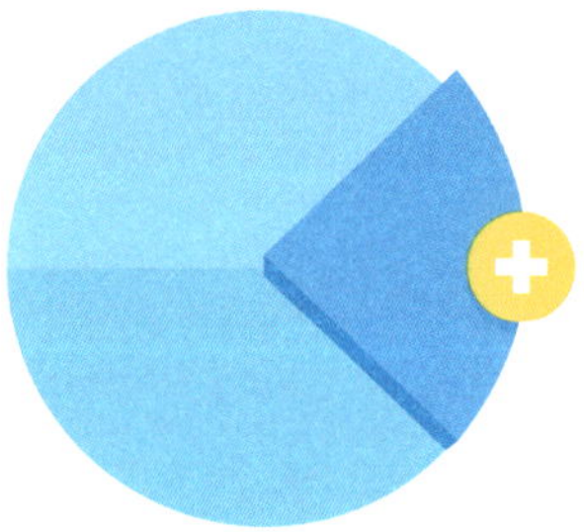

mehr Aufgaben berücksichtigen?

Berücksichtigen Sie eine umfassendere Reihe von Aufgaben, darunter auch verknüpfte und ergänzende Aufgaben.

Mit dem iPhone hat Apple nicht nur das Mobiltelefon neu erfunden, sondern uns auch in die Lage versetzt, mit ein und demselben Gerät Musik zu speichern und abzuspielen und im Internet zu surfen.

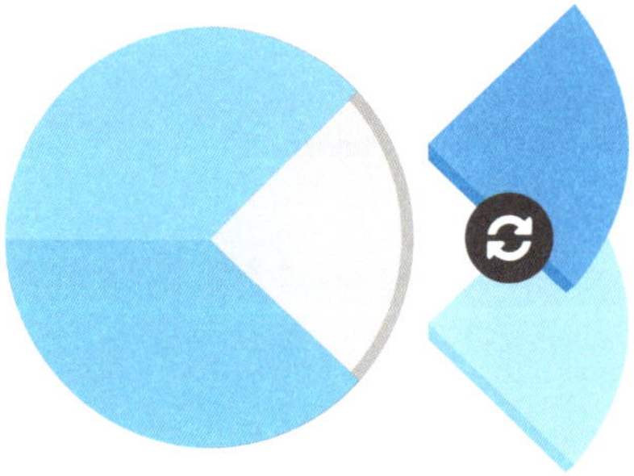

zu einer wichtigeren Aufgabe wechseln?

Helfen Sie Ihren Kunden bei einer Aufgabe, die anders ist als das, worauf sich die meisten Wertangebote derzeit konzentrieren.

Hilti, der Maschinenwerkzeughersteller, hat erkannt, dass Bauleiter Fristen einhalten müssen, um Vertragsstrafen zu vermeiden, nicht nur Löcher bohren. Seine Fuhrparkmanagement-Lösung berücksichtigt sowohl das Erstere als auch das Letztere.

über funktionale Aufgaben hinausgehen?

Blicken Sie über funktionale Aufgaben hinaus und schaffen Sie neuen Wert, indem Sie wichtige soziale und emotionale Aufgaben erfüllen.

Mini Cooper hat ein Auto geschaffen, das ebenso sehr ein Transportmittel wie ein Identitäts-Statement ist.

Download Triggerfragen

deutlich mehr Kunden bei der Erledigung einer Aufgabe helfen?

Helfen Sie mehr Menschen beim Erledigen einer Aufgabe, die ansonsten zu komplex oder zu teuer wäre.

Früher waren hochwertige Online-Datenspeicher und Rechnerkapazitäten großen Firmen mit üppigen IT-Budgets vorbehalten. Amazon.com hat diese mit Amazon Web Services für Firmen jeder Größe und jeden Budgets zugänglich gemacht.

eine Aufgabe schrittweise besser erledigen lassen?

Helfen Sie den Kunden besser bei der Erledigung einer Aufgabe, indem Sie eine Reihe von Mikroverbesserungen an einem bestehenden Wertangebot vornehmen.

Der deutsche Maschinen- und Elektronikkonzern Bosch nahm eine große Anzahl an Verbesserungen der Funktionalität seiner Kreissäge vor, die den Kunden wirklich wichtig waren und die Konkurrenz übertrafen.

einem Kunden helfen, eine Aufgabe grundlegend besser zu erledigen?

Das ist der Stoff, aus dem die neuen Märkte geschaffen sind, wenn ein neues Wertangebot ältere Methoden, dem Kunden bei der Erledigung einer Aufgabe zu helfen, bei weitem übertrifft.

Die erste Tabellenkalkulation namens VisiCalc führte nicht nur einen neuen Markt für solche Hilfsmittel ein, sondern bot auch eine ganz neue Bandbreite an Möglichkeiten quer durch alle Branchen aufgrund von einfachen, sichtbaren Berechnungen.

2.3

Kunden verstehen

BEOBACHTUNG

Sechs Techniken zur Erlangung von Kundeneinblicken

Die Kundenperspektive zu verstehen ist entscheidend für das Design guter Wertangebote. Hier finden sie sechs Techniken, mit denen Sie anfangen können. Achten Sie darauf, eine gute Mischung dieser Techniken anzuwenden, um ein tiefes Verständnis für Ihre Kunden zu entwickeln.

Der Datendetektiv

Bauen Sie mit (Schreibtisch-)Recherche auf bestehender Arbeit auf. Sekundärforschungsberichte und Kundendaten, die Ihnen schon vorliegen, sind eine hervorragende Grundlage für den Start. Schauen Sie sich auch Material außerhalb Ihrer Branche an und studieren Sie Analogien, Gegensätze oder Übereinstimmungen.

Schwierigkeitsgrad: ★

Stärke: hervorragende Grundlage für weitere Forschungen

Schwäche: statisches Datenmaterial aus anderem Kontext

Mehr auf S. 108

Der Journalist

Sprechen Sie mit (potenziellen) Kunden, um auf einfache Weise Kundenerkenntnisse zu erlangen. Das ist eine gut etablierte Praxis. Allerdings kann es sein, dass die Kunden Ihnen in einem Interview das eine sagen, im wirklichen Leben aber das andere tun.

Schwierigkeitsgrad: ★★

Stärke: schnelle und preiswerte Einstiegsmethode für erste Erfahrungen und Einblicke

Schwäche: Kunden wissen nicht immer, was sie wollen, und das tatsächliche Verhalten weicht von den Interviewantworten ab.

Mehr auf S. 110

Der Anthropologe

Beobachten Sie (potenzielle) Kunden in der realen Welt, um Einblicke in ihr tatsächliches Verhalten zu bekommen. Untersuchen Sie, auf welche Aufgaben sie sich konzentrieren und wie sie sie erledigen. Achten Sie darauf, welche Probleme sie verärgern und nach welchen Gewinnen sie streben.

Schwierigkeitsgrad: ★★★

Stärke: Die Daten bieten einen unvoreingenommenen Einblick und ermöglichen die Entdeckung des realen Verhaltens.

Schwäche: Es ist schwierig, Kundeneinblicke in Bezug auf neue Ideen zu erhalten.

Mehr auf S. 114

Der Imitator
»Seien Sie Ihr Kunde«, und verwenden Sie aktiv Produkte und Dienstleistungen. Verbringen Sie einen Tag oder mehr in der Haut Ihres Kunden. Lernen Sie aus Ihren Erfahrungen als (unzufriedener) Kunde.
Schwierigkeitsgrad: ★★
Stärke: Erfahrungen aus erster Hand mit Aufgaben, Problemen und Gewinnen
Schwäche: nicht immer repräsentativ für Ihre echten Kunden oder nicht übertragbar

Der Mitschöpfer
Integrieren Sie Kunden in den Prozess der Wertschöpfung, um von ihnen zu lernen. Arbeiten Sie mit Kunden zusammen, um neue Ideen zu finden und zu entwickeln.
Schwierigkeitsgrad: ★★★★★
Stärke: Die Nähe zum Kunden kann tiefe Einblicke erbringen.
Schwäche: kann nicht für alle Kunden und Segmente verallgemeinert werden

Der Wissenschaftler
Bringen Sie die Kunden dazu, (wissentlich oder unwissentlich) an einem Experiment teilzunehmen. Lernen Sie aus den Ergebnissen.
Schwierigkeitsgrad: ★★★★
Stärke: bietet faktenorientierte Erkenntnisse aus dem realen Verhalten; funktioniert besonders gut mit neuen Ideen
Schwäche: kann schwierig auf bestehende Unternehmen anzuwenden sein aufgrund von strengen (Kunden-)Strategien und Richtlinien.
Mehr auf S. 216

Der Datendetektiv: Beginnen Sie mit vorhandenen Informationen

Nie zuvor hatten Kreative mehr Zugang zu leicht verfügbaren Informationen und Daten innerhalb und außerhalb ihrer Unternehmen, noch bevor sie überhaupt mit dem Schöpfen von Wert begonnen haben. Verwenden Sie verfügbare Datenquellen als Sprungbrett, um erste Kundeneinblicke zu gewinnen.

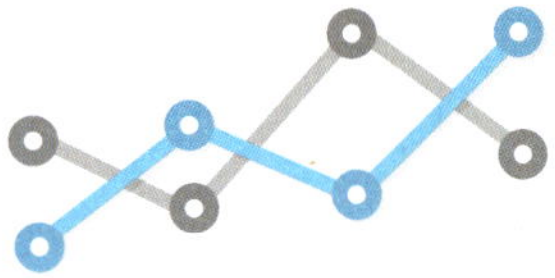

Google-Trends
Vergleichen Sie drei Suchbegriffe, die drei verschiedene mit Ihrer Idee verknüpfte Trends repräsentieren.

Statistische Daten der Regierung, der Weltbank, des IWF und anderer
Finden Sie heraus, welche (behördlichen) Daten für Ihre Idee relevant sind und Ihnen im Internet zur Verfügung stehen.

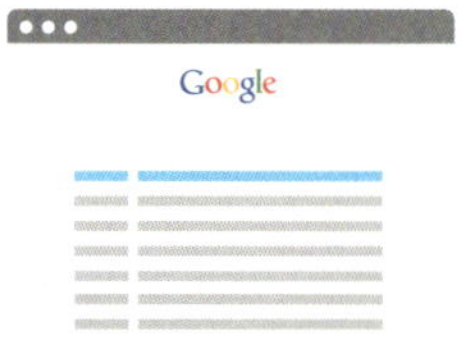

Google-Schlüsselbegriffe
Erfahren Sie, was bei potenziellen Kunden beliebt ist, indem Sie die fünf ersten Suchbegriffe in Verbindung mit Ihrer Idee erforschen. Wie oft wird danach gesucht?

Forschungsberichte Dritter
Finden Sie drei leicht verfügbare Forschungsberichte, die Ihnen als Ausgangspunkt dienen können, um Ihre eigenen Kunden- und Wertangebotsrecherchen vorzubereiten.

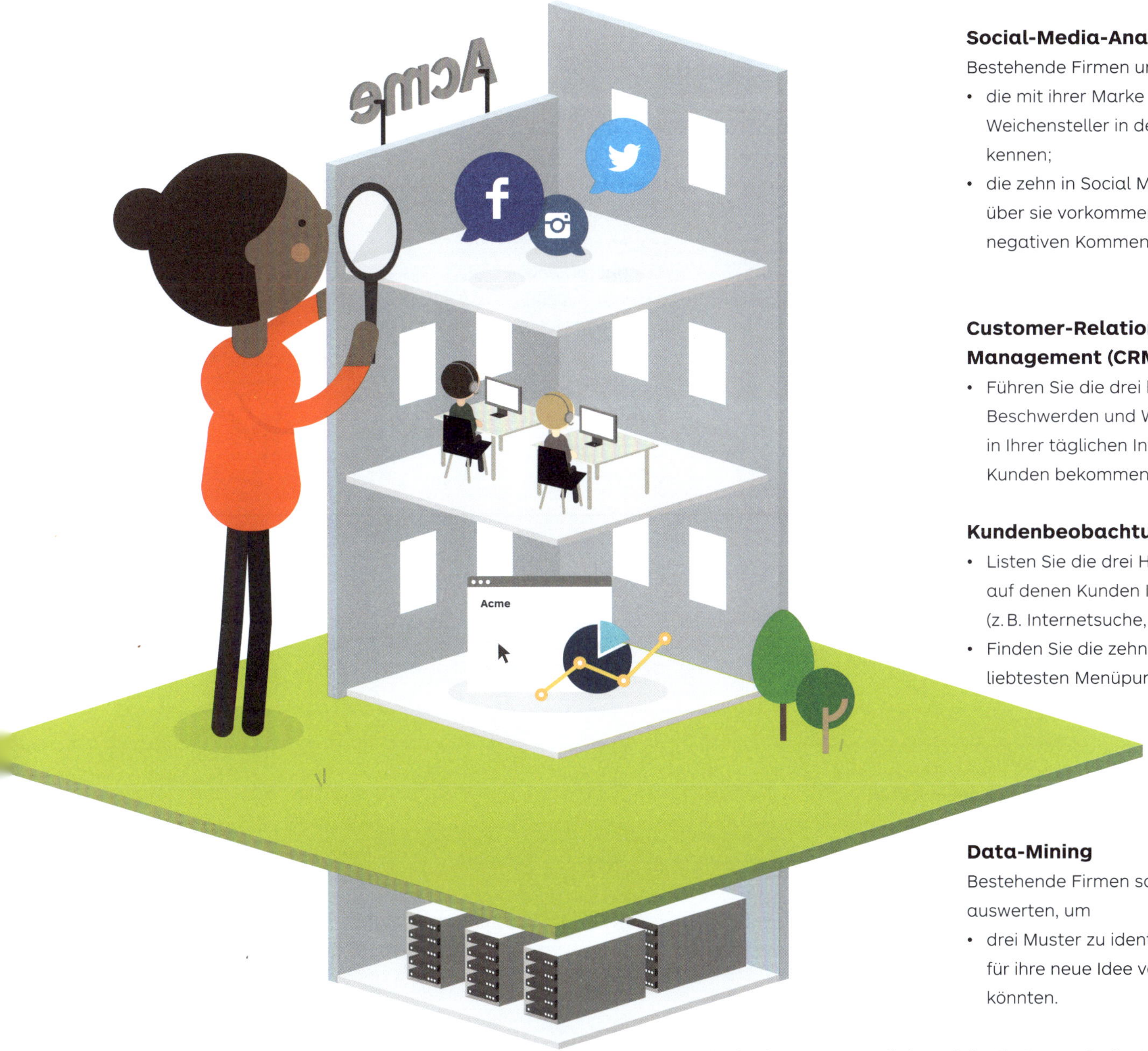

Social-Media-Analyse

Bestehende Firmen und Marken sollten:

- die mit ihrer Marke verknüpften Weichensteller in den sozialen Medien kennen;
- die zehn in Social Media am häufigsten über sie vorkommenden positiven und negativen Kommentare kennen.

Customer-Relationship-Management (CRM)

- Führen Sie die drei häufigsten Fragen, Beschwerden und Wünsche auf, die Sie in Ihrer täglichen Interaktion mit dem Kunden bekommen (z. B. Kundendienst).

Kundenbeobachtung über Ihre Website

- Listen Sie die drei Hauptwege auf, auf denen Kunden Ihre Homepage erreichen (z. B. Internetsuche, Empfehlungen).
- Finden Sie die zehn beliebtesten und unbeliebtesten Menüpunkte Ihrer Website heraus.

Data-Mining

Bestehende Firmen sollten ihre Daten auswerten, um

- drei Muster zu identifizieren, die für ihre neue Idee von Nutzen sein könnten.

Quelle: Siegel & Davenport, Predictive Analytics: The Power to Predict Who Will Click, Buy, Lie, oder Die, 2013.

Der Journalist: Interviewen Sie Ihre Kunden

ZIEL
Ein besseres Kundenverständnis

ERGEBNIS
Erstes leicht bereinigtes Kundenprofil

Sprechen Sie mit Kunden, um für Ihren Kontext relevante Erkenntnisse zu erlangen. Verwenden Sie die Value Proposition Canvas, um Ihre Interviews vorzubereiten, und strukturieren Sie die ungeordneten Informationsströme, die während des Interviewprozesses auf Sie zukommen.

1

Kundenprofil erstellen
Skizzieren Sie die Aufgaben, Probleme und Gewinne, die aus Ihrer Sicht relevant für Ihre Zielkunden sind. Sortieren Sie Aufgaben, Probleme und Gewinne in der Reihenfolge ihrer Wichtigkeit.

2

Interviewrahmen festlegen
Fragen Sie sich, was Sie erfahren wollen. Beziehen Sie die Interviewfragen aus Ihrem Kundenprofil. Fragen Sie nach den wichtigsten Aufgaben, Problemen und Gewinnen.

5

Interview überarbeiten
Überprüfen Sie auf der Grundlage dessen, was Sie erfahren haben, ob Sie die Interviewfragen überarbeiten müssen.

3

Interview führen

Führen Sie das Interview, indem Sie den Grundregeln für Interviews folgen, die auf der folgenden Seite umrissen werden.

4

Erfassen

Zeichnen Sie die Aufgaben, Probleme und Gewinne, von denen Sie durch das Interview erfahren haben, in ein leeres Kundenprofil ein.

Sorgen Sie dafür, dass Sie auch Erkenntnisse für das Geschäftsmodell daraus ziehen. Schreiben Sie Ihre wichtigsten Einsichten auf.

6

Nach Mustern suchen

Können Sie ähnliche Aufgaben, Probleme und Gewinne erkennen? Was sticht hervor? Was ist ähnlich oder unterschiedlich bei den Interviewten?

Warum sind sie ähnlich oder unterschiedlich? Können Sie spezifische (wiederkehrende) Kontexte erkennen, die Aufgaben, Probleme und Gewinne beeinflussen?

7

Zusammenfassen

Erstellen Sie ein separates zusammengefasstes Kundenprofil für jedes Kundensegment, das sich aus all Ihren Interviews ergibt. Schreiben Sie Ihre wichtigsten Erkenntnisse auf Haftnotizzettel.

Tipp

Gewinnen Sie Ihre größten Erkenntnisse aus allen Interviews.

Grundregeln für Interviews

Es ist eine Kunst, gute Interviews zu führen, die relevante Erkenntnisse für das Design von Wertangeboten liefern. Konzentrieren Sie sich darauf, ans Licht zu befördern, was den (potenziellen) Kunden wichtig ist, statt zu versuchen, ihnen Lösungen zu präsentieren. Folgen Sie den Regeln auf dieser Doppelseite, um gute Interviews zu führen.

Download Poster »Grundregeln für Interviews«

Regel 1

Nehmen Sie die Anfängerperspektive ein.

Hören Sie unvoreingenommen zu, und vermeiden Sie zu interpretieren. Erforschen Sie insbesondere unerwartete Aufgaben, Probleme und Gewinne.

Regel 2

Mehr zuhören als reden.

Ihr Ziel ist es, zuzuhören und zu lernen, nicht Ihre Kunden zu informieren, zu beeindrucken oder von irgendetwas zu überzeugen. Verschwenden Sie Ihre Zeit nicht damit, über Ihre eigenen Überzeugungen zu sprechen, denn das geht auf Kosten Ihrer Einblicke in den Kunden.

Regel 3

Fakten statt Meinungen.

Fragen Sie nicht: »Würden Sie …?«

Fragen Sie: »Wann haben Sie zum letzten Mal …?«

Regel 4

Mit »Warum«-Fragen die wahre Motivation enthüllen.

Fragen Sie: »Warum müssen Sie …?«

Fragen Sie: »Warum ist … wichtig für Sie?«

Fragen Sie: »Warum ist … ein solches Problem?«

Regel 5

Beim Kundeninterview geht es nicht ums Verkaufen (selbst wenn Verkaufen Thema ist), sondern ums Lernen.

Fragen Sie nicht: »Würden Sie unsere Lösung kaufen?«

Fragen Sie: »Welches sind Ihre Entscheidungskriterien beim Kauf von …?«

Regel 6

Erwähnen Sie Lösungen (z.B. Ihren Wertangebots-Prototyp) nicht zu früh.

Erklären Sie nicht: »Unsere Lösung kann …«

Fragen Sie: »Welches sind die wichtigsten Schwierigkeiten, mit denen Sie zu kämpfen haben?«

Regel 7

Nachfassen.

Holen Sie sich die Erlaubnis ein, die Kontaktdaten Ihres Interviewpartners zu speichern, um mit weiteren Fragen oder dem Test von Prototypen auf ihn zuzukommen.

Regel 8

Am Ende immer Türen öffnen.

Fragen Sie: »Mit wem sollte ich noch reden?«

Fitzpatrick, The Mom Test, 2013.

Tipps

- Interviews sind ein hervorragender Ausgangspunkt, um von den Kunden zu lernen, aber typischerweise liefern sie nicht genügend oder ausreichend verlässliche Erkenntnisse, um wichtige Entscheidungen zu treffen. Ergänzen Sie Ihre Interviews durch andere Recherchen, genau wie ein guter Journalist weitere Recherchen vornimmt, um die wirkliche Story hinter dem zu finden, was die Leute sagen. Fügen Sie Alltags-Kundenbeobachtungen und Experimente hinzu, die aus Ihrer Recherchemischung harte Fakten machen.
- Führen Sie Interviews in Gruppen von zwei Personen. Entscheiden Sie im Voraus, wer das Interview führt und wer Notizen macht. Verwenden Sie nach Möglichkeit ein Aufnahmegerät (Foto, Video oder dergleichen), aber denken Sie daran, dass die Interviewten möglicherweise nicht auf dieselbe Art antworten, wenn ein Aufnahmegerät auf dem Tisch steht.

Der Anthropologe: Eintauchen in die Welt des Kunden

Tauchen Sie tief in die Welt Ihrer (potenziellen) Kunden ein, um Einblicke in ihre Aufgaben, Probleme und Gewinne zu erhalten. Was Kunden tagtäglich in ihrer realen Umgebung tun, unterscheidet sich häufig davon, was sie zu tun glauben oder was sie Ihnen in Interviews, Umfragen oder Fokusgruppen sagen.

B2C: Mit der Familie leben.
Wohnen Sie einige Tage bei Ihrem potenziellen Kunden zu Hause und leben Sie mit der Familie. Nehmen Sie am Alltag teil. Erfahren Sie, was diesen Menschen umtreibt.

B2B: Gemeinsam arbeiten/beraten.
Arbeiten Sie einige Zeit lang Seite an Seite mit einem (potenziellen) Kunden (z.B. bei einer Beratung). Beobachten Sie. Was bringt diesen Menschen um den Schlaf?

B2B/B2C?
Wie könnten Sie in das Leben Ihres (potenziellen) Kunden eintauchen? Seien Sie kreativ! Gehen Sie über die üblichen Grenzen hinaus.

B2C: Kaufverhalten beobachten.
Gehen Sie in ein Geschäft, wo Ihre (potenziellen) Kunden einkaufen, und beobachten Sie sie zehn Stunden lang. Können Sie irgendwelche Muster entdecken?

B2C: Ihren Kunden einen Tag lang beschatten.
Seien Sie der Schatten Ihres (potenziellen) Kunden und folgen Sie ihm einen Tag lang. Schreiben Sie alle Aufgaben, Probleme und Gewinne auf, die Sie beobachten. Protokollieren Sie sie. Fügen Sie sie zusammen. Lernen Sie daraus.

Arbeitsblatt Kundenalltag

ZIEL
Die Welt Ihres Kunden besser verstehen
ERGEBNIS
Übersicht des Alltags Ihres Kunden

Erfassen Sie die wichtigsten Aufgaben, Probleme und Gewinne des von Ihnen beobachteten Kunden.

Tipps

- Beobachten Sie und machen Sie sich Notizen. Halten Sie sich zurück mit Interpretationen, die auf Ihren eigenen Erfahrungen beruhen. Bleiben Sie wertfrei! Arbeiten Sie wie ein Anthropologe und beobachten Sie unvoreingenommen und offen.
- Achten Sie sowohl auf das, was Sie sehen, als auch auf das, was Sie nicht sehen.
- Erfassen Sie nicht nur das, was Sie beobachten können, sondern auch das, worüber nicht gesprochen wird, zum Beispiel Eindrücke oder Emotionen.
- Entwickeln Sie Empathie für den Kunden als entscheidende innere Haltung, um diese Art von kontextabhängiger Untersuchung effektiv durchführen zu können.

Zeit	Aktivität (was ich sehe)		Notizen (was ich denke)
19.00 Uhr	Zähneputzen der Kinder vor dem Schlafengehen		Eltern verärgert über das überall herumspritzende Wasser

Download Arbeitsblatt »Kundenalltag«

Muster erkennen in der Kundenforschung

ZIEL
Ihrem Kunden näherkommen

ERGEBNIS
Zusammengefasstes Kundenprofil

Analysieren Sie Ihre Daten, und versuchen Sie Muster zu erkennen, sobald Sie eine gewisse Menge an Kundenuntersuchungen vorgenommen haben. Suchen Sie nach Kunden mit ähnlichen Aufgaben, Problemen und Gewinnen oder Kunden, denen dieselben Aufgaben, Probleme und Gewinne wichtig sind, und erstellen Sie separate Kundenprofile.

1

Ausstellen

Hängen Sie alle Kundenprofile aus Ihrer Recherche an eine große Wand.

2

Gruppieren und segmentieren

Gruppieren Sie ähnliche Kundenprofile in ein oder zwei unterschiedliche Segmente, falls Sie Muster bei den Aufgaben, Problemen und Gewinnen feststellen können.

3

Zusammenfassen

Fassen Sie die Profile aus jedem Segment zu einem einzigen Hauptprofil zusammen. Erkennen Sie die häufigsten Aufgaben, Probleme und Gewinne, und verwenden Sie unterschiedliche Bezeichnungen, um sie im Hauptprofil zu beschreiben.

4

Gestalten

Beginnen Sie mit Wertangebots-Prototypen, nachdem Sie Ihren ersten Versuch der Kundensegmentierung beendet haben. Gestalten Sie ein oder mehrere Wertangebote, die auf den im Hauptprofil neu erkannten Mustern basieren.

Beispiel für Zusammenfassung: Hauptprofil eines Geschäftsmanns/Lesers

Um ein Hauptprofil von Buchlesern zu erstellen, haben wir die Aufgaben, Probleme und Gewinne der verschiedenen Kundenprofile aus unseren Interviews betrachtet. Wir haben die häufigsten zu einem Hauptprofil zusammengefasst, indem wir repräsentative Bezeichnungen verwendet haben.

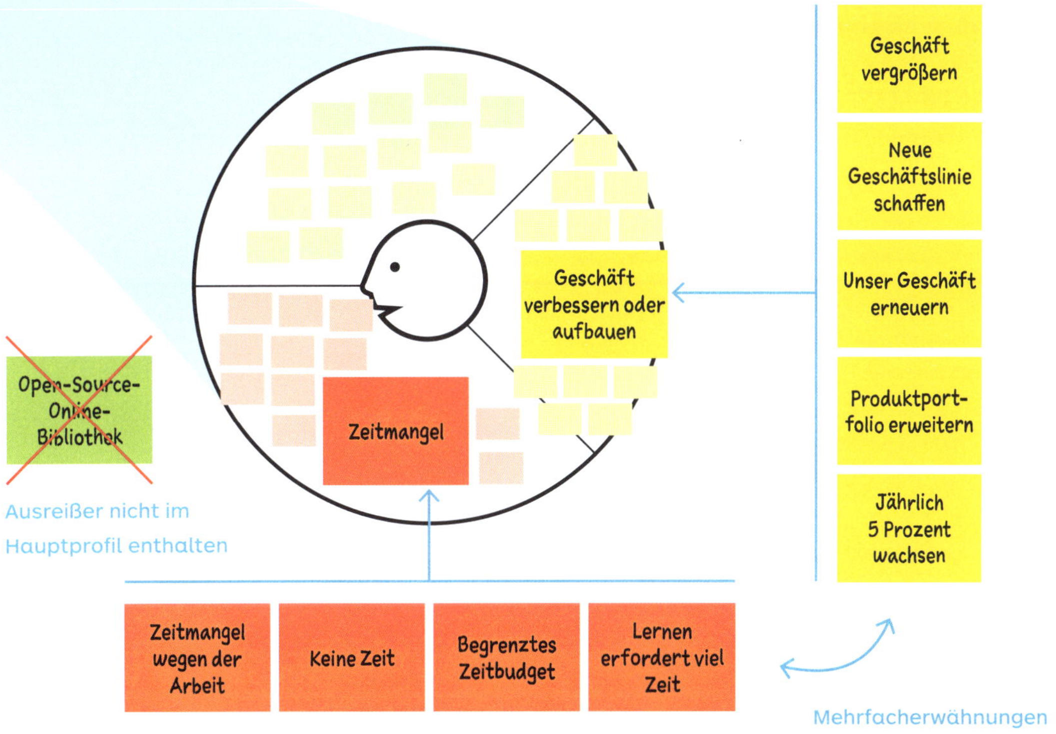

Tipps

- Achten Sie besonders auf Ausreißer-Profile. Sie mögen irrelevant sein, aber sie können auch eine besondere Lerngelegenheit darstellen. Manchmal liegen die besten Entdeckungen am Rande.
- Fragen Sie sich, ob ein Ausreißer ein Indikator und Anzeichen für Künftiges sein könnte, dem Sie Beachtung schenken sollten. Oder vielleicht weist ein Ausreißer eine positive Abweichung auf. Er kann schlicht eine bessere Lösung für Aufgaben, Probleme und Gewinne sein, als andere sie bieten.

Finden Sie Ihre Earlyvangelisten

Achten Sie auf »Earlyvangelisten«, wenn Sie potenzielle Kunden untersuchen und nach Mustern suchen. Diese Bezeichnung wurde von Steve Blank geprägt und beschreibt Kunden, die willens und bereit sind, mit einem neuen Produkt oder einer Dienstleistung ein Risiko einzugehen. Nutzen Sie Earlyvangelisten, um am Markt Fuß zu fassen, und gestalten Sie Ihr Wertangebot anhand von Experimenten und Lernprozessen.

5

Hat ein Budget oder kann eines beschaffen

Der Kunde hat ein Budget zur Verfügung oder kann eines beschaffen, um eine Lösung zu kaufen.

4

Hat eine Lösung aus einzelnen Teilen zusammengesetzt

Die Aufgabe ist so wichtig, dass der Kunde sich eine Interimslösung zusammengestoppelt hat.

3

Sucht aktiv nach einer Lösung

Der Kunde sucht nach einer Lösung *und* hat eine Frist, innerhalb deren er sie finden muss.

2

Ist sich des Problems bewusst

Der Kunde versteht, dass es ein Problem oder eine Aufgabe gibt.

1

Hat ein Problem oder Bedürfnis

Mit anderen Worten, eine Aufgabe muss erledigt werden.

Steve Blank, Bob Dorf, The Start-up Owner's Manual, 2012.

2.4

Entscheidungen treffen

ENTSCHEIDUNG
ZUM TESTLAUF
7 FRAGEN
FINANZEN
Geschäftsmodell
DURCHGEFALLEN

Zehn Fragen zur Überprüfung Ihres Wertangebots

ZIEL
Potenzial zur Verbesserung Ihres Wertangebots entdecken

ERGEBNIS
Überprüfung des Wertangebots

Verwenden Sie die zehn Fragen guter Wertangebote, die wir bereits vorgestellt haben, um das Design Ihres Wertangebots kontinuierlich zu überprüfen. Legen Sie sie zugrunde, um Ihre Kundenerkenntnisse einzufügen. Beziehen Sie sie mit ein, wenn Sie entscheiden, welche Prototypen weiter erforscht und an Kunden erprobt werden.

Führen Sie diese Übung online durch.

1

Ist es in ein gutes Geschäftsmodell eingebettet?

2

Konzentriert es sich auf die wichtigsten Aufgaben, die größten Probleme und die entscheidendsten Gewinne?

3

Konzentriert es sich auf unerledigte Aufgaben, ungelöste Probleme und nicht erzielte Gewinne?

4

Zielt es nur auf einige wenige Problemlöser und Gewinnerzeuger ab, dies jedoch außerordentlich gut?

5

Berücksichtigt es sowohl funktionale als auch emotionale und soziale Aufgaben?

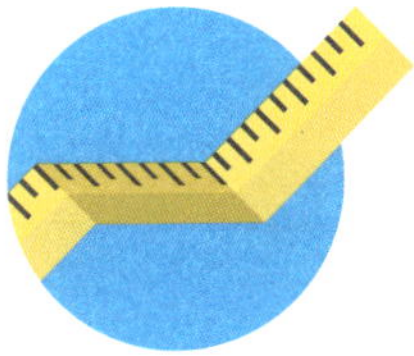

6

Korrespondiert es damit, wie die Kunden Erfolg bemessen?

7

Konzentriert es sich auf Aufgaben, Probleme oder Gewinne, die eine große Anzahl von Kunden haben oder für die eine kleine Anzahl bereit ist, viel Geld zu bezahlen?

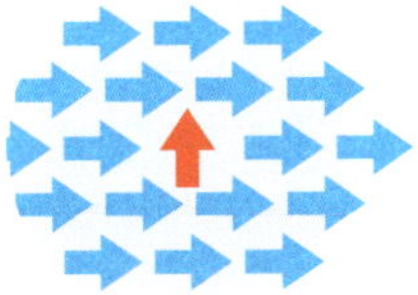

8

Unterscheidet es sich in wichtiger Hinsicht vom Wettbewerb?

9

Übertrifft es die Konkurrenz maßgeblich in mindestens einer Hinsicht?

10

Ist es schwer nachzuahmen?

Mit der Stimme des Kunden sprechen

ZIEL
Ein Stresstest für Ihr Wertangebot im Konferenzraum

ERGEBNIS
Ein widerstandsfähigeres Wertangebot, ehe es am Markt erprobt wird

Machen Sie Rollenspiele, um die Stimme des Kunden und andere Stakeholder-Perspektiven »auf den Tisch« zu bringen, lange bevor Sie Ihr Wertangebot in der Realität erproben.

Der Erfolg Ihres Wertangebots hängt typischerweise von einer Reihe zentraler Stakeholder ab. Kunden sind die offensichtlichen, aber es gibt noch viele andere (z.B. Stakeholder innerhalb Ihres Unternehmens). Wählen Sie die wichtigsten aus und veranstalten Sie Rollenspiele, um Ihr Wertangebot aus der Perspektive dieser Stakeholder einem Stresstest zu unterziehen.

Tipps

- Wählen Sie die Person, die den Stakeholder spielt, mit Bedacht aus. Wer repräsentiert die Stimme des Kunden am besten? Ist es der Verkauf, der Kundendienst, die Technik oder jemand anderes, der nahe am Käufer ist?
- Rollenspiele sind kein Ersatz für den Test Ihres Wertangebots in der Realität an Kunden und Stakeholdern, aber sie helfen dabei, Ihre Idee zu entwickeln, indem sie die Perspektive des Stakeholders in Betracht ziehen.
- Rollenspiele können eine effektive Methode sein, die Stimme des Kunden einzubringen, nachdem Sie das Kundenverhalten intensiv analysiert haben.

Zwei Workshop-Teilnehmer machen ein Rollenspiel, bei dem der eine einen Verkaufsmitarbeiter des Unternehmens spielt und der andere einen Stakeholder, zum Beispiel den Kunden. Eine dritte Person macht sich Notizen.

Der Verkaufsmitarbeiter

Der Protokollant

Der (kritische) Kunde

Werten Sie Ihre Ideen mit Rollenspielen rasch aus, indem die Stimmen der wichtigsten Beteiligten simuliert werden.

Kunden
Nehmen Sie den Standpunkt des Kunden ein und konzentrieren Sie sich auf die Aufgaben, Probleme und Gewinne des Kunden sowie auf konkurrierende Wertangebote. In einem B2B-Kontext denken Sie an Endverbraucher, Beeinflusser, Economic Buyers, Entscheidungsträger und Saboteure.

CEO, oberes Management und Vorstand
Nehmen Sie den Standpunkt der Unternehmensführung ein (z.B. CEO, CFO, COO). Geben Sie Feedback aus Sicht der Unternehmensvision, -richtung und -strategie.

Andere interne Stakeholder
Wessen Engagement im Unternehmen brauchen Sie noch, damit Ihre Idee erfolgreich ist? Spielt die Produktion eine Rolle? Müssen Sie die Verkaufs- oder die Marketingabteilung überzeugen?

Strategische Partner
Ihr Wertangebot kann von der Zusammenarbeit mit strategischen Partnern abhängen. Bieten Sie ihnen Wert?

Regierung
Welche Rolle spielt die Regierung? Ist sie Unterstützer oder Hinderer?

Investoren/Shareholder
Unterstützen sie Ihre Ideen oder lehnen sie sie ab?

Örtliches Gemeinwesen
Ist es von Ihren Ideen betroffen?

Der Planet!
Welche Auswirkungen hat Ihr Wertangebot auf die Umwelt?

Den Kontext verstehen

Wertangebote und Geschäftsmodelle werden immer in einem Kontext entwickelt. Lenken Sie Ihr Augenmerk von Ihren Modellen auf die Umwelt, in der Sie arbeiten und Entscheidungen über die auszuarbeitenden Prototypen treffen. Die Umwelt besteht aus Wettbewerb, technologischem Wandel, gesetzlichen Vorgaben, sich verändernden Kundenwünschen und anderen Elementen. Näheres erfahren Sie anhand der Ausführungen auf dieser Doppelseite, oder lesen Sie in *Business Model Generation* nach.

Rauszoomen

Branchenkräfte
Schlüsselakteure in Ihrem Umfeld, zum Beispiel Mitbewerber, Akteure der Wertschöpfungskette, Technologieanbieter und andere

Makroökonomische Kräfte
Makrotrends wie globale Marktbedingungen, Zugang zu Ressourcen, Rohstoffpreise und andere

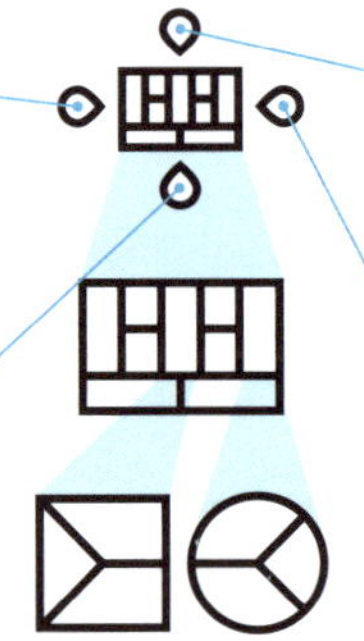

Schlüsseltrends
Schlüsseltrends prägen Ihr Umfeld, zum Beispiel Technologieinnovationen, gesetzliche Vorgaben, soziale Trends und andere

Marktkräfte
Schlüsselkundenbelange in Ihrem Umfeld, zum Beispiel wachsende Segmente, Wechselkosten der Kunden, veränderte Aufgaben, Probleme und Gewinne und andere

Reinzoomen

Osterwalder & Pigneur, Business Model Generation, 2011.

Reinzoomen
Stellen Sie sich vor, Sie sind in der Filmbranche. Bis jetzt haben Sie Filme und Fernsehserien mit führenden Schauspielern für Kino und TV weltweit gemacht. Aber Sie würden gerne neue Wege beschreiten.

Es gibt da eine Idee, die Ihre Innovationsteams näher untersuchen wollen: interaktives Fernsehen – die Möglichkeit, dass Zuschauer per Crowdsourcing die Handlung einer Fernsehserie bestimmen.

Beispiel: Interaktives Fernsehen

Skizzieren Sie Ihr Umfeld, und fragen Sie, welche Elemente …

- eine Chance sind, die Ihr Wertangebot unterstützt (**grün**);
- eine Bedrohung oder eine Einschränkung sind, die es untergräbt oder behindert (**rot**).

Demokratisierung der Produktion

\+ Nutzerbestimmter Content kann zu einer Gefährdung für professionell produzierten Content werden.

– Internet-Tools machen die Beteiligung leichter.

Demokratisierung des Vertriebs

\+ Social Media sind ein wirkungsvoller Marketingkanal für begeisterte Zuschauer.

– Es kommt nicht mehr auf die Größe an – jeder hat Zugang zu Millionen Anwendern.

Verbindung TV + Internet

\+ Die Integration von TV und Internet ermöglicht Erlebnisse mit hoher Eigenbeteiligung.

Datendiebstahl

\+ Nutzergenerierter Content ist weniger anfällig für Datendiebstahl.

– Datendiebstahl nimmt zu.

Plattformtreue

– Die Zuschauer sind nur schwer zu bewegen, etablierte Plattformen wie Netflix oder Apple zu verlassen.

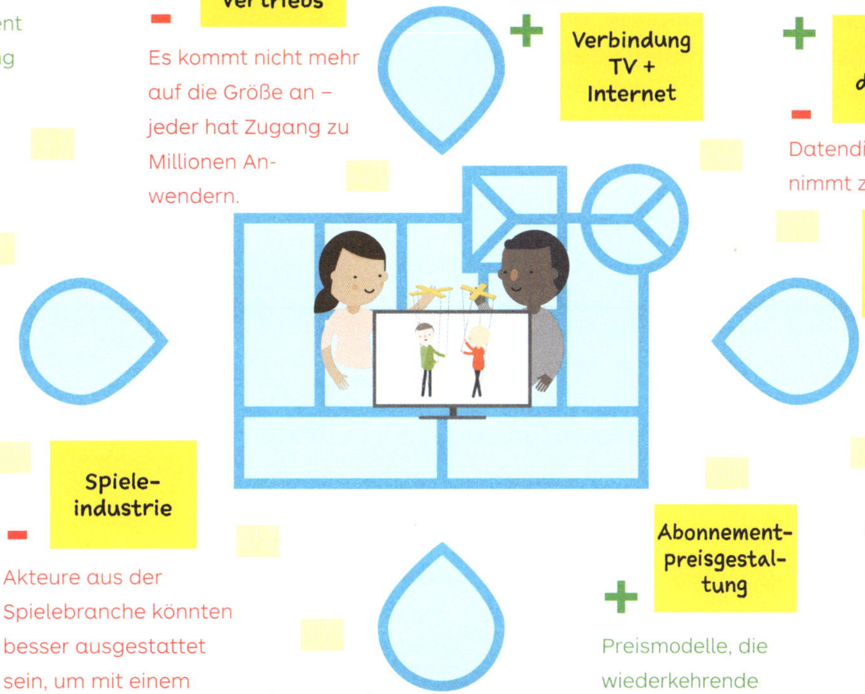

Spieleindustrie

– Akteure aus der Spielebranche könnten besser ausgestattet sein, um mit einem interaktiven Wertangebot erfolgreich zu sein.

Kosten für Stars

\+ Die Kosten für Darsteller sinken.

Abonnementpreisgestaltung

\+ Preismodelle, die wiederkehrende Einkünfte erzeugen (Abonnement), passen gut in eine Community von Mitschöpfern.

Internet-Generation

\+ Die Generation der Nutzer, die mit dem Internet aufgewachsen sind, nimmt tagtäglich online Anteil.

Value Proposition Design vs. Wettbewerber

Nehmen wir ein Element Ihrer Design- und Entscheidungsumgebung näher in Augenschein: Ihre Wettbewerber. Schätzen Sie ein, wie Ihr Wertangebot verglichen mit denen Ihrer Mitbewerber abschneidet, indem Sie sie auf einer Strategy Canvas vergleichen, einem grafischen Werkzeug aus dem Buch *Blue Ocean Strategy*. Das ist eine einfache, aber wirkungsvolle Methode, um sichtbar zu machen und zu vergleichen, wie die Vorteile Ihres Wertangebots abschneiden.

Auf dieser Doppelseite vergleichen wir die Performance von *Value Proposition Design* mit derjenigen von Executive Education und frei zugänglichen Online-Kursen für jedermann. Dazu erstellen wir eine Strategy Canvas mit einer Reihe von Wettbewerbsfaktoren auf der x-Achse und zeichnen dann ein, wie die verschiedenen Mitbewerber bei jedem dieser Faktoren abschneiden. Wir haben die Wettbewerbsfaktoren aus unserer Value Map ausgewählt und sie durch Elemente aus den Value Maps unserer Konkurrenten ergänzt.

Value Proposition Design

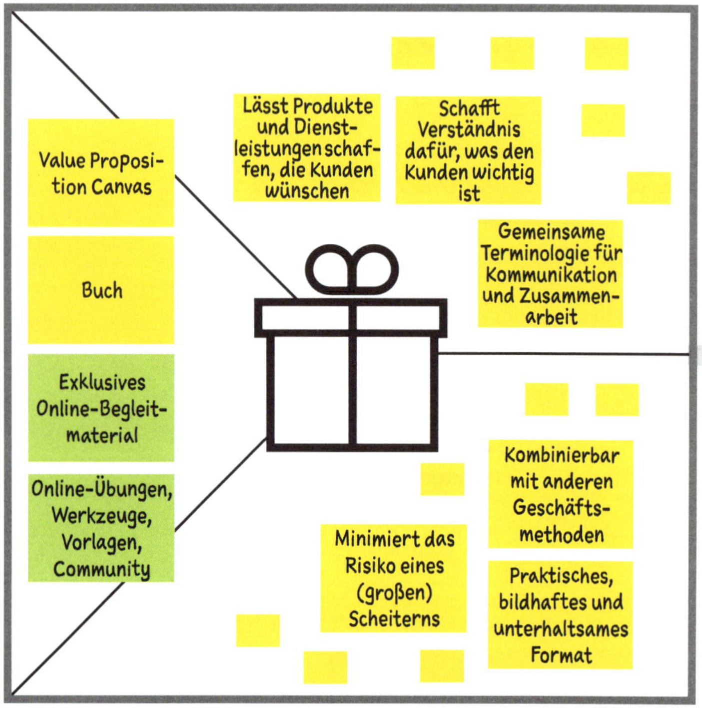

Wählen Sie die wichtigsten Merkmale aus Ihrem Wertangebot, um Sie auf der Strategy Canvas als Wettbewerbsfaktoren zu verwenden.

Executive Education

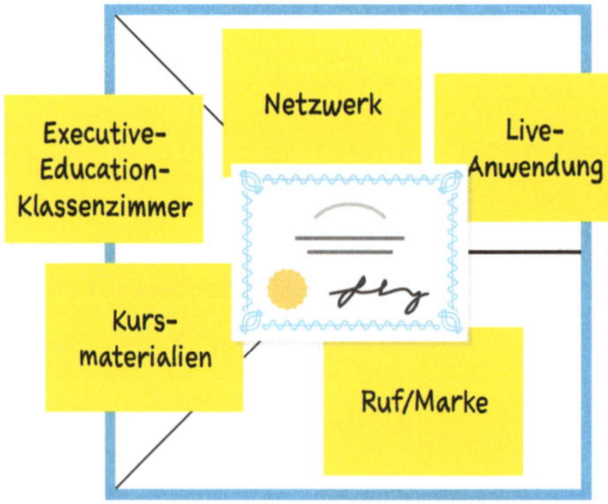

Online-Kurse

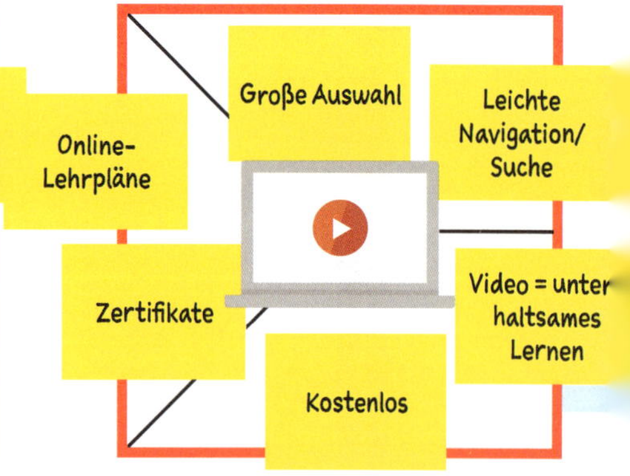

Kim & Mauborgne, Blue Ocean Strategy, 2005.

Strategy Canvas

Wertangebot dieses Buchs vs. Executive Education vs. Online-Kurse im Vergleich

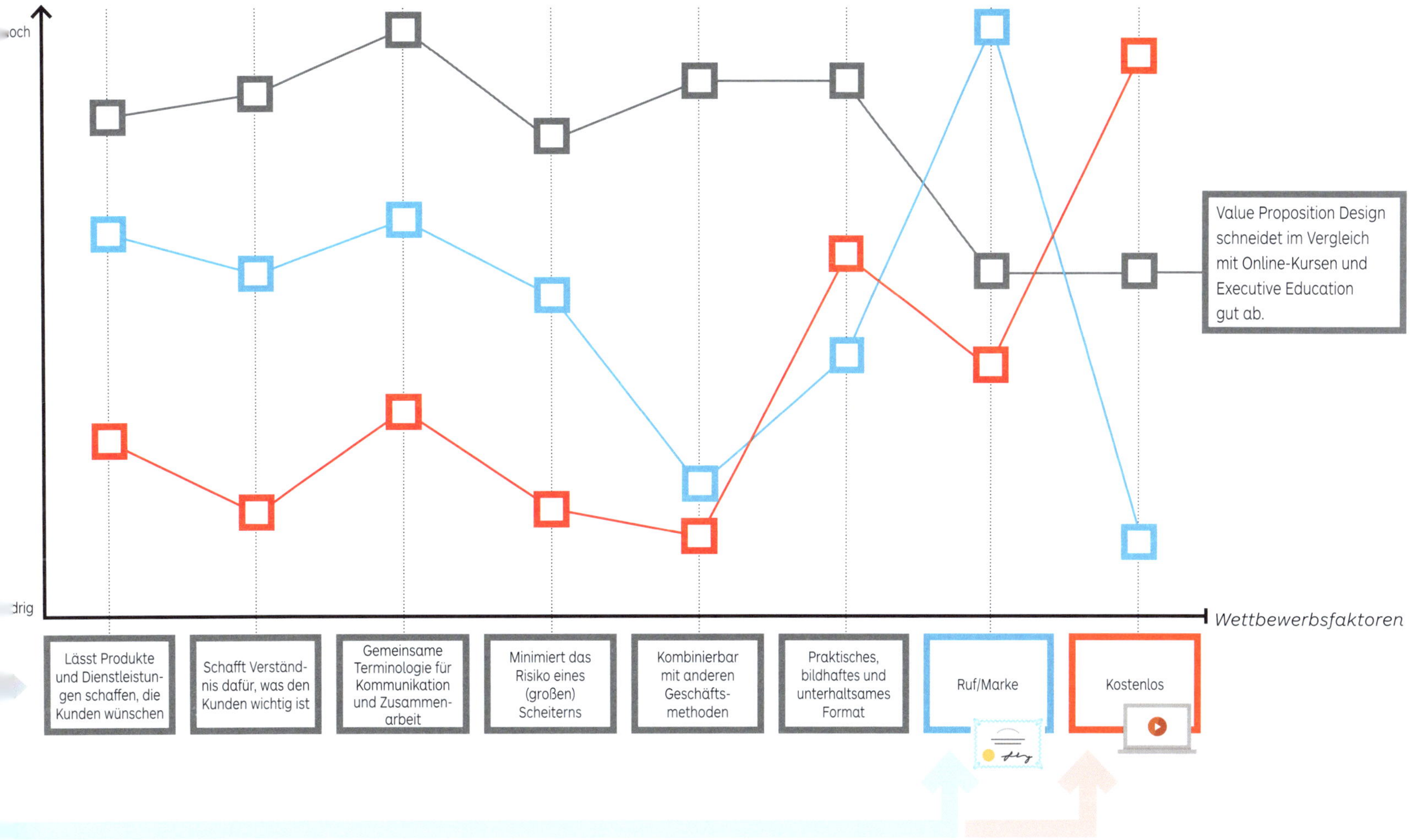

Vergleichen Sie Ihr Wertangebot mit der Konkurrenz

ZIEL
Erkennen, wo Sie im Vergleich zu anderen stehen

ERGEBNIS
Visueller Vergleich mit der Konkurrenz

Verwenden Sie die Strategy Canvas aus dem Buch *Blue Ocean Strategy*, um die Performance Ihres Wertangebots im Vergleich mit jenen der Konkurrenz darzustellen. Vergleichen Sie dann die Kurven, um einzuschätzen, inwieweit Sie sich unterscheiden.

Anleitung

Zeichnen Sie Schritt für Schritt eine Strategy Canvas und vergleichen Sie Ihr Wertangebot mit denen des Wettbewerbs.

1. Bereiten Sie für diese Übung eine Value Map vor, oder wählen Sie eine aus.
2. Nehmen Sie ein großes Blatt Papier, oder verwenden Sie ein Whiteboard.
3. Folgen Sie den einzelnen Schritten.

1

Wertangebot auswählen

Wählen Sie das Wertangebot (oder den Prototyp) aus, das (den) Sie vergleichen wollen.

2

Wettbewerbsfaktoren festlegen

Zeichnen Sie eine horizontale Linie (x-Achse). Entscheiden Sie, welche Problemlöser und Gewinnerzeuger Sie mit dem Wettbewerb vergleichen wollen. Platzieren Sie sie auf der Achse. Dies sind die Wettbewerbsfaktoren Ihrer Strategy Canvas.

Tipp

Sie können auch Probleme und Gewinne wählen, wenn Sie den Eindruck haben, dass diese wichtige Wettbewerbsfaktoren besser abbilden.

3

Wertangebot bewerten

Zeichnen Sie eine vertikale Linie (y-Achse), um die Performance eines Wertangebots darzustellen. Geben Sie ihr eine Skala von niedrig bis hoch oder von 0 bis 10. Zeichnen Sie ein, wie Ihr Wertangebot bei jedem Wettbewerbsfaktor auf der x-Achse abschneidet (also bei den Problemlösern und Gewinnerzeugern, die Sie ausgewählt haben).

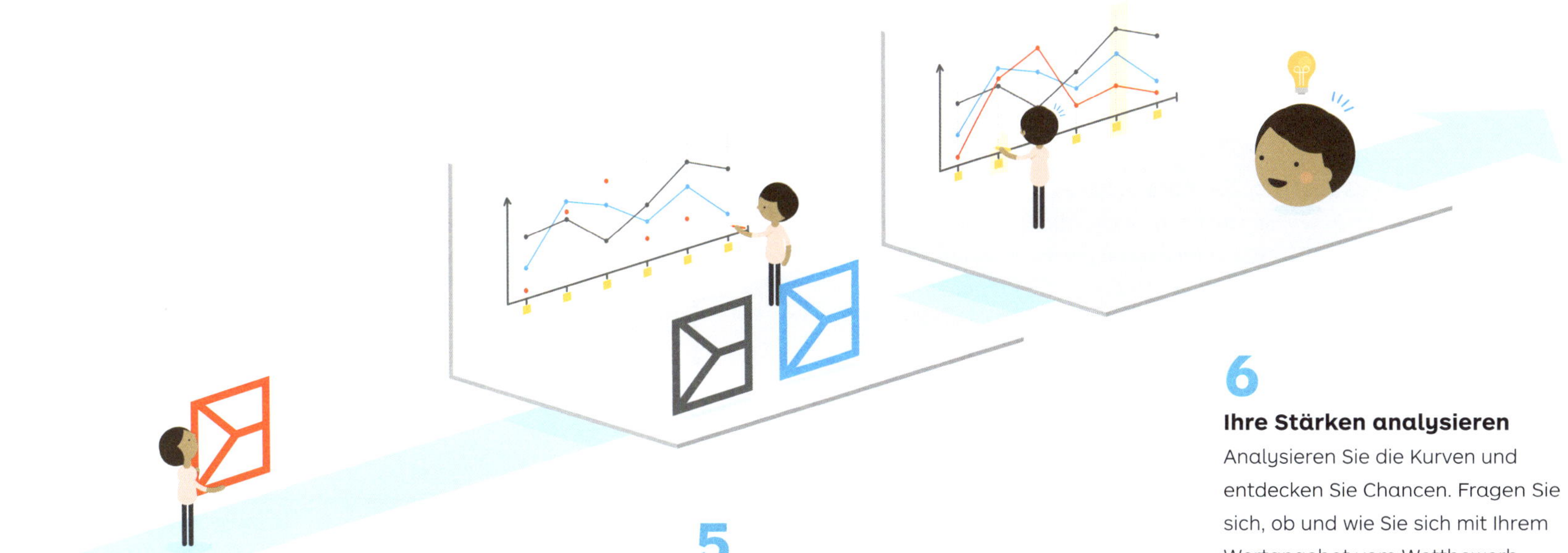

4

Konkurrierende Wertangebote hinzufügen

Fügen Sie der Strategy Canvas konkurrierende Wertangebote hinzu. Wählen Sie diejenigen, die für die Konkurrenz am repräsentativsten sind. Fügen Sie Problemlöser und Gewinnerzeuger aus deren Wertangebot den Wettbewerbsfaktoren auf der x-Achse hinzu, falls notwendig.

Tipp

Denken Sie auch an konkurrierende Wertangebote jenseits der traditionellen Branchengrenzen. Vergleichen Sie nicht nur Wertangebote, die auf Produkten und Dienstleistungen basieren, welche Ihren ähnlich sind.

5

Konkurrierende Wertangebote bewerten

Zeichnen Sie die Performance konkurrierender Wertangebote ein, so wie Sie es mit Ihrem eigenen gemacht haben.

Tipp

Nutzen Sie dieses Werkzeug, um die Leistung alternativer Wertangebote zu vergleichen, die Sie vielleicht in Erwägung ziehen.

6

Ihre Stärken analysieren

Analysieren Sie die Kurven und entdecken Sie Chancen. Fragen Sie sich, ob und wie Sie sich mit Ihrem Wertangebot vom Wettbewerb unterscheiden.

Tipp

Achten Sie darauf, dass die Wettbewerbsfaktoren, die Sie vergleichen, mit den wichtigsten Aufgaben, Problemen und Gewinnen im Kundenprofil übereinstimmen. Normalerweise sollte das der Fall sein, weil Problemlöser und Gewinnerzeuger dafür vorgesehen sind, wichtige Aufgaben, Probleme und Gewinne abzudecken.

Vermeiden Sie kognitiven Mord für ein besseres Feedback

Präsentieren Sie anderen Ihr Wertangebot, um Feedback zu erhalten, Unterstützung zu bekommen und die eher »analytische Einschätzung« zu vervollständigen, die wir bisher vorgenommen haben, sowie die Experimente, die wir im Teil 3 »Test« vorstellen.

Sorgen Sie dafür, das Beste aus der Präsentation Ihrer Ideen herauszuholen, indem Sie sie mit entwaffnender Einfachheit und Stimmigkeit erläutern. Es wäre eine Verschwendung von Zeit und Ressourcen, all Ihre Energie in das Design bemerkenswerter Wertangebote zu stecken, nur um dann an ihrer überzeugenden Präsentation zu scheitern, wenn es darauf ankommt.

Die Vorstellung Ihrer Ideen und Canvases auf klare und konkrete Art und Weise ist entscheidend während des gesamten Designprozesses. Präsentieren Sie frühe und grobe Prototypen, ehe Sie in die Feinheiten gehen, um Unterstützung von verschiedenen Stakeholdern zu erhalten. Arbeiten Sie erst später im Designverlauf an stärker verfeinerten Präsentationen.

Einer der wichtigsten Aspekte bei der Präsentation von Wertangeboten ist es, bei der Übermittlung der Botschaft die Kundenaufgaben, Probleme und Gewinne im Hinterkopf zu behalten. Stellen Sie niemals einfach nur Merkmale vor, sondern überlegen Sie stattdessen, wie Ihr Wertangebot dafür sorgt, dass wichtige Aufgaben erledigt, massive Probleme gelöst und entscheidende Gewinne erzielt werden.

Best Practices für Vortragende

✓ DOS	× DON'TS
Einfach	Komplex
Konkret	Abstrakt
Nur Entscheidendes präsentieren	Alle Fakten präsentieren
Kundenzentriert	Merkmalzentriert
Immer eine Information nach der anderen	Alle Informationen gleichzeitig
Richtige Medienunterstützung	Keine visuelle Unterstützung
Storyline	Willkürlicher Informationsfluss

1. Beginnen Sie mit einer leeren Canvas. Sorgen Sie dafür, dass die Zuhörer zumindest eine kurze Einführung in die Canvas erhalten haben.

2. Fangen Sie mit Ihrer Präsentation dort an, wo es am sinnvollsten ist. Sie können mit Produkten oder mit Aufgaben starten.

3. Kleben Sie fortlaufend einen Haftnotizzettel nach dem anderen an, um Ihr Wertangebot zu erläutern, damit die Zuhörer keinen kognitiven Mord erleben. Stimmen Sie das, was Sie sagen, auf das ab, was Sie tun. Erzählen Sie eine Geschichte über Wertschöpfung, indem Sie Produkte und Dienstleistungen mit Kundenaufgaben, Problemen und Gewinnen verknüpfen.

Was wann präsentiert wird

Präsentieren Sie verschiedene Arten von Prototypen, je nachdem wie weit Sie mit dem Design- und Testprozess sind.

Die Kunst der Kritik

Üben Sie die Kunst des Feedbacks, um Ideen zu fördern, anstatt sie abzuwürgen. Das gilt sowohl für die Empfänger von Feedback, die Ideen präsentieren, als auch für die Erteiler von Feedback, die etwas zu den Ideen beisteuern.

Lernen Sie von den Designberufen, wo die Menschen darin geschult werden, Ideen frühzeitig zu präsentieren, und wo die Erteiler von Feedback darin geschult werden, effektive Designkritik zu äußern. Das steht in Kontrast zu Kritikern im Businessbereich, die häufig Führungskräfte in Steuerungsausschüssen oder Beratungskomitees sind. Sie sind eher darin geübt zu entscheiden, als Feedback zu geben. Wenn sie keine schnellen Entscheidungen bekommen können, werden sie oft nervös oder unzufrieden.

Bringen Sie Kritikern bei, wie Sie beim Weiterentwickeln von Ideen helfen können (anstatt darüber zu entscheiden). Machen Sie ihnen verständlich, dass Wertangebots-Prototypen noch unfertig sind und sich während der Design- und Testphase weiterentwickeln. Prototypen können sich radikal verändern, insbesondere aufgrund von Marktfaktoren, die wichtiger sind als die Meinung von Kritikern.

Bringen Sie den Empfängern von Feedback bei, dass Kritiker nicht so wichtig sind wie Kunden, egal wie mächtig sie sein mögen. Wenn man mehr auf Kritiker hört als auf Kunden und Marktfaktoren, wird das Scheitern nur hinausgezögert.

Bei einer guten Feedback-Kultur …

präsentieren die Leute gerne frühzeitig (kühne) neue Ideen in dem Bewusstsein, dass sie sich noch maßgeblich verändern werden – vielleicht zu etwas vollkommen anderem.

Frühzeitig präsentieren

Download Poster »Die Kunst der Kritik«

Unterscheiden Sie zwischen drei Arten von Feedback

		+	-
MEINUNG	*»Ich glaube, wenn wir … hinzufügen, haben wir eine bessere Chance, dass es funktioniert.«*	Logisches Argumentieren kann zur Verbesserung von Ideen beitragen.	Es kann dazu führen, dass die Lieblingsideen von Menschen mit mehr Macht weiterverfolgt werden.
ERFAHRUNG	*»Als wir bei unserem letzten Projekt … gemacht haben, haben wir festgestellt, dass …«*	Zurückliegende Erfahrungen bieten wertvolle Lerneffekte, die zur Vermeidung kostspieliger Fehler beitragen können.	Fehlende Erkenntnis, dass unterschiedliche Kontexte zu unterschiedlichen Ergebnissen führen.
(MARKT-)FAKTEN	*»Wir haben Leute dazu befragt und herausgefunden, dass … Prozent Schwierigkeiten hatten mit …«*	Dieser Input reduziert Unsicherheiten und (Markt-)Risiken.	Die Auswertung der falschen Daten oder schlicht mangelhafte Daten können dazu führen, dass eine große Chance verpasst wird.

Nicht beurteilen **Zuhören** **Ideen weiterentwickeln**

Sind Führungskräfte und Entscheidungsträger geschult darin, Feedback zu geben und erste Ideen weiterzuentwickeln. Sie wissen, dass ihre Meinung von Marktfakten ausgestochen werden kann, und kommen gut damit zurecht.

Don'ts ✕	Andere dafür niedermachen, dass sie neue (kühne) Ideen präsentieren.	Führungskräften und Entscheidungsträgern nur ausgereifte Ideen präsentieren.	Lange, unstrukturierte, wild wuchernde, zeitraubende Diskussionen führen.	Die Ausbreitung reiner Ansichtssachen zulassen.	Einen Kontext schaffen, in dem politische und persönliche Zielsetzungen die Wertschöpfung verdrängen.	Negative Stimmung erzeugen, die positive kreative Energie zerstört.	Eine Kultur pflegen, in der Kritik großartige Ideen zerstört, weil sie schwer umzusetzen sind.	Einfach fragen: »Warum?«
Dos ✓	Ein sicheres Umfeld schaffen, in dem die Leute gerne (kühne) Ideen präsentieren.	Eine Kultur des frühzeitigen Feedbacks für sich rasch entwickelnde Ideen pflegen.	Gestützte, strukturierte Feedbackprozesse ermöglichen.	Feedback auf der Grundlage von Erfahrung oder (Markt-)Fakten geben.	Eine kundenorientierte Feedbackkultur fördern, die Taktieren ausschaltet.	Für Spaß und produktive Feedbackprozesse sorgen.	Trennen zwischen »schwer umzusetzen« und »lohnenswert«.	Fragen: »Warum nicht?«, »Was wäre, wenn …?« und »Was noch?«

Effizientes Feedback einholen mit de Bonos Denkhüten

Holen Sie Feedback über Ideen, Wertangebote und Geschäftsmodelle ein unter Verwendung von Edward de Bonos Denkhüten. Diese Methode ist sehr effektiv – besonders in großen Gruppen – und vermeidet Zeitverlust durch endlose Diskussionen.

ZIEL
Effektiv Feedback einholen und langatmige Diskussionen vermeiden

ERGEBNIS
Erkennen, was an Ideen gut oder schlecht ist und wie sie verbessert werden können

Die Workshop-Teilnehmer setzen einen metaphorischen farbigen Hut auf, der eine bestimmte Denkweise symbolisiert. Mithilfe dieser Technik können Sie rasch verschiedene Arten von Feedback einholen und verhindern, dass eine Idee aus rein strategischen Gründen abgeschmettert wird. Verwenden Sie vier der sechs Denkhüte von de Bono, um Feedback einzuholen.

1

Präsentation

3 bis 15 Minuten, je nach Stadium der Idee
Das Designteam präsentiert seine Idee und sein Wertangebot und/oder seine Business Model Canvas.

2

Weißer Hut

Information und Fakten; neutral und objektiv

2 bis 5 Minuten, je nach Stadium der Idee
»Zuhörer« stellen klärende Fragen, um die Idee vollständig zu begreifen.

3a

Schwarzer Hut

Schwierigkeiten, Schwächen, Gefahren; Risiken erkennen

1 Minute zum Aufschreiben
Die Teilnehmer schreiben auf einen Haftnotizzettel, warum es eine schlechte Idee ist.

3b

3 Minuten zum Einholen von Feedback
Der Moderator klebt rasch ein Feedback nach dem anderen auf ein Flipchart, während die Teilnehmer sie laut vorlesen.

Tipps

- Diese Übung erfordert gute Moderationsqualitäten. Sorgen Sie dafür, dass keine Meinungen geäußert werden, wenn es darum geht, dass der weiße Hut klärende Fragen stellt.
- Egal ob die Leute eine Idee hassen oder lieben, achten Sie darauf, dass jeder alle Hüte aufsetzt, weiß, schwarz, gelb und grün.
- Wenden Sie den schwarzen Hut vor dem gelben Hut an, um extrem negative Beiträge zu neutralisieren. Wenn sie ihre Kritik erst einmal geäußert haben, denken sie vielleicht sogar positiv.
- De Bonos Denkhüte funktionieren auch gut in kleinen Gruppen oder einzeln, um alle Gründe ans Licht zu bringen, warum eine Idee scheitern oder Erfolg haben könnte.

4a

Gelber Hut

Positives, Pluspunkte; warum eine Idee nützlich ist

1 Minute zum Aufschreiben

Die Teilnehmer notieren auf einem Haftnotizzettel, warum es eine gute Idee ist.

4b

3 Minuten zum Einholen von Feedback

Der Moderator klebt rasch ein Feedback nach dem anderen auf ein Flipchart, während die Teilnehmer sie laut vorlesen.

5

Grüner Hut

Ideen, Alternativen, Möglichkeiten; Lösungen für Schwarzer-Hut-Probleme

5 bis 15 Minuten offene Diskussion

Die Arena ist geöffnet für die Diskussion. Die Teilnehmer bringen Vorschläge ein, wie die präsentierten Ideen weiterentwickelt werden können.

6

Weiterentwickeln

Das Präsentationsteam entwickelt seine Ideen anhand des Feedbacks des weißen, des schwarzen, des gelben und des grünen Huts weiter.

Edward de Bono, Six Thinking Hats, 1985.

Visuelle Abstimmung mit Punktevergabe

ZIEL
Die Präferenzen einer Gruppe sichtbar machen und langatmige Diskussionen vermeiden

ERGEBNIS
Rasche Auswahl von Ideen

Nutzen Sie die Punktevergabe, um die Präferenzen einer Gruppe schnell sichtbar zu machen, insbesondere im Rahmen großer Workshops. Das ist eine einfache und schnelle Technik, um unterschiedliche Wertangebote und Geschäftsmodelloptionen in eine Rangfolge zu bringen. Sie hilft, langatmige Diskussionen zu vermeiden.

1

Ideengalerie
Ideen oder Canvases werden als Galerie der Optionen an eine Wand gehängt.

2

Aufkleber
Jeder Workshopteilnehmer erhält dieselbe Anzahl von Aufklebern (z.B. zehn), und jeder Aufkleber zählt als eine Stimme.

3

Kriterien
Die Abstimmungskriterien werden festgelegt. Zum Beispiel können die Teilnehmer angewiesen werden, einen Aufkleber auf ihre Lieblingsideen zu kleben.

4

Abstimmen
Die Teilnehmer können alle Aufkleber auf eine Idee kleben oder sie über mehrere Ideen verteilen.

5

Auszählen
Die Aufkleber werden gezählt und die bevorzugten Ideen hervorgehoben.

Wertangebote

Verwenden Sie eine Tabelle, wenn Sie mehrere Kriterien einsetzen wollen, um zwischen alternativen Wertangeboten und Geschäftsmodellen zu wählen.

Die Punktevergabe wird eingesetzt, um auf der Grundlage interner Kriterien, wie beispielsweise Wachstumspotenzial, Risiko und Unterscheidungspotenzial, Ideen auszuwählen. Wenden Sie diese Technik während des Designprozesses an, um zwischen mehreren Alternativen zu wählen, ehe Sie sie unter realen Bedingungen testen.

Kriterien festlegen und Prototypen auswählen

ZIEL

Aus einer Reihe von Alternativen auswählen

ERGEBNIS

Rangfolge von Prototypen

Entscheiden Sie, welche Kriterien für Sie und Ihr Unternehmen am wichtigsten sind, und wählen Sie die entsprechenden Wertangebote und Geschäftsmodelle während des Designprozesses aus. Sie müssen die (hoffentlich attraktiven) Alternativen in eine Rangfolge bringen, auch wenn Ihr Kunde im späteren Verlauf des Prozesses der ultimative Richter über Ihre Ideen ist.

1

Kriterien-Brainstorming

Finden Sie so viele Kriterien wie möglich, um die Attraktivität Ihrer Prototypen zu bewerten.

Nutzen Sie die folgenden Themen und Kriterien als Anregung.

Übereinstimmung mit der Strategie

Wie die Ideen mit der allgemeinen Richtung des Unternehmens übereinstimmen

- Korrespondiert mit Strategie
- Gutes Timing
- Passt zum gewünschten Risikolevel
- Kann veraltete Geschäftsmodelle ersetzen

Kundenerkenntnisse

Wie die Ideen sich zu den ersten Marktforschungsergebnissen verhalten

- Wichtige Aufgabe
- Keine gute Lösung vorhanden
- Sichtbares und greifbares Problem
- Deutliche Kundenhinweise

Wettbewerb und Umgebung

Wie die Idee es dem Unternehmen ermöglicht, sich gegenüber dem Wettbewerb zu positionieren

- Bietet Wettbewerbsvorteil
- Passt zu Technologie- und anderen Trends
- Erlaubt Differenzierung

Verhältnis zu aktuellem Geschäftsmodell

Wie die Idee auf dem aktuellen Geschäftsmodell aufsetzt oder auch nicht

- Übereinstimmung mit Marke
- Übereinstimmung mit aktuellem Geschäftsmodell
- Baut auf Stärken auf
- Behebt Schwächen
- Zerschlägt aktuelle Cash Cows

Finanzen und Wachstum

Welches Potenzial jede Idee in Bezug auf Wachstum und Finanzen hat

- Marktgröße
- Ertragspotenzial
- Marktwachstum
- Gewinnmarge

Umsetzungskriterien

Wie schwierig es ist, die Idee aus der Designphase an den Markt zu bringen

- Time to Market
- Realisierungskosten
- Haben wir das richtige Team und die Qualifikation?
- Zugang zu Zielkunden
- Technologierisiko
- Umsetzungsrisiko
- Risiko des Widerstands aus der Führungsebene

2

Kriterien auswählen

Wählen Sie die Kriterien aus, die für Ihr Team und Ihr Unternehmen am wichtigsten sind.

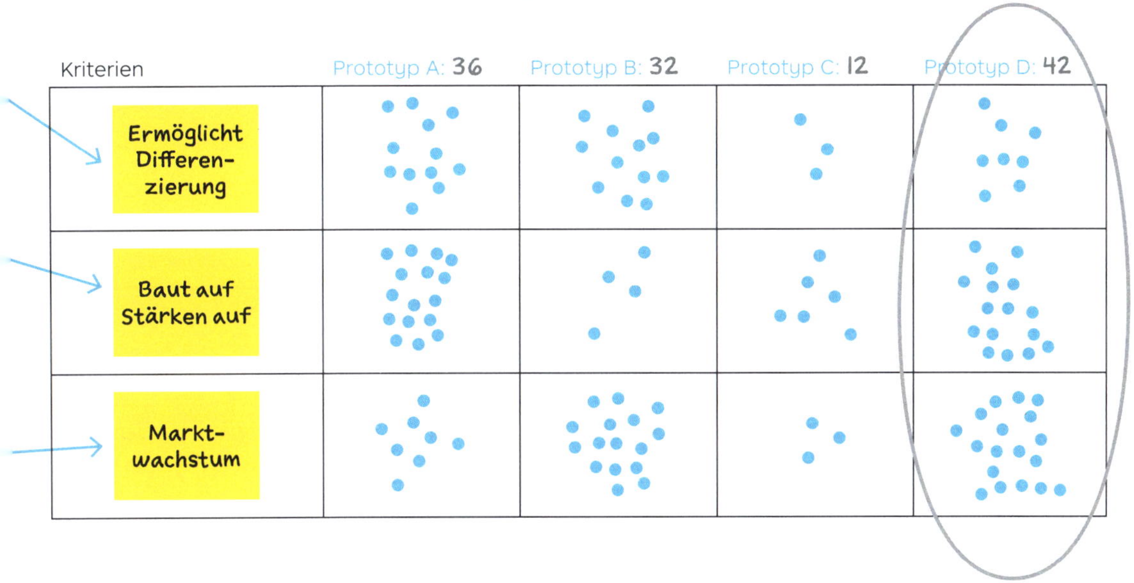

4

Prototyp entwickeln und am Markt testen

Entwickeln Sie Ihren Prototyp weiter (z.B. auf Grundlage der erhaltenen Punkte), und testen Sie ihn am Markt, um herauszufinden, ob er wirklich Potenzial besitzt.

3

Prototypen mit Punkten bewerten (0 [niedrig] bis 10 [hoch])

Bewerten Sie jede Idee anhand der ausgewählten Kriterien mit Punkten.

Das richtige Geschäftsmodell finden

ENTSCHEIDUNG
ZUM TESTLAUF
FINANZEN
7 Fragen
Geschäftsmodelle
PROTOTYPEN
DURCHGEFALLEN

Wert schöpfen für Ihren Kunden *und* für Ihr Geschäft

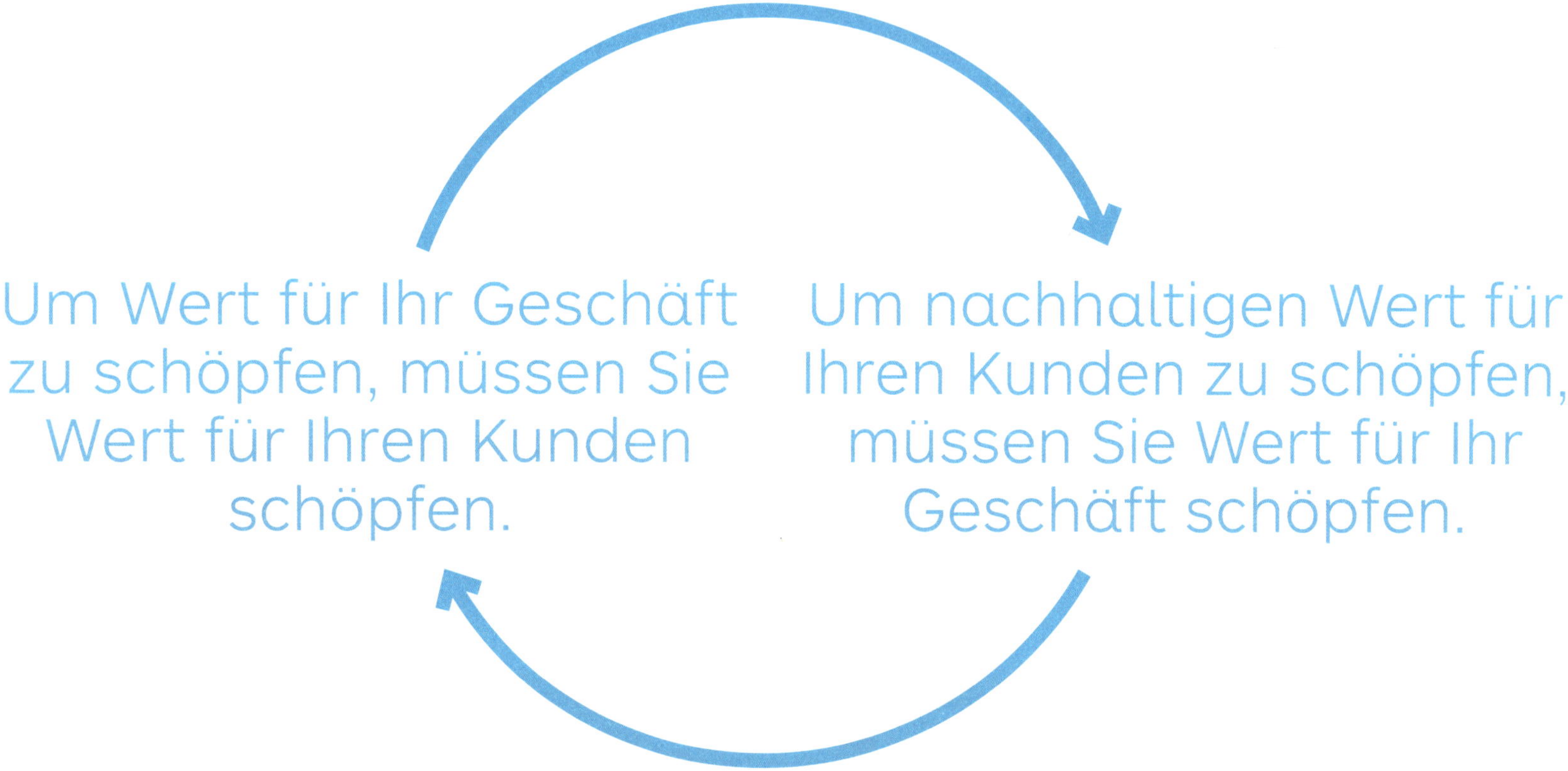

Ein Unternehmen, das weniger Einnahmen erzielt, als es Kosten hat, wird unweigerlich untergehen, selbst mit dem erfolgreichsten Wertangebot. Dieses Kapitel zeigt, dass das Feilen sowohl am Geschäftsmodell als auch am Wertangebot ein Vor und Zurück ist, bis Sie den Nagel auf den Kopf getroffen haben.

Schaffen Sie Wert für Ihr Geschäft?
Die Business Model Canvas macht deutlich, wie Sie Wert für Ihr Geschäft schaffen und gewinnen.

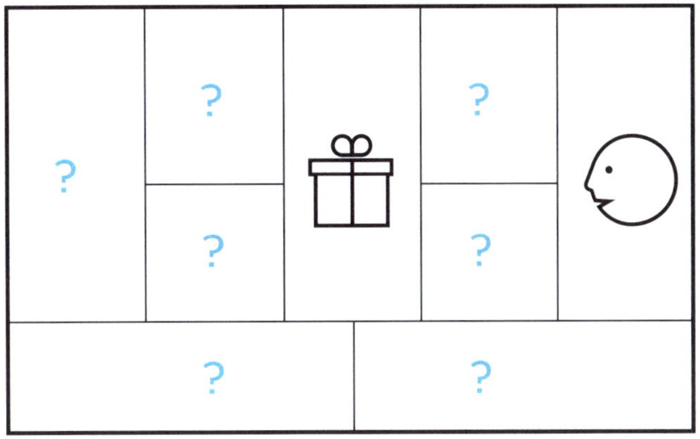

Vergrößern Sie den Maßstab zu einem Überblick, um zu analysieren, ob Sie rund um dieses spezielle Kundenwertangebot auf profitable Weise Wert schaffen, vermitteln und erfassen können.

– Rauszoomen

+ Reinzomen

Verkleinern Sie den Maßstab für eine Detailansicht, um zu untersuchen, ob das Kundenwertangebot in Ihrem Geschäftsmodell wirklich Wert für Ihre Kunden schafft.

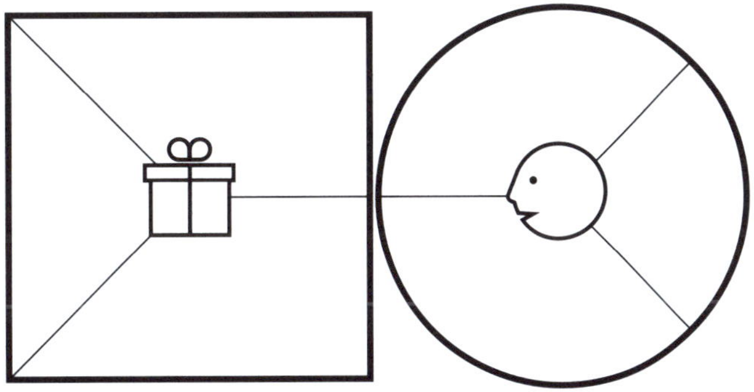

Schaffen Sie Wert für Ihre Kunden?
Die Value Proposition Canvas macht deutlich, wie Sie Wert für Ihre Kunden schaffen.

Azuri (Eight19): Solartechnologie zu einem rentablen Geschäft machen

1

Ursprungsidee

Eine Gelegenheit

Preiswerte Solartechnologie entwickeln und Menschen mit geringem Einkommen Zugang zu Elektrizität verschaffen.

1,6 Milliarden Menschen leben weltweit immer noch ohne Elektrizität. Könnten innovative Wertangebote und Geschäftsmodelle rund um neue Technologien da Abhilfe schaffen?

Simon Bransfield-Garth gründete Eight19 auf der Grundlage einer Kunststoffdrucktechnologie, die an der Cambridge University entwickelt wurde. Die Technologie dient dazu, preiswerte Solarzellen zu produzieren. Im Jahr 2012 führte Eight19 Azuri ein, um die Technologie zu kommerzialisieren und den nicht ans Stromnetz angeschlossenen Kunden in ländlichen Schwellenmärkten Elektrizität zu liefern.

In einem solchen Kontext die richtigen Wertangebote und Geschäftsmodelle zu finden ist nicht leicht. Wir zeigen auf den folgenden Seiten das kontinuierliche Vor und Zurück zwischen beiden.

Azuri-Geschäftsmodell: Version 0

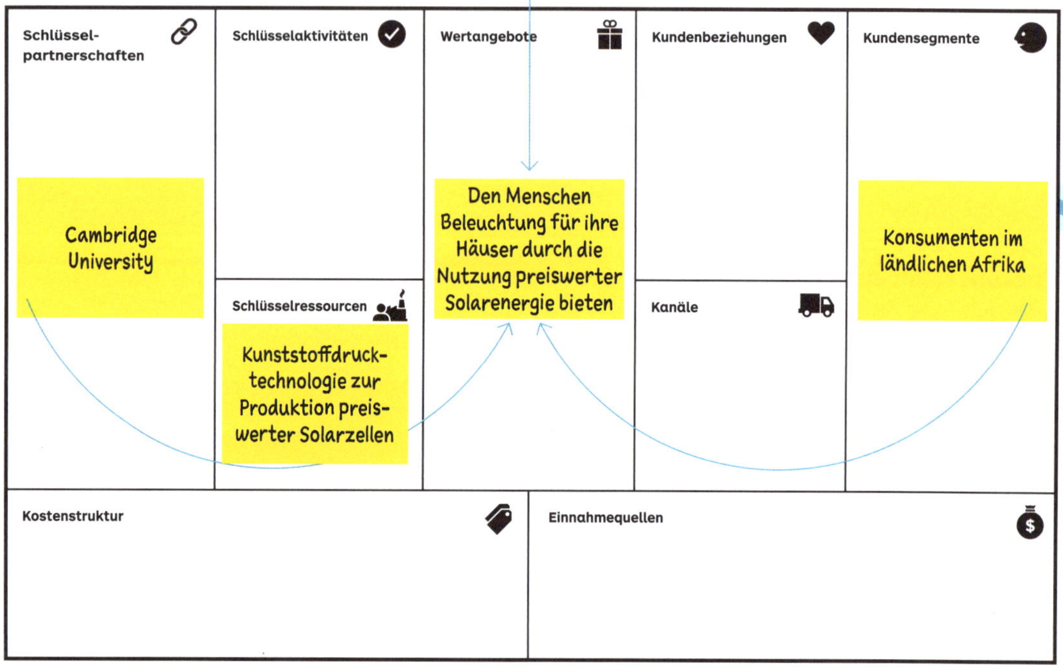

Fallstudie mit Einverständnis von Azuri.

Reinzoomen

2
Beobachten
Die Kostenschranke
»Ein Landwirt mit 3 Dollar pro Tag hat Mühe, sich ein Solarenergiesystem für 70 Dollar zu leisten.«

3
Design
Was wäre, wenn?
Die Solarinstallationen kostenlos abgeben, um die Hürde der Vorabinvestition zu beseitigen.

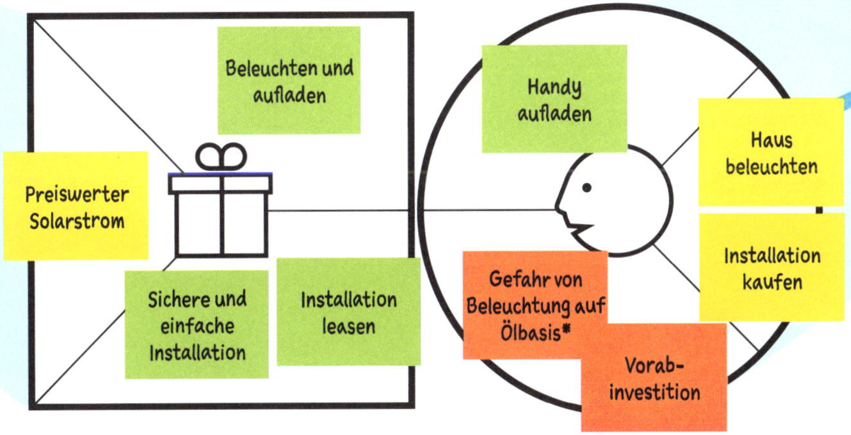

* *Eine Alternative für die Beleuchtung ist das Verbrennen von Öl, was gefährlich und teuer ist.*

4

Schritt 2

Idee für Geschäftsmodell

Die Solareinrichtung leasen und regelmäßige Gebührenbeiträge kassieren; funktioniert gut mit konventionellen Modulen; Ressourcen und Partnerschaften für die Finanzierung der Einrichtung finden.

Rauszoomen

Azuri-Geschäftsmodell: Version 1

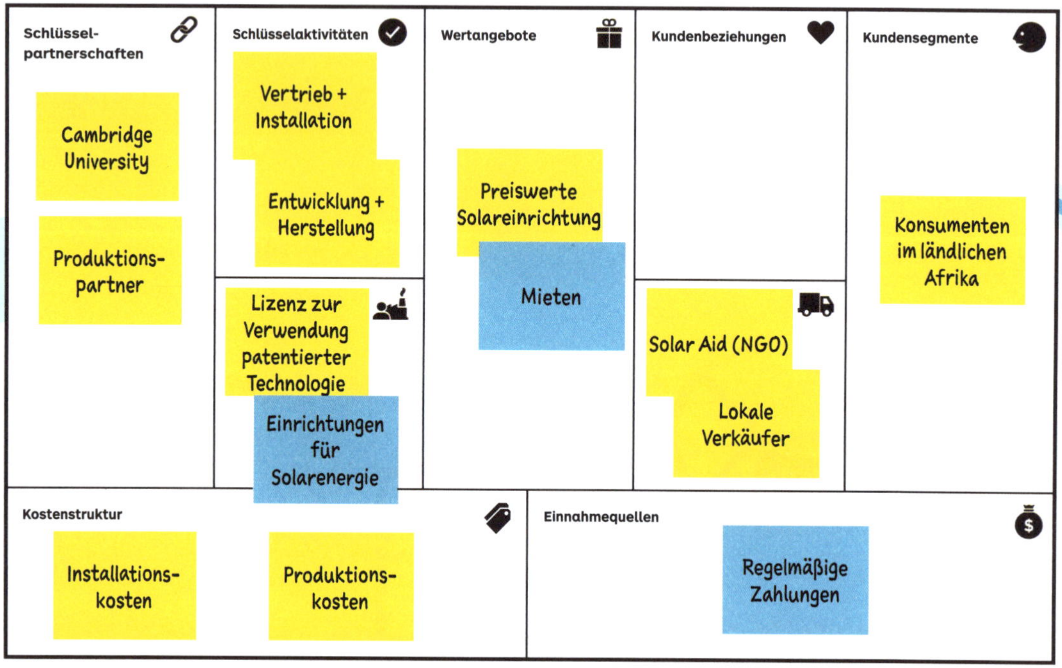

Reinzoomen

5

Beobachten

Die Banken-Barriere

Wie können regelmäßige Zahlungen ohne jegliches effiziente Bankensystem geleistet werden?

6

Design

Low-Tech-Lösung

Mobiltelefon und Solartechnologie mit Rubbelcodes kombinieren, um Elektrizität für einen bestimmten Zeitraum zur Verfügung zu stellen.

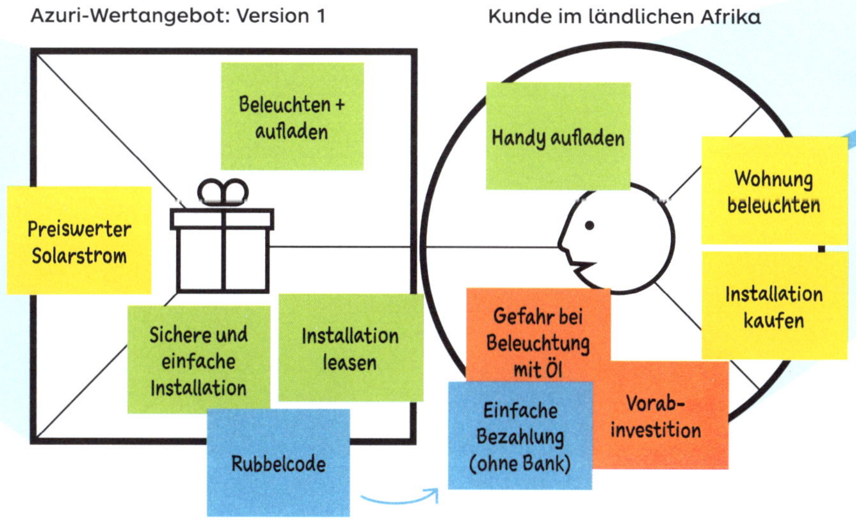

7

Schritt 3

Idee für das Azuri-Geschäftsmodell

Azuri bietet Solarenergie als Dienstleistung mit *Indigo,* einem nach Bedarf zu bezahlenden Beleuchtungs- und Aufladesystem, für das die Kunden wöchentlich Rubbelcodes kaufen: Einnahmemodell entsprechend anpassen.

Rauszoomen

Azuri Geschäftsmodell: Version 2

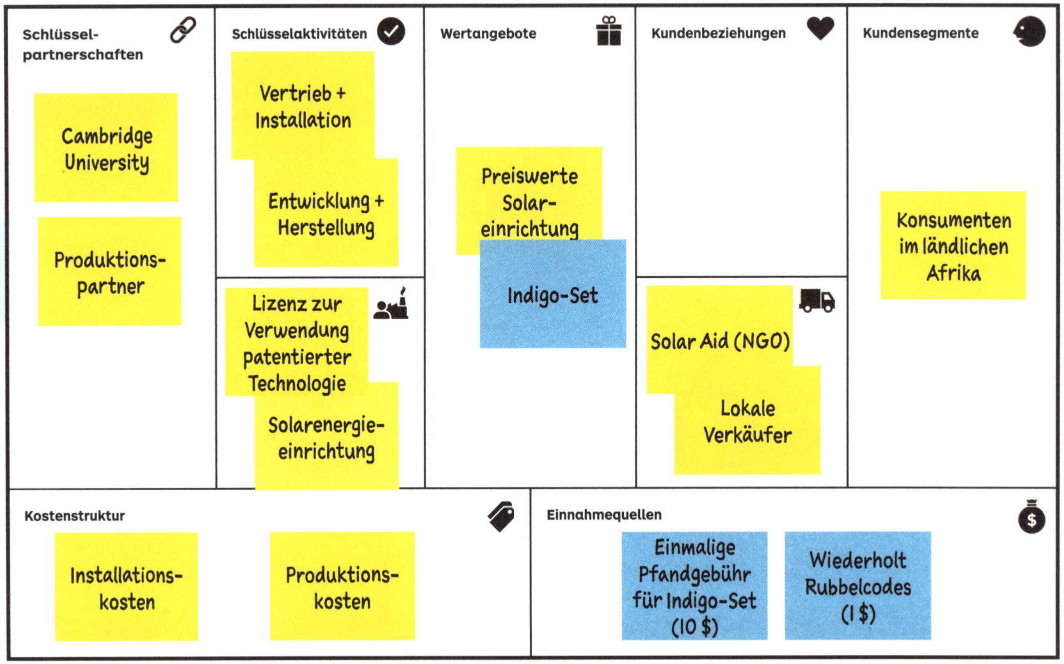

Erschwingliche Rubbelcodes ermöglichen es, die Installationskosten langsam abzudecken.

Also ...

Wie sieht das *Indigo*-Wertangebot für einen Kunden aus?

10 $ | 1 $ | Kostenlos | Upgrade

Zeit

10 $ – **Indigo-Set kaufen (Solarzelle, Lampen, Ladegerät).**

1 $ – **Rubbelcodes kaufen, SMS auf das Mobiltelefon schicken lassen, das erhaltene Passwort in die *Indigo*-Einheit eingeben, die Installation für einen gewissen Zeitraum (typischerweise eine Woche) nutzen.**

Kostenlos – **Nach 80 Rubbelcodes geht das Gerät in Eigentum über, oder ...**

Upgrade – **Ausweitung zu einem größeren System und mehr Strom beziehen; weiterhin Rubbelcodes kaufen.**

ÜBUNG

Vom Wertangebot zum Geschäftsmodell …

ZIEL
Die Verbindung zwischen Wertangebot und Geschäftsmodell ohne Risiko üben

ERGEBNIS
Verbesserte Fähigkeiten

Von S. 96

A1
Auf der Bühne
Prototyp für Einnahmemodell schaffen, Vertriebskanäle auswählen und die Beziehungen festlegen, die mit den Kunden aufgenommen werden könnten.

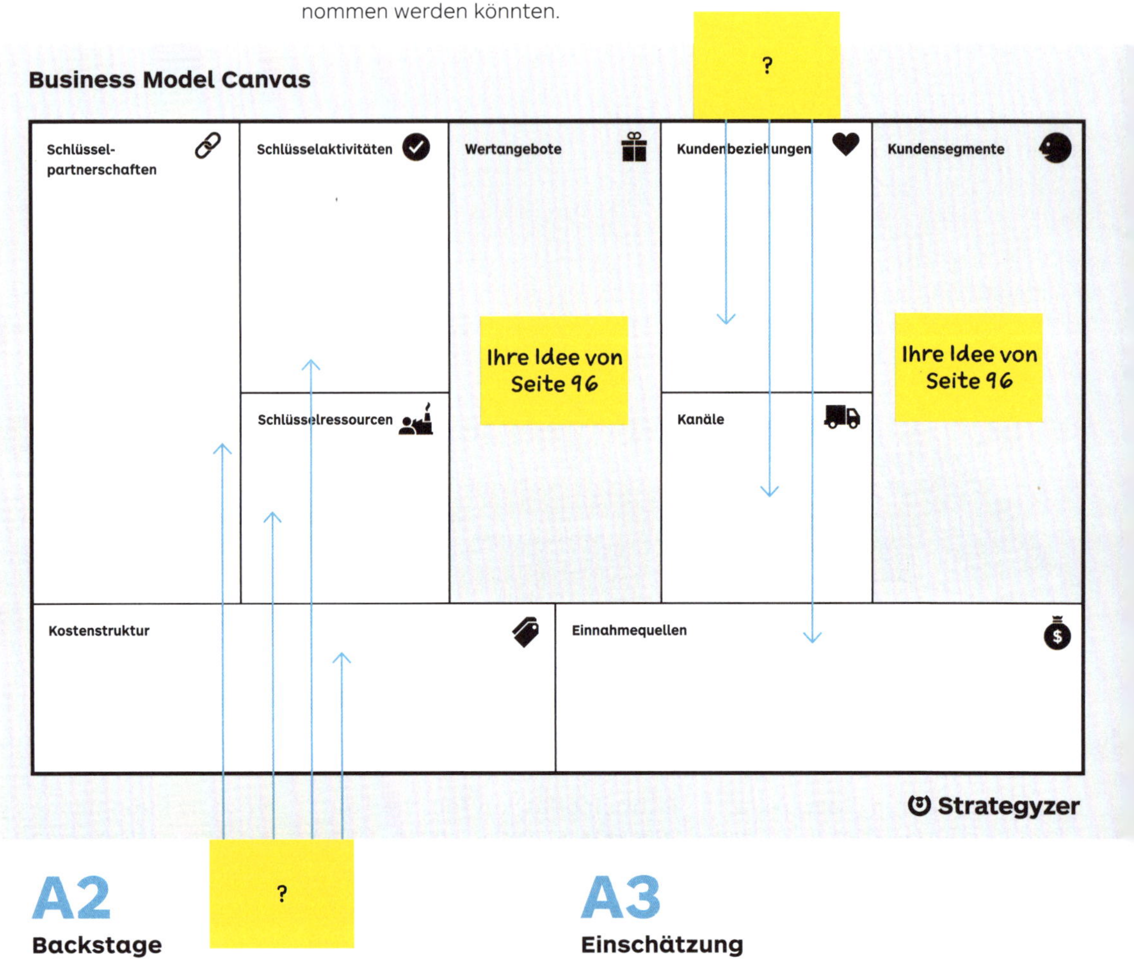

Teil A
Das vollständige Geschäftsmodell gestalten
Auf Seite 96 haben Sie sich ein Wertangebot ausgedacht, um eine innovative Energiespeicherungstechnologie auf Basis von komprimierter Luft zu kommerzialisieren. Zeichnen Sie jetzt die verbleibenden Geschäftsmodellelemente ein, und skizzieren Sie grob die Zahlen (Teil A).

A2
Backstage
Die Schlüsselressourcen, Schlüsselaktivitäten und Partner hinzufügen, die für das Funktionieren des Modells notwendig sind, und dies für eine Schätzung der Kostenstruktur verwenden.

A3
Einschätzung
Ihren Prototyp einschätzen und mögliche Schwachpunkte des Geschäftsmodells identifizieren (S. 156).

... und wieder zurück

Teil B

Das Wertangebot überarbeiten
Schätzen Sie die Schwachpunkte Ihres ersten vollständigen Geschäftsmodellprototyps ein (von Teil A). Fragen Sie sich, wie Sie Ihr ursprüngliches Wertangebot verbessern oder verändern könnten, vielleicht durch den Wechsel zu einem gänzlich anderen Segment, indem Sie die folgenden fünf Fragen einbeziehen:

Reinzoomen

B1
Neues Wertangebot?
Könnte es ein anderes, radikal unterschiedliches Wertangebot für dieselbe Technologie geben?

B2
Neues Segment?
Behalten Sie dasselbe Kundensegment, oder wechseln Sie zu einem ganz anderen, vielleicht größeren Marktsegment?

B3
Profil verfeinern oder entfernen?
Könnten Sie Ihr Kundenprofil verfeinern, oder müssen Sie ein ganz neues erstellen, weil Sie die Kundensegmente getauscht haben?

B4
Vorteile verändern oder entfernen?
Müssen Sie die Vorteile, die Ihr Wertangebot geschaffen hat, verändern oder entfernen, weil das Kundenprofil sich verändert hat?

B5
Übereinstimmung?
Besteht Übereinstimmung zwischen Ihrem neuen Kundenprofil und dem neu gestalteten Wertangebot? (S. 40 über Übereinstimmung)

Schritt A wiederholen, falls erforderlich.

Value Proposition Canvas

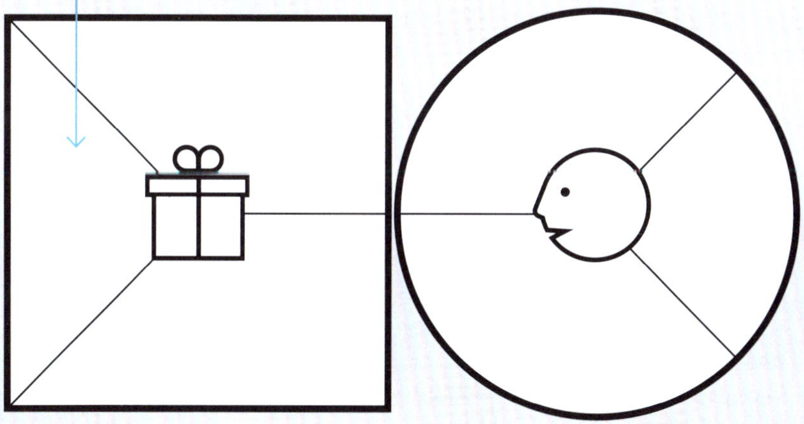

Strategyzer

Tipp
Ergänzen Sie Ihre neuen Kundenannahmen durch Kundenbefragungen (S. 106) und Nachweise (S. 216).

Stresstest mit Zahlen: ein Beispiel aus der Medizintechnik

Ein großartiges Wertangebot ohne ein finanziell solides Geschäftsmodell wird Sie nicht sehr weit bringen. Im schlimmsten Fall scheitern Sie, weil Ihr Geschäftsmodell mehr Kosten verursacht, als es Umsätze erzeugt. Aber selbst funktionierende Geschäftsmodelle können völlig unterschiedliche Ergebnisse hervorbringen.

Spielen Sie mit verschiedenen Geschäftsmodellen und finanziellen Annahmen, um das beste zu finden. Wir zeigen das auf dieser Doppelseite anhand eines Beispiels aus der Medizintechnik. Die zwei von uns dargestellten Modelle gehen beide von derselben Technologie aus, die den Aufbau eines preiswerten Diagnostikgeräts ermöglicht.

Prototyp 1 generiert Umsätze von 5,5 Millionen Dollar und einen Gewinn von 0,5 Millionen Dollar. Prototyp 2 geht von derselben Technologie aus, erzeugt jedoch mehr als 30 Millionen Dollar Umsatz und einen Gewinn von 23 Millionen Dollar mit einem anderen Wertangebot und Geschäftsmodell.

Nur der Markt kann zeigen, ob das jeweilige Modell funktioniert, aber sicherlich wollen Sie die besten Optionen erforschen und testen.

Medizintechnik Prototyp 1

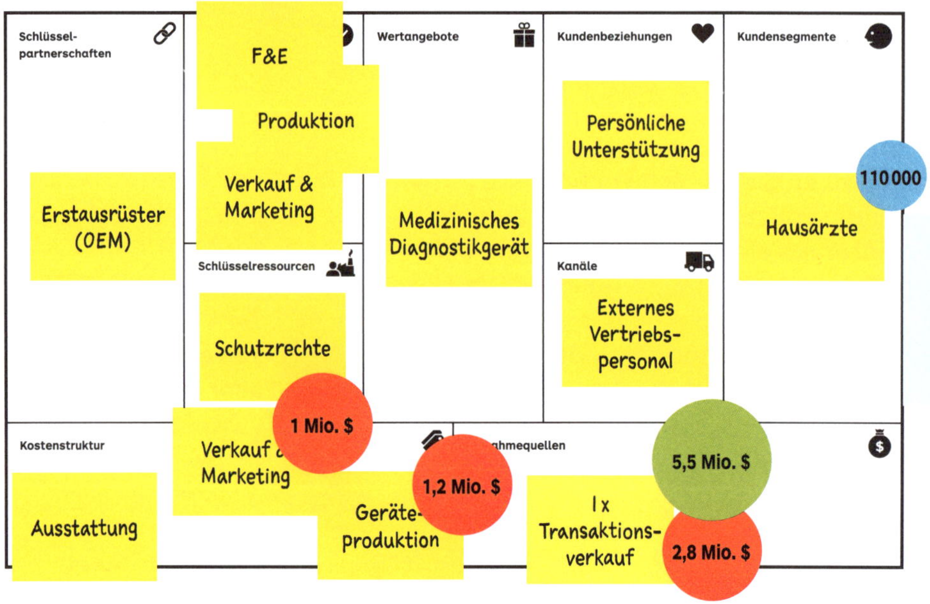

versus

Medizintechnik Prototyp 2

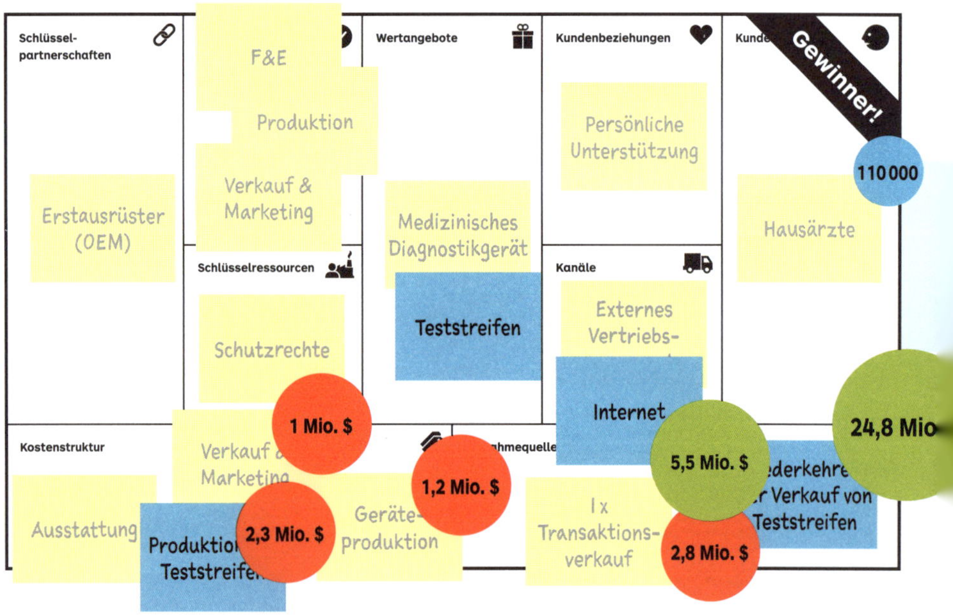

Modell 1: Verkauf von medizinischem Diagnostikgerät

- 1 x Transaktionsverkauf des Geräts an Hausärzte in den Vereinigten Staaten für 1.000 $/Gerät
- 5 Prozent Marktanteil
- Verkauf über externes Vertriebspersonal – 50 Prozent Kommission
- Variable Produktionskosten von 225 $/Gerät
- Feste Marketingkosten von 1 Million $

Kosten	Umsatz
Geräteproduktion 1,2 Mio.	Geräteverkauf 5,5 Mio.
Verkauf & Marketing 1 Mio.	
Verkaufskommission 2,8 Mio.	
Gewinn 0,5 Mio.	

0,5 Mio. $

Gewinn

Eine kurze Darstellung der Zahlen ergibt, dass dieses Modell nicht sehr profitabel ist, deshalb sollten wir zurückgehen und Veränderungen am Geschäftsmodell erkunden.

Wertangebot Modell 1

Hausarzt

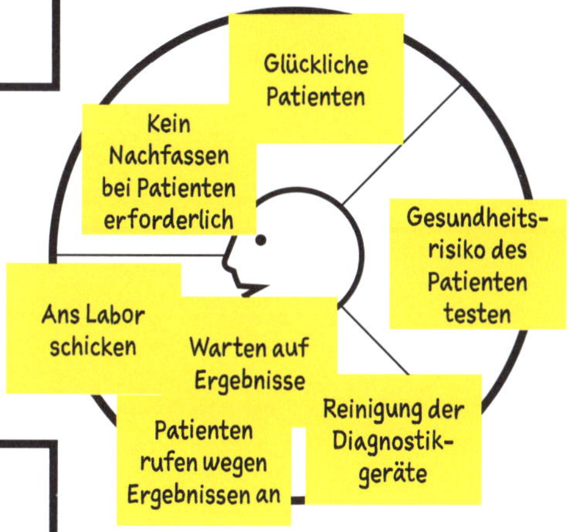

Modell 2: Wiederkehrende Einkünfte aus dem Verbrauch von Einmal-Teststreifen

- Jede Diagnose erfordert den Verbrauch eines Einmal-Teststreifens
- Wiederkehrende Einkünfte durch den Verkauf von durchschnittlich 5 Streifen/Monat/Gerät zu jeweils 75 $
- Variable Produktionskosten der Teststreifen von 7 $/Streifen

Kosten	Umsatz
Geräteproduktion 1,2 Mio.	Geräteverkauf 5,5 Mio.
Verkauf & Marketing 1 Mio.	Teststreifenverkauf 24,8 Mio.
Verkaufskommission 2,8 Mio.	
Produktion Teststreifen 2,3 Mio.	
Gewinn 23 Mio.	

Gewinn

Dieselbe Technologie mit einem unterschiedlichen Geschäftsmodell erbringt jetzt ein viel größeres Gewinnpotenzial. Obwohl diese Zahlen nicht bestätigt sind, ist es eindeutig der interessantere Prototyp für die Testbühne.

23 Mio. $

Wertangebot Modell 2

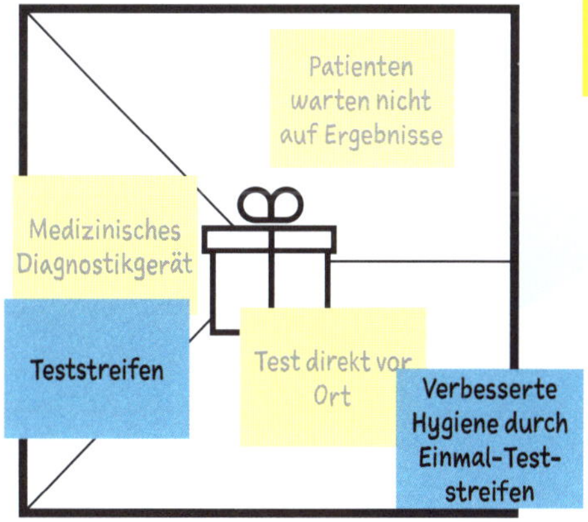

Sieben Fragen zur Einschätzung Ihres Geschäftsmodell-Designs

ZIEL
Potenzial erkennen, um Ihr Geschäftsmodell zu verbessern

ERGEBNIS
Einschätzung des Geschäftsmodells

Gute Wertangebote sollten in gute Geschäftsmodelle eingebettet sein. Manche sind vom Design her besser als andere und bringen bessere finanzielle Ergebnisse hervor, sind schwerer zu kopieren und übertreffen die Mitbewerber.

Bewerten Sie Ihr Geschäftsmodell-Design, indem Sie diese sieben Fragen beantworten:

1. Wechselkosten

Wie leicht oder wie schwierig ist es für Kunden, zu einem anderen Anbieter zu wechseln?

Meine Kunden sind für mehrere Jahre gebunden.

10
○ ○ ○ ○ ○ ○ ○ ○ ○ ○ ○
0

Nichts hält meine Kunden davon ab zu gehen.

Der iPod von Apple brachte die Nutzer dazu, ihre gesamte Musikbibliothek in die iTunes-Software zu kopieren, was es für die Kunden schwieriger machte zu wechseln.

2. Wiederkehrende Einkünfte

Ist jeder Verkauf eine neue Anstrengung, oder führt er zu praktisch garantierten Folgeumsätzen und -käufen?

100 Prozent meiner Verkäufe führen zu automatisch wiederkehrenden Einkünften.

10
○ ○ ○ ○ ○ ○ ○ ○ ○ ○ ○
0

100 Prozent meiner Verkäufe sind Transaktionsverkäufe.

Nespresso hat das Transaktionsgeschäft des Kaffeeverkaufs in eines mit wiederkehrenden Einkünften verwandelt, indem das Unternehmen portionierte Kapseln verkaufte, die nur in seine eigenen Maschinen passen.

Download »Sieben Fragen zur Einschätzung Ihres Geschäftsmodells«

3. Einkünfte vs. Ausgaben

Haben Sie Einkünfte, ehe Sie Ausgaben haben?

Ich erziele 100 Prozent meiner Einnahmen, ehe mir Umsatzkosten entstehen.

10 ○ ○ ○ ○ ○ ○ ○ ○ ○ ○ ○ 0

Ich wende 100 Prozent meiner Umsatzkosten auf, ehe ich Einnahmen erziele.

Personal Computer (PCs) wurden früher weit vor dem Verkauf produziert und riskierten damit einen Wertverlust, bis Dell die Branche revolutionierte, indem das Unternehmen direkt an die Endverbraucher verkaufte und Umsätze erzielte, bevor die PCs montiert wurden.

4. Bahnbrechende Kostenstruktur

Ist Ihre Kostenstruktur deutlich anders und besser als die Ihrer Mitbewerber?

Meine Kostenstruktur ist mindestens 30 Prozent niedriger als die meiner Mitbewerber.

10 ○ ○ ○ ○ ○ ○ ○ ○ ○ ○ ○ 0

Meine Kostenstruktur ist mindestens 30 Prozent höher als die meiner Mitbewerber.

Skype und WhatsApp haben die Telekommunikationsbranche revolutioniert, indem sie das Internet als kostenlose Infrastruktur für Anrufe und Nachrichten nutzten, während die Telefonanbieter hohe Kapitalaufwendungen hatten.

5. Die Arbeit erledigen andere

Inwieweit bringt Ihr Geschäftsmodell Kunden oder Dritte dazu, für Sie kostenlos Wert zu schöpfen?

Der gesamte in meinem Geschäftsmodell geschöpfte Wert wird kostenlos durch Dritte geschaffen.

10 ○ ○ ○ ○ ○ ○ ○ ○ ○ ○ ○ 0

Ich habe Aufwendungen für die gesamte Wertschöpfung in meinem Geschäftsmodell.

Der größte Teil des Werts im Geschäftsmodell von Facebook stammt aus dem Content, den über 1 Milliarde Nutzer kostenlos produzieren. Auf vergleichbare Weise schöpfen Händler und Käufer kostenlos Wert für Kreditkartenunternehmen.

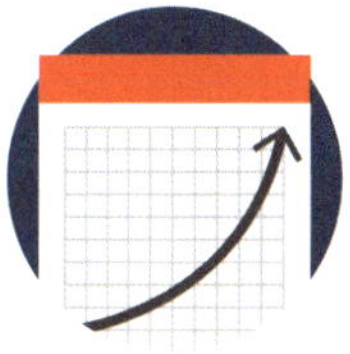

6. Erweiterbarkeit

Wie leicht können Sie wachsen, ohne auf Barrieren zu stoßen (z. B. Infrastruktur, Kundenbetreuung, Einstellung)?

Mein Geschäftsmodell hat keinerlei Wachstumsgrenzen.

10 ○ ○ ○ ○ ○ ○ ○ ○ ○ ○ ○ 0

Das Wachstum meines Geschäftsmodells erfordert maßgebliche Ressourcen und Bemühungen.

Lizenzen und Franchising sind extrem gut erweiterbar, ebenso Plattformen wie Facebook oder WhatsApp, die Millionen von Nutzern mit nur wenig Personalaufwand zur Verfügung stehen. Auch Kreditkartenunternehmen sind ein interessantes Beispiel für Erweiterbarkeit.

7. Schutz gegen die Konkurrenz

Wie gut schützt Ihr Geschäftsmodell Sie vor der Konkurrenz?

Mein Geschäftsmodell hat einen massiven Schutzwall, der nur schwer zu überwinden ist.

10 ○ ○ ○ ○ ○ ○ ○ ○ ○ ○ ○ 0

Mein Geschäftsmodell hat keinen Schutzwall, und ich bin dem Wettbewerb gegenüber verwundbar.

Gegen mächtige Geschäftsmodelle lässt sich oft schwer konkurrieren. Ikea hat nur wenige Nachahmer gefunden. Auch Plattformmodelle wie Apple mit dem App Store haben wirksame Schutzwälle.

2.6

Design in etablierten Unternehmen

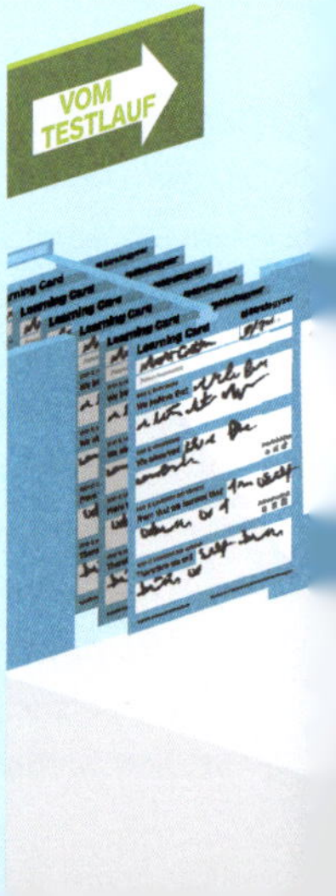

AUSGANGSPUNKTE
BEOBACHTUNG
Acme
PROTOTYPEN
ENTSCHEIDUNG
GESCHÄFTSMODELL
FINANZEN
7 FRAGEN
ZUM TESTLAUF
DURCHGEFALLEN

Nehmen Sie die richtige Einstellung zum Erfinden oder Verbessern ein

Bestehende Unternehmen müssen existierende Wertangebote verbessern und proaktiv neue schaffen. Machen Sie sich klar, an welchem Ende des Spektrums Sie sich zu Beginn eines bestimmten Projekts befinden, denn jedes erfordert eine andere Einstellung und Vorgehensweise. Gute Unternehmen haben ein ausgeglichenes Portfolio von Projekten, die das gesamte Spektrum von der Verbesserung bis zur Erfindung abdecken.

Erfinden

Ziel	Neue Wertangebote gestalten, unabhängig von den potenziellen Einschränkungen, die durch bestehende Wertangebote und Geschäftsmodelle gegeben sind (obwohl die Führungsebene andere Einschränkungen festlegen mag).
Nutzen	• Proaktiver Einsatz für die Zukunft • Gegen eine Krise vorgehen • Entwicklung bahnbrechender Technologie, Regelung etc. • Reaktion auf umwälzendes Wertangebot der Konkurrenz
Finanzielle Ziele	Mindestens 50 Prozent jährliches Umsatzwachstum (Achtung: unternehmensspezifisch!)
Risiko und Unsicherheit	Hoch
Kundenwissen	Gering, potenziell nicht vorhanden
Geschäftsmodell	Erfordert radikale Anpassungen oder Veränderungen
Einstellung zum Scheitern	Teil des Lern- und Wiederholungsprozesses
Mentalität	Offen für das Ausloten neuer Möglichkeiten
Designansatz	Radikale/umwälzende Veränderung am Wertangebot (und Geschäftsmodell)
Hauptaktivitäten	Erforschen, testen und bewerten
Beispiele	*Amazon Web Services* Design eines neuen IT-Infrastruktur-Wertangebots, das auf ein neues Kundensegment abzielt. Baut auf bestehenden Schlüsselressourcen und -aktivitäten auf, erfordert jedoch eine gravierende Erweiterung des Geschäftsmodells von Amazon.com.

Verbessern

Verbessern Sie Ihr bestehendes Wertangebot, ohne das zugrunde liegende Geschäftsmodell radikal zu verändern oder zu beeinträchtigen.

- Veraltete Produkte und Dienstleistungen erneuern
- Übereinstimmung herstellen oder aufrechterhalten
- Gewinnpotenzial oder Kostenstruktur verbessern
- Wachstum fördern
- Kundenbeschwerden aufgreifen

Jahresumsatz um 0 bis 15 Prozent oder mehr steigern (Achtung: unternehmensspezifisch!)

Gering

Hoch

Wenig Veränderung

Keine Option

Schwerpunkt auf Verbesserung eines oder mehrerer Aspekte

Schrittweise Veränderung und Optimierung eines bestehenden Wertangebots

Verfeinern, planen und durchführen

Amazon Prime
Einführen einer Mitgliedschaft mit speziellen Vorteilen für häufige Nutzer von Amazon.com.

Währenddessen: Erweitern

Eine häufige Situation im Spektrum von Verbesserung und Erfindung ist die Notwendigkeit, neue Wachstumsmotoren zu finden, ohne in maßgebliche Veränderungen des bestehenden Geschäftsmodells zu investieren. Dies ist häufig erforderlich, damit sich Investitionen in bestehende Modelle und Plattformen bezahlt machen.

Das Ziel ist die Suche nach neuen Wertangeboten, die deutlich das existierende, zugrunde liegende Geschäftsmodell überschreiten, ohne allzu viele seiner Aspekte zu modifizieren.

Mit der Einführung des Kindle zum Beispiel schuf Amazon einen neuen Kanal, um sein digitales Angebot für Amazon-Kunden auszuweiten. Obgleich dies ein ausgezeichnetes neues Wertangebot für seine Kunden darstellt, bleibt es im Großen und Ganzen innerhalb der Parameter des erfolgreich etablierten und gut funktionierenden E-Commerce-Geschäftsmodells von Amazon.

Tipp
Hervorragende Unternehmen arbeiten mit einem Portfolio an Wertangeboten und Geschäftsmodellen, die das gesamte Erfinden-Verbessern-Spektrum abdecken und Synergien sowie Wettbewerbskonflikte sichtbar machen. Sie sind proaktiv und erfinden, während sie noch erfolgreich sind, anstatt auf eine Krise zu warten.

Das Businessbuch der Zukunft

Stellen Sie sich vor, Sie wären Verleger von Businessbüchern. Wie könnten Sie Ihr gegenwärtiges Angebot verbessern und das Businessbuch der Zukunft erfinden, das möglicherweise nicht einmal mehr ein Buch ist? Wir haben drei Ideen im Rahmen des Erfinden-Verbessern-Spektrums skizziert.

Das Youtube der Businessweiterbildung

Eine Online-Plattform bringt Videos von Businessexperten mit Kunden zusammen, die nach Lösungen für ihre Probleme suchen. Das würde eine deutliche Erweiterung oder Neuerfindung des Geschäftsmodells eines Verlags erfordern.

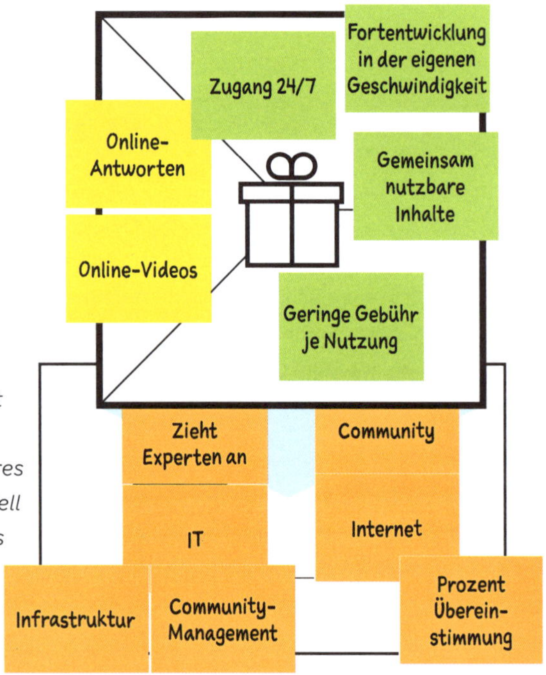

Dieses Konzept erfordert ein gänzlich anderes Geschäftsmodell und macht das ursprüngliche obsolet.

Die 0800-Businessbuch-Hotline

Eine Hotline-Nummer ist eine Erweiterung physischer Businessbücher und bietet Antworten auf Wunsch. Das würde auf dem existierenden Geschäftsmodell aufsetzen, erfordert jedoch eine Erweiterung vom Verkaufs- zum Dienstleistungsmodell.

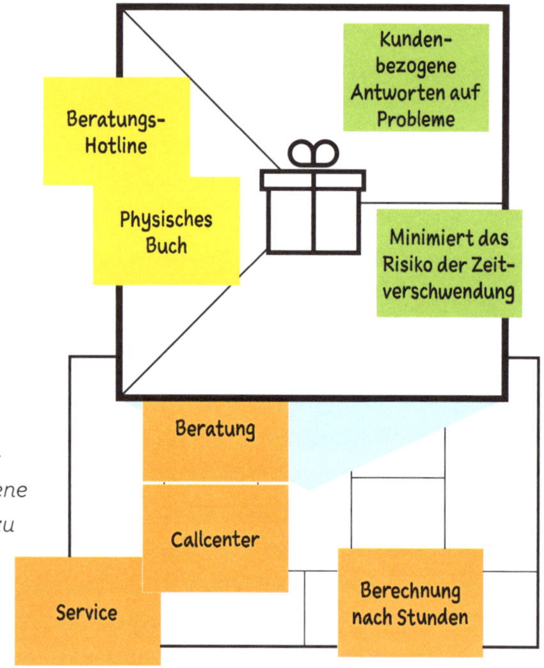

Eine zusätzliche Serviceleistung fügt dem Geschäftsmodell eine Ebene hinzu, ohne es zu verändern.

Verbessern

Das praktische Businessbuch
Verbessern Sie Businessbücher, indem Sie sie visueller und besser anwendbar machen, ohne das dahinter stehende Kern-Geschäftsmodell maßgeblich zu verändern.

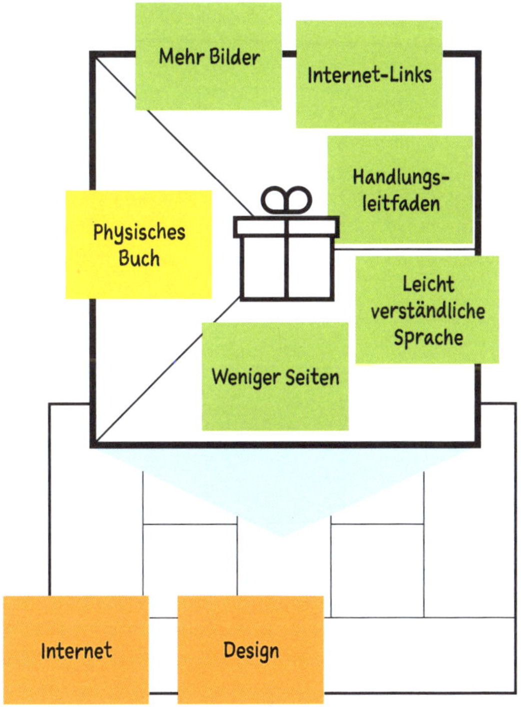

Verbesserungen tragen zum Wertangebot bei und erfordern nur geringfügige Optimierungen des Geschäftsmodells.

Je mehr Sie sich auf den Erfinden-Bereich des Spektrums zubewegen, umso stärker wird sich Ihr neues Wertangebot von den bestehenden unterscheiden. Neue Wertangebote zu erfinden bietet eine Chance, sich eingehender mit Aufgaben zu befassen, die den Kunden wirklich wichtig sind (in diesem Fall Antworten auf Businessfragen zu erhalten).

Unser dreigliedriges Wertangebot besteht aus einem physischen Buch, gemeinsam nutzbarem Online-Content und dem Lernen für Fortgeschrittene anhand unserer Online-Kurse. Es ist unser Versuch, die Grenzen des Lernens und Umsetzens im Businessbereich zu erweitern.

Das Wertangebot dieses Buchs in Verbindung mit Online-Übungen und Material auf Strategyzer.com ist unser Versuch, uns eingehender mit den Aufgaben zu beschäftigen, die unserer Auffassung nach wichtig für unsere Leser sind.

Neuerfindung durch den Wechsel von Produkten …

Der Baumaschinenhersteller Hilti hat sein Wertangebot und Geschäftsmodell neu erfunden, indem er von Produkten zu Dienstleistungen wechselte. Sein Übergang vom Verkauf von Markenmaschinenwerkzeugen zur Gewährleistung eines zeitgerechten Zugangs zu diesen erforderte eine grundlegende Überholung nicht nur des Wertangebots, sondern auch des Geschäftsmodells. Finden wir heraus, wie Hilti das gemacht hat.

Viele Unternehmen streben nach einem Wettbewerbsvorteil, indem sie sich vom Produkthersteller zum Dienstleister wandeln. Das erfordert eine erhebliche Neuerfindung.

Ein Auslaufmodell

Das alte Modell von Hilti konzentrierte sich hauptsächlich auf den Verkauf hochwertiger Maschinenwerkzeuge direkt an Bauunternehmer. Sie waren dafür bekannt, seltener kaputtzugehen, länger zu halten und insgesamt weniger Kosten zu verursachen, indem sie den Zeitverlust minimierten. Hilti-Werkzeuge standen auch in dem Ruf, besonders sicher und angenehm in der Handhabung zu sein.

Leider hatte dieses alte Modell sinkende Gewinnmargen und musste sich der Konkurrenz durch preisgünstigere Wettbewerber stellen.

Mehr über Hilti in Johnson, Seizing the Whitespace, 2010.

Alt

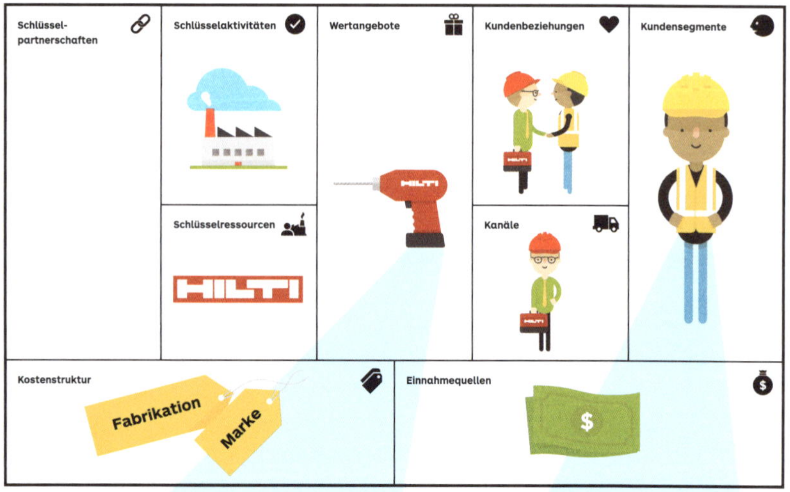

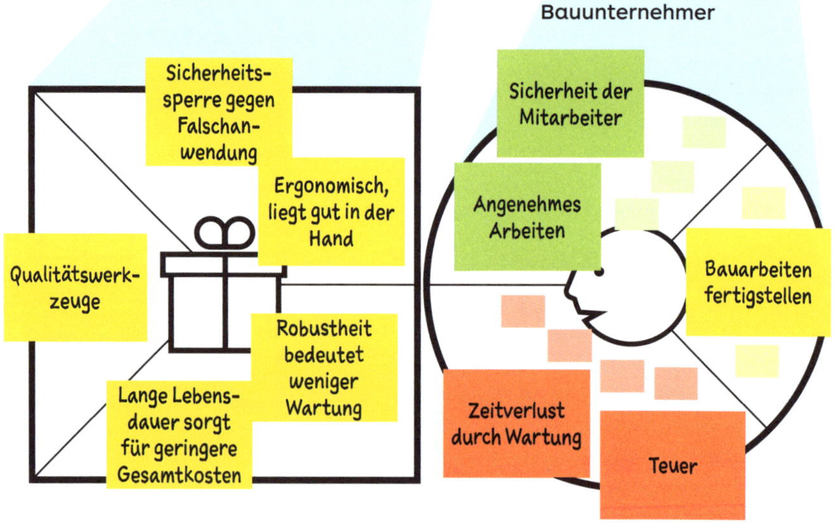

Neu

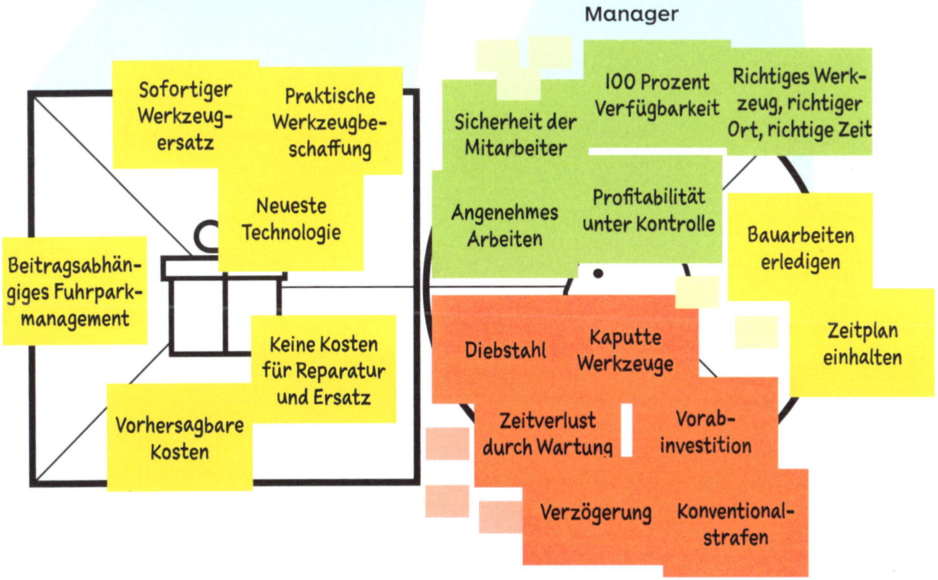

Neu geschaffene Dienstleistung: monatliche Beiträge zur Nutzung des Fuhrparkmanagements

»Neuer« Kunde, wichtigere Aufgabe erkannt: zeitgerechte Lieferung!

... zu Dienstleistungen

Hilti konzentrierte sich auf die Erledigung einer neuen Aufgabe, nachdem das Unternehmen erkannt hatte, dass seine Werkzeuge mit einer wichtigeren Kundenaufgabe zusammenhingen: dem fristgemäßen Fertigstellen von Projekten, um Konventionalstrafen zu vermeiden. Das Unternehmen erfuhr, dass kaputte, funktionsgestörte oder gestohlene Werkzeuge zu maßgeblichen Verzögerungen und Strafen führen konnten. Von diesem Punkt aus gelangte Hilti zu einem neuen Wertangebot: der Dienstleistung rund um Maschinenwerkzeuge.

Ein neuer Anfang

Hilti nutzte sein neues dienstleistungsbasiertes Wertangebot, um mehr Wert für Bauunternehmen zu schaffen, indem sichergestellt wurde, dass sie die richtigen Werkzeuge am richtigen Ort zum richtigen Zeitpunkt hatten. Das verhalf den Bauunternehmen zu einem viel besser vorhersagbaren Kostenmanagement und einem profitablen Betriebsablauf.

Auswirkung auf das Geschäftsmodell

Der Übergang von Produkten zu Dienstleistungen klingt wie ein einfacher und offensichtlicher Wertangebotswandel, doch er erfordert ein maßgebliches Neudesign des Geschäftsmodells. Hilti musste der Fabrikation entscheidende neue Serviceressourcen und Aktivitäten hinzufügen. Aber es hat sich gelohnt. Mit seinem neuen Wertangebot erzielt Hilti höhere Gewinnmargen, wiederkehrende Einnahmen und eine bessere Differenzierung.

Die perfekte Workshop-Atmosphäre

Workshops sind ein wichtiger Bestandteil des Designs von Wertangeboten in etablierten Unternehmen. Gute Workshops können für den Designprozess einen großen Unterschied ausmachen und zu besseren Ergebnissen führen. Die folgenden Fragen helfen Ihnen, die perfekte Atmosphäre zu schaffen.

Benutzen Sie Haftnotizzettel, um die Ideen beweglich zu machen – idealerweise in verschiedenen Farben zur farblichen Markierung.

Benutzen Sie wandfüllende Plakate, um große Ideen aufzuzeichnen.

Benutzen Sie dicke Filzstifte, damit die Ideen auch von Weitem zu lesen sind.

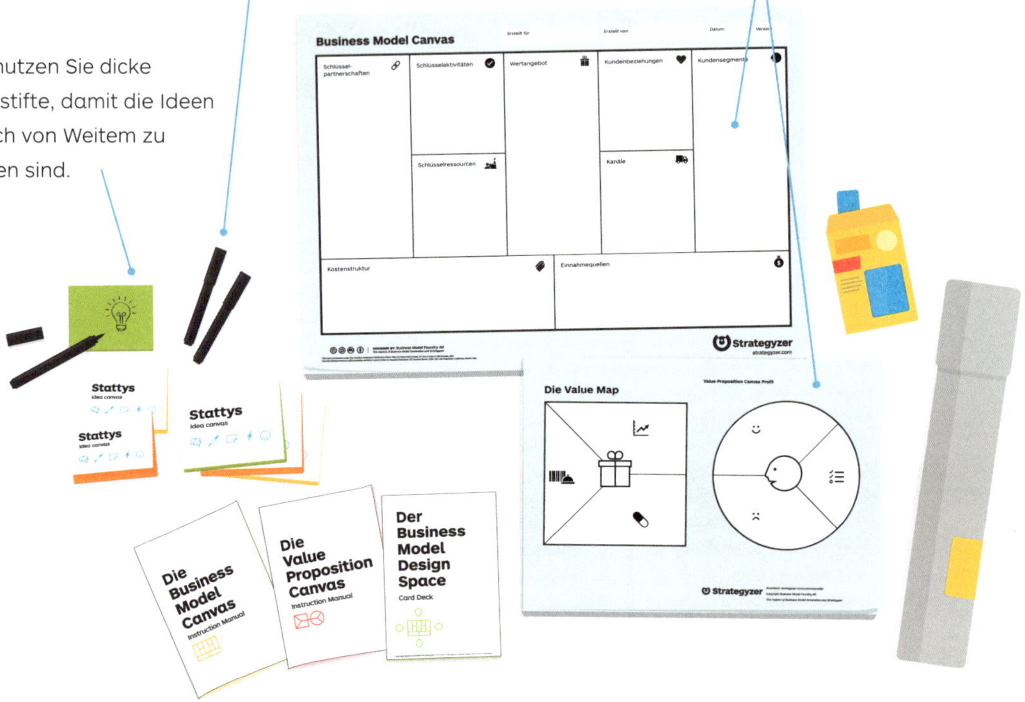

Wer sollte teilnehmen?

Laden Sie Personen mit unterschiedlichem Hintergrund ein, insbesondere wenn Sie wissen, dass es maßgebliche Auswirkungen auf das Geschäftsmodell geben wird. Ihre Unterstützung ist entscheidend. Lassen Sie Mitarbeiter mit direktem Kundenkontakt teilnehmen, um ihr Wissen zu nutzen. Kunden oder Partner können ebenfalls eine gute Ergänzung sein, um beim Design von Wertangeboten zu helfen.

Wie sollte das Format aussehen?

Als Faustregel kann man sagen, dass mehr Standpunkte im Allgemeinen besser sind als einige wenige in der Frühphase des Wertangebotsdesigns. Mit zehn oder mehr Teilnehmern können Sie parallel mehrere Alternativen erkunden, indem Sie in Fünfergruppen zusammenarbeiten. Kleinere Teams müssen die Alternativen nacheinander untersuchen. In späteren Phasen des Designs und der Verfeinerung von Wertangeboten sind weniger Teilnehmer für gewöhnlich besser.

Wie kann der Raum als Instrument genutzt werden?

Gute Workshop-Räumlichkeiten sind ein häufig übersehenes Instrument, um herausragende Workshops mit außergewöhnlichen Ergebnissen zu schaffen. Wählen Sie einen Raum, der groß genug ist und viel Wandfläche oder Arbeitsbereiche bietet. Gestalten Sie den Raum so, dass er Kreativität, Zusammenarbeit und Produktivität fördert. Wählen Sie eine ungewöhnliche und inspirierende Räumlichkeit für bahnbrechende Ergebnisse.

Welche Werkzeuge und Materialen werden benötigt?

Bereiten Sie einen Selbstbedienungsbereich vor mit Canvas-Plakaten, Haftnotizzetteln, Papier, Klebstoff, Filzstiften und anderen Arbeitsmitteln, sodass die Teilnehmer sich selbst mit dem versorgen können, was sie brauchen.

Leicht verfügbares Workshop-Material

Kleine Gruppenbereiche
Hier wird die Arbeit gemacht. Vier oder fünf Personen pro Gruppe sind optimal. Verwenden Sie keine Stühle oder Tische, es sei denn, sie werden für eine spezifische Arbeit benötigt. Lassen Sie die Gruppen im selben Raum anstatt in separaten Räumlichkeiten arbeiten, um während des gesamten Workshops einen hohen Energiepegel beizubehalten.

Galerie laufender Arbeiten/Inspirationswand
Schaffen Sie einen Bereich, in dem Sie Canvases und andere laufende Arbeiten ausstellen können. Fügen Sie eine »Inspirationswand« mit Inhalten hinzu, von denen die Teilnehmer sich bedienen können, zum Beispiel Referenzmodelle, Beispiele und Modelle von Mitbewerbern.

Projektor und Leinwand
Wird zum Zeigen von Präsentationen oder Kundenvideos genutzt. Sollte für alle gut sichtbar sein.

Kontrollbereich
Dieser Raum sollte freigehalten werden für den Moderator und das Team, das Zugang zu Computer, Lautsprecheranlage, W-LAN und eventuell Drucker braucht.

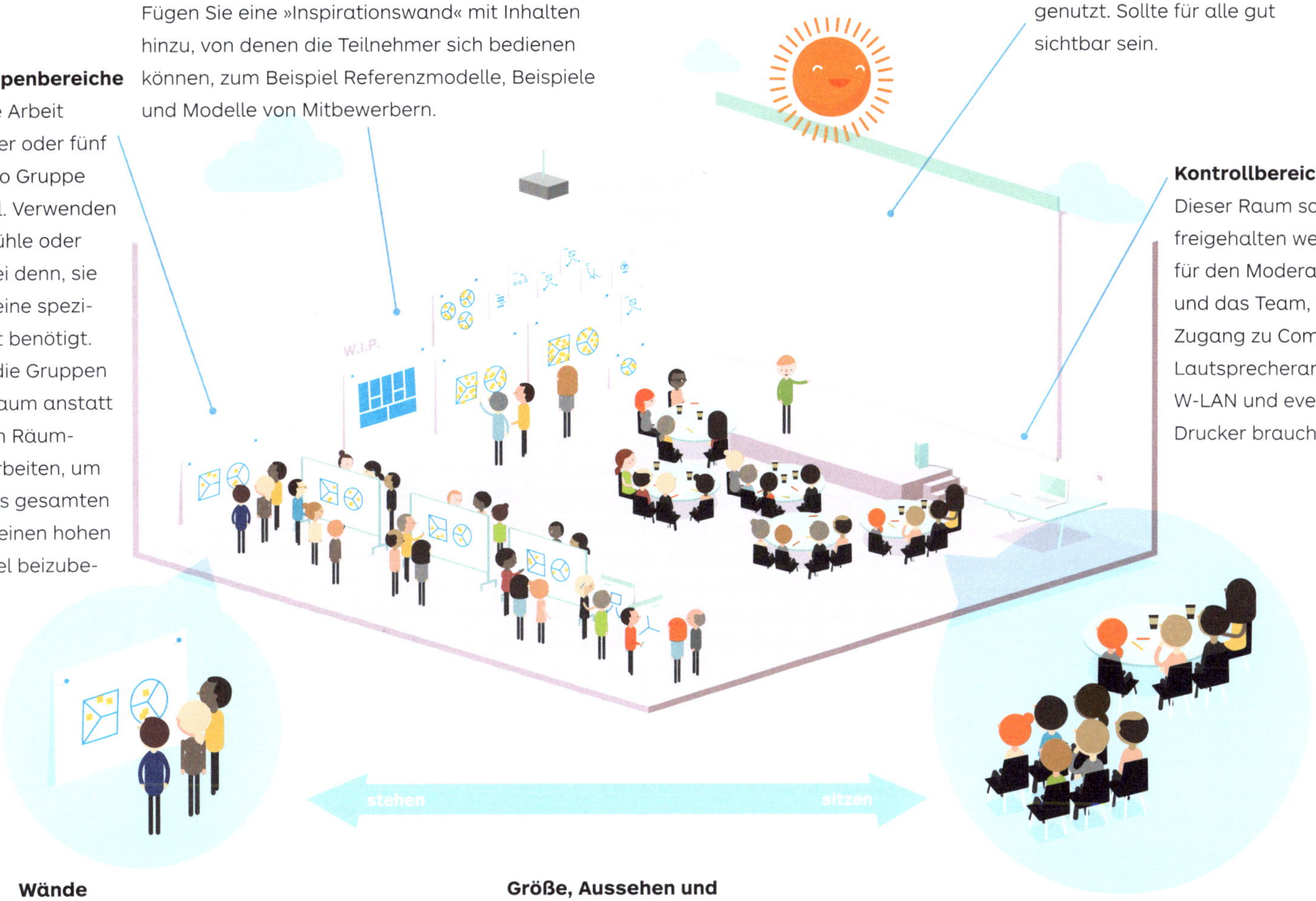

Wände
Große vertikale Oberflächen sind unverzichtbar, ob beweglich oder Teil des Gebäudes. Stellen Sie sicher, dass Sie große Plakate, Haftnotizen und Flipchart-Bögen daran befestigen können.

Größe, Aussehen und Atmosphäre des Raums
Rechnen Sie als Faustregel 50 Quadratmeter je zehn Teilnehmer. Bevorzugen Sie inspirierende Örtlichkeiten gegenüber langweiligen Hotel-Tagungsräumen.

Plenarraum
Hier können sich alle für Präsentationen und Diskussionen mit dem gesamten Team versammeln. Der Raum kann mit oder ohne Tische gestaltet werden.

Stellen Sie Ihren Workshop zusammen

Ein guter Workshop bringt konkrete und umsetzbare Ergebnisse hervor. Nutzen Sie die Werkzeuge und Prozesse aus diesem Buch, und gestalten Sie ein Konzept für einen Workshop, der zu guten Resultaten führt.

Grundsätze für einen guten Workshop gestalten

- Erstellen Sie eine Workshop-Tagesordnung mit einer klaren thematischen Ausrichtung, die den Teilnehmern zeigt, wie das neue oder verbesserte Wertangebot oder Geschäftsmodell sich entwickelt.
- Nehmen Sie die Teilnehmer mit auf eine Reise mit zahlreichen Schritten, indem Sie sich immer jeweils nur auf eine einfache Aufgabe (Modul) konzentrieren.
- Vermeiden Sie leeres Geschwätz und bevorzugen Sie strukturierte Interaktionen mit Werkzeugen wie den Canvases oder Prozessen wie den Denkhüten.
- Wechseln Sie ab zwischen Arbeit in kleinen Gruppen (vier bis sechs Personen) und Plenarsitzungen für Präsentationen und Integration.
- Achten Sie strikt auf die Einhaltung des Zeitplans für jedes Modul, insbesondere beim Erstellen von Prototypen. Verwenden Sie einen für alle Teilnehmer sichtbaren Timer.
- Entwerfen Sie die Tagesordnung als eine Abfolge von Schritten für dasselbe Wertangebot (oder Geschäftsmodell): entwerfen, kritisieren, wiederholen und verändern.
- Vermeiden Sie zähflüssige Aktivitäten nach dem Mittagessen.

	Tag 1	Tag 2
9.00		
10.00		
11.00		
12.00		
13.00		
14.00		
15.00		
16.00		
17.00		

Verwenden Sie die unten aufgeführten Module als Auswahl von Optionen, um eine Workshop-Tagesordnung zu entwerfen.

Vor Ihrem Workshop
Machen Sie Ihre Hausaufgaben und gewinnen Sie Kundenerkenntnisse (S. 106).

Nach Ihrem Workshop
Fangen Sie damit an, Ihre Wertangebote und Geschäftsmodelle in der realen Welt zu testen (S. 172).

Online
- Mustertagesordnungen
- Vorlagen und Anleitungen
- Allzweck-Materialset

Prototypmöglichkeiten

Triggerfragen – S. 15, 17, 31, 33

Kundenprofil – S. 22

Wertangebot – S. 36

Serviettenskizzen – S. 80

Lückentexte – S. 82

Ideen mit Value Proposition Canvases ausgestalten – S. 84

Beschränkungen – S. 90

Neue Ideen mit Büchern – S. 92

Push-/Pull-Übungen – S. 94

Sechs Innovationsmethoden – S. 102

Auswahl treffen

Aufg., Probleme und Gewinne in Rangfolge bringen – S. 20

Testen Sie Ihre Übereinstimmung – S. 94

Aufgabenauswahl – S. 100

Zehn Fragen – S. 122

Stimme des Kunden – S. 124

Kontext verstehen – S. 126

Sich von der Konkurrenz abheben – S. 128

De Bonos Hüte – S. 136

Punktebewertung – S. 138

Prototyp auswählen – S. 140

Vor und zurück mit dem Geschäftsmodell

Vor und zurück – S. 152

Stresstest mit Zahlen – S. 154

7 Fragen zum Geschäftsmodell-Design – S. 156

Tests vorbereiten

Hypothesen aufstellen – S. 200

Hypothesen in eine Rangfolge bringen – S. 202

Design testen – S. 204

Einen Experimentemix wählen – S. 216

Testlandkarte – S. 242 bis 245

Pausen

Mittagessen

Kaffee und Snacks

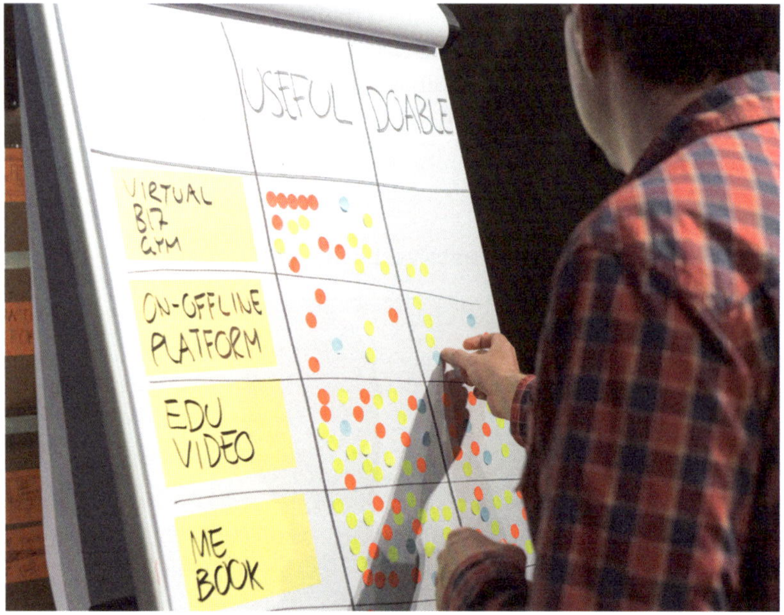

Hinzugelernt

Prototypmöglichkeiten

Erstellen Sie rasch Prototypen alternativer Wertangebote und Geschäftsmodelle. Versteifen Sie sich nicht auf Ihre ersten Ideen. Belassen Sie die ersten Modelle grob genug, um sie ohne Bedauern wegzuwerfen, damit sie sich weiterentwickeln und verbessern können.

Kunden verstehen

Stellen Sie sich Ihre Kunden vor, beobachten und verstehen Sie sie. Versetzen Sie sich in ihre Lage. Erfahren Sie, was sie bei der Arbeit und in ihrem Alltag erledigen möchten. Begreifen Sie, was sie davon abhält. Ergründen Sie, welche Ergebnisse sie anstreben.

Das richtige Geschäftsmodell finden

Suchen Sie nach dem richtigen Wertangebot, eingebettet in das richtige Geschäftsmodell, weil jedes Produkt, jede Dienstleistung und jede Technologie viele verschiedene Modelle haben kann. Selbst die besten Wertangebote können ohne ein solides Geschäftsmodell scheitern. Das richtige Geschäftsmodell kann den Unterschied zwischen Erfolg und Scheitern ausmachen.

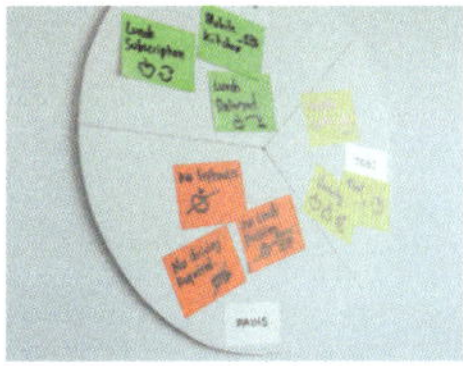

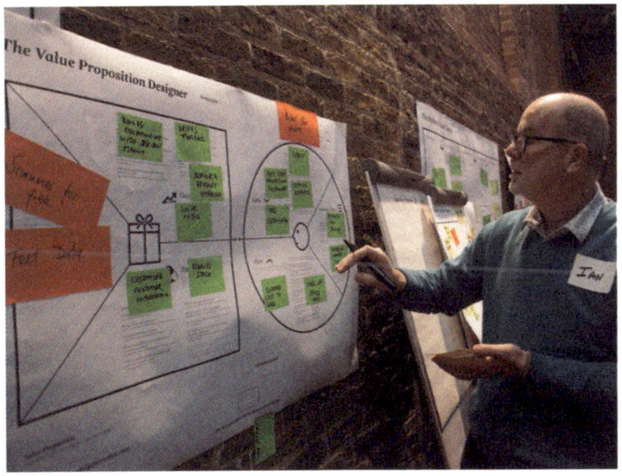
The Value Proposition Designer

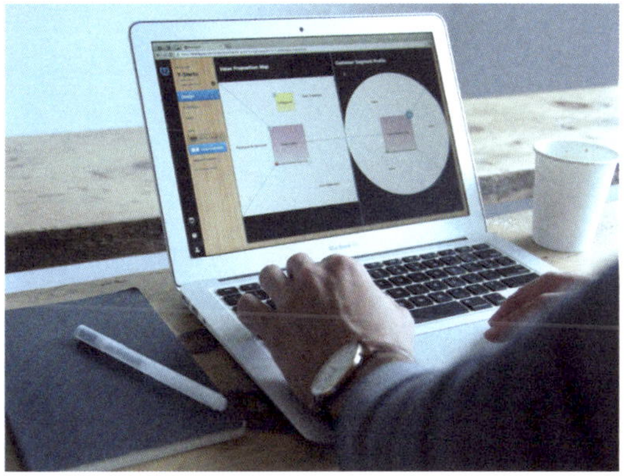

Te

st

3

Verringern Sie das Risiko und die Ungewissheit Ihrer Ideen für neue und verbesserte Wertangebote durch die Entscheidung, was getestet werden soll (S. 188). Beginnen Sie dann mit dem Testen Schritt für Schritt (S. 196) und konsultieren Sie die Bibliothek der Experimente (S. 214), ehe Sie alles zusammenfügen (S. 238) und Ihren Fortschritt messen.

HYPOTHESEN EXTRAKTOR
Test Card
HYPOTHESE
#1
#2
#3
#4
#5
#6
#7
VOM TESTLAUF

DATENSAMMLER
ERFOLG
ZUM DESIGN
DATENANALYSE
3
2
Learning Card

Beginnen Sie zu experimentieren, um das Risiko zu verringern

Wenn Sie anfangen, neue Ideen zu erkunden, befinden Sie sich für gewöhnlich in einer Situation maximaler Ungewissheit. Sie wissen nicht, ob Ihre Ideen funktionieren werden. Sie in einem Businessplan zu verfeinern, erhöht ihre Erfolgschancen nicht. Sie tun besser daran, Ihre Ideen im Rahmen preiswerter Experimente zu testen, um zu lernen und Ungewissheiten systematisch zu reduzieren. Erhöhen Sie die Ausgaben für Experimente, Prototypen und Pilotmuster mit steigender Gewissheit. Testen Sie alle Aspekte Ihrer Value Proposition und Business Model Canvases auf dem gesamten Weg von den Kunden zu den Partnern (z.B. Vertriebspartnern).

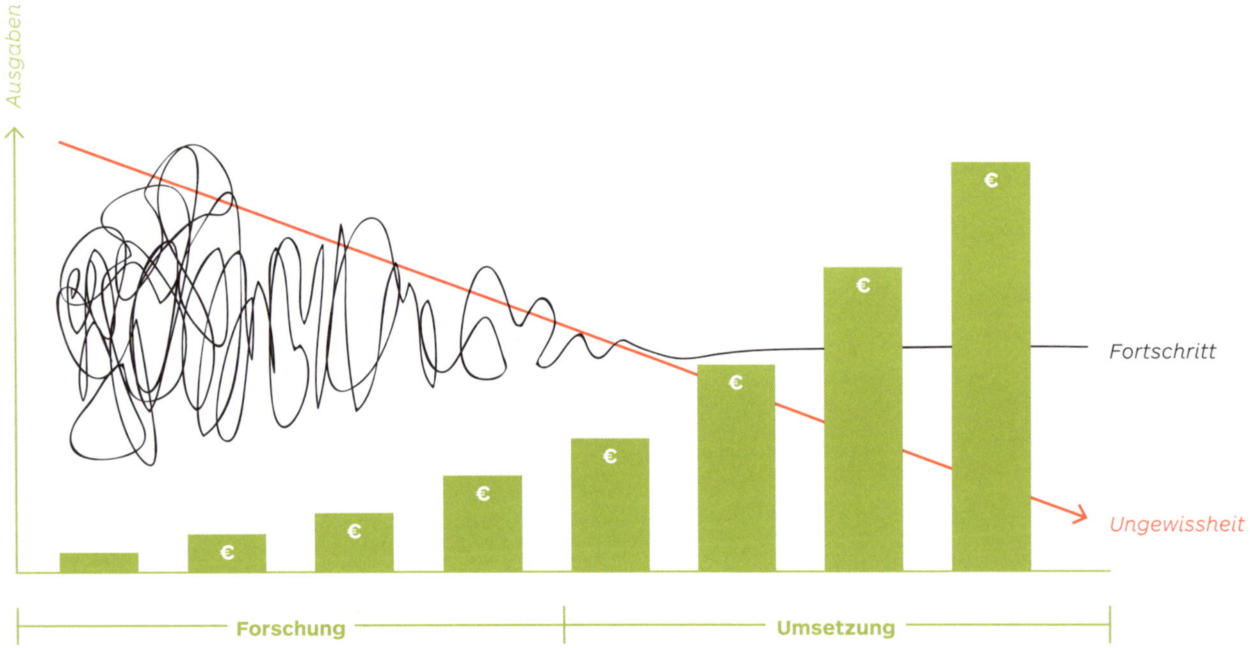

Businesspläne versus Experimentiervorgänge

Der erste Schritt bei jeder Unternehmung bestand früher im Erstellen eines Businessplans. Heute wissen wir es besser. Businesspläne sind ausgezeichnete Umsetzungsdokumente in einem bekannten Umfeld mit ausreichender Gewissheit. Leider finden neue Unternehmungen aber häufig unter hoher Ungewissheit statt. Daher ist das systematische Testen von Ideen, um herauszufinden, was funktioniert und was nicht, ein weitaus besserer Ansatz als das Erstellen eines Plans. Man könnte sogar behaupten, dass Pläne das Risiko maximieren. Ihr verfeinertes und geschliffenes Erscheinungsbild vermittelt die Illusion, dass bei einer guten Umsetzung nur wenig schiefgehen kann. Doch Ideen verändern sich maßgeblich von ihren Anfängen bis zur Marktreife, und häufig gehen sie auf diesem Weg unter. Sie müssen experimentieren, lernen und anpassen, um diese Veränderungen in den Griff zu bekommen sowie fortlaufend Risiken und Ungewissheit zu verringern. Dieser Experimentierprozess, den wir auf den folgenden Seiten untersuchen werden, ist bekannt als Kundenentwicklung und Lean Startup.

Businessplanung	*Angewendet auf neue Unternehmungen*	Experimentieren
Wir wissen	**Einstellung**	Unsere Kunden und Partner wissen
Businessplan	**Werkzeuge**	Business Model und Value Proposition Canvas
Planung	**Prozess**	Kundenentwicklung und Lean Startup
Innerhalb des Unternehmens	**Ort**	Auf der Straße
Ausführung eines Plans	**Schwerpunkt**	Experimentieren und Lernen
Historische Fakten aus vergangenen Erfolgen	**Entscheidungsgrundlage**	Fakten und Erkenntnisse aus Experimenten
Nicht adäquat berücksichtigt	**Risiko**	Minimiert durch Lernerfahrungen
Vermieden	**Scheitern**	Willkommen als Mittel zum Lernen und Verbessern
Durch detaillierten Plan verborgen	**Ungewissheit**	Anerkannt und durch Experimente reduziert
Überschlägige Dokumente und Tabellen	**Detailliertheit**	Abhängig vom Grad der Nachweise durch Experimente
Annahmen	**Zahlen**	Beweisorientiert

10 Testgrundsätze

Wenden Sie diese 10 Grundsätze an, wenn Sie anfangen, Ihre Wertangebotsideen anhand einer Reihe von Experimenten zu testen. Ein guter Experimentierprozess liefert Nachweise dafür, was funktioniert und was nicht. Er ermöglicht Ihnen auch, Ihre Wertangebote und Geschäftsmodelle anzupassen und zu verändern, und verringert systematisch das Risiko und die Ungewissheit.

Download Poster »10 Testgrundsätze«

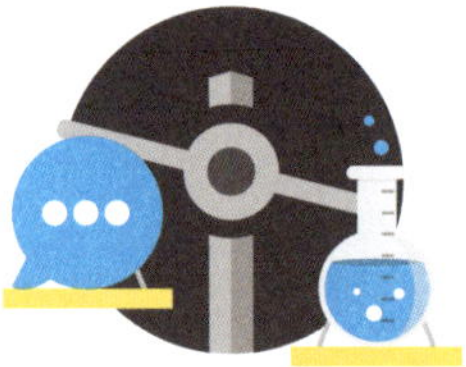

1

Erkennen Sie, dass Beweise mehr zählen als Ansichten.
Was immer Sie, Ihr Chef, Ihre Investoren oder irgendjemand sonst denkt, wird von (Markt-)Beweisen ausgestochen.

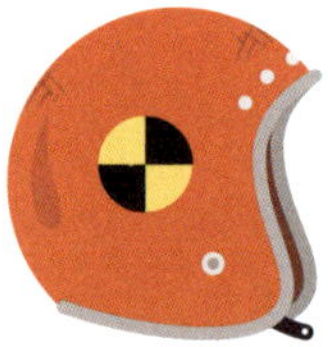

2

Lernen Sie schneller, und verringern Sie das Risiko, indem Sie das Scheitern willkommen heißen.
Das Testen von Ideen geht mit dem Scheitern einher. Doch Misserfolge führen preiswert und rasch zu weiterem Lernen, was das Risiko verringert.

3

Testen Sie frühzeitig; verfeinern Sie später.
Sammeln Sie Erkenntnisse anhand von frühzeitigen und preiswerten Experimenten, ehe Sie Ihre Ideen im Detail durchdenken oder beschreiben.

4

Experimente ≠ Realität
Denken Sie daran, dass Experimente eine Brille sind, durch die Sie die Realität zu verstehen versuchen. Sie liefern hervorragende Hinweise, aber sie unterscheiden sich von der Realität.

5

Bringen Sie Lernerfahrungen und Visionen ins Gleichgewicht.
Integrieren Sie die Testergebnisse, ohne Ihrer Vision den Rücken zu kehren.

6

Erkennen Sie Ideen-killer.

Fangen Sie damit an, die wichtigsten Annahmen zu testen: diejenigen, die Ihre Idee zu Fall bringen könnten.

7

Verstehen Sie zuerst die Kunden.

Testen Sie die Aufgaben, Probleme und Gewinne der Kunden, ehe Sie testen, was Sie ihnen anbieten könnten.

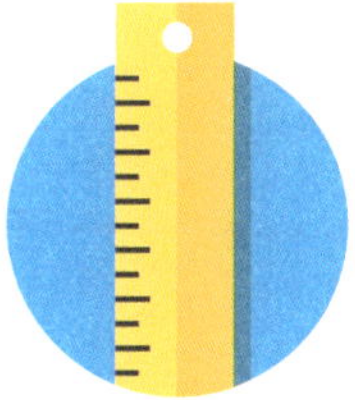

8

Sorgen Sie für Messbarkeit.

Gute Tests führen zu messbaren Ergebnissen, die Ihnen umsetzbare Erkenntnisse liefern.

9

Akzeptieren Sie, dass nicht alle Fakten gleich sind.

Die Befragten erzählen Ihnen vielleicht das eine und tun das andere. Berücksichtigen Sie die Zuverlässigkeit Ihrer Belege.

10

Testen Sie unumkehrbare Entscheidungen doppelt so oft.

Stellen Sie sicher, dass Entscheidungen mit unumkehrbaren Auswirkungen besonders gut abgestützt sind.

Die Einführung des Kundenentwicklungsprozesses

Kundenentwicklung ist ein vierstufiger Prozess, der von Steve Blank erfunden wurde, einem Mehrfachunternehmer, der Autor und Dozent wurde. Die Grundprämisse ist, dass es keine Fakten »innerhalb des Gebäudes« gibt, weshalb Sie Ihre Ideen an Kunden und Stakeholdern (z.B. Vertriebspartnern und anderen Schlüsselpartnern) testen müssen, ehe Sie sie umsetzen. In diesem Buch verwenden wir den Kundenentwicklungsprozess, um die den Value Proposition und Business Model Canvases zugrunde liegenden Annahmen zu testen.

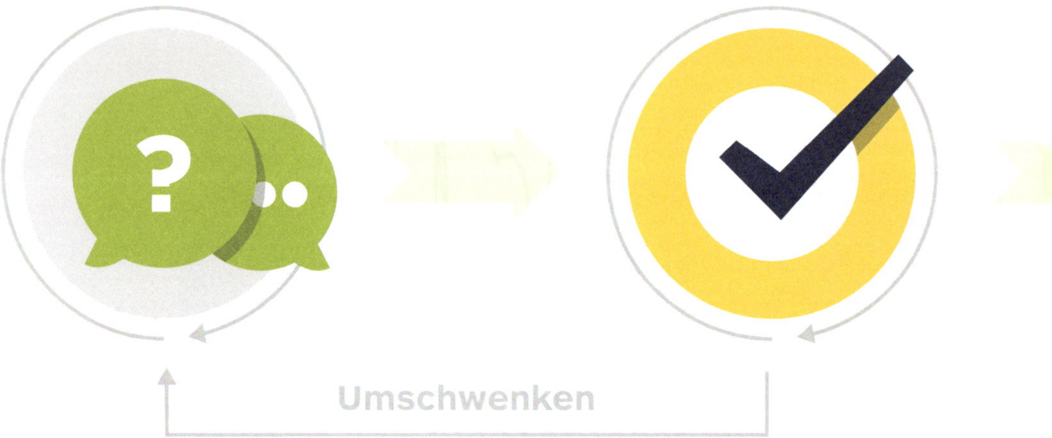

Kundenentdeckung
Gehen Sie raus auf die Straße, um von den Aufgaben, Problemen und Gewinnen Ihrer Kunden zu erfahren. Untersuchen Sie, was Sie ihnen anbieten könnten, um Probleme zu lösen und Gewinne zu schaffen.

Kundenvalidierung
Führen Sie Experimente durch, um zu testen, ob die Kunden zu schätzen wissen, wie Ihre Produkte und Dienstleistungen Probleme lösen und Gewinne schaffen wollen.

Forschen versus Ausführen

Das Ziel der Erkundungsphase ist es, zu experimentieren und zu erfahren, welche Wertangebote sich verkaufen könnten und welche Geschäftsmodelle funktionieren könnten. Ihre Canvases werden sich im Laufe dieser Phase radikal verändern und fortwährend weiterentwickeln, während Sie jede entscheidende Hypothese testen. Erst wenn Sie Ihre Ideen bestätigt haben, gehen Sie in den Ausführungsmodus über und skalieren. In den frühen Stadien des Prozesses ändern sich Ihre Canvases rapide; sie stabilisieren sich mit wachsendem Wissen aufgrund Ihrer Experimente.

Kundenschöpfung
Beginnen Sie, Nachfrage beim Endverbraucher zu erzeugen. Führen Sie Kunden zu Ihren Vertriebskanälen, und fangen Sie an, das Geschäft zu vergrößern.

Unternehmensaufbau
Übergang von einer temporären Organisation mit dem Ziel des Forschens und Experimentierens zu einer Struktur, die sich auf die Ausübung eines bestätigten Modells konzentriert.

Ausführen

Tipp
Halten Sie jede Hypothese fest; alles, was Sie getestet, und alles, was Sie erfahren haben. Nutzen Sie die Value Proposition Canvas und die Business Model Canvas, um Ihren Fortschritt von der Ausgangsidee und dem Startpunkt bis zu einem praktikablen Wertangebot und Geschäftsmodell nachzuverfolgen. Ihren Fortschritt und die im Laufe der Zeit gesammelten Belege im Auge zu behalten, ermöglicht es Ihnen, nötigenfalls darauf zurückzugreifen.

Blank & Dorf, The Startup Owner's Manual, 2012.

Die Einbindung der Prinzipien des Lean Startup

Eric Ries führte die Lean-Startup-Bewegung auf der Grundlage von Steve Blanks Kundenentwicklungsprozess ein. Die Idee liegt darin, Leerlaufzeiten und Ungewissheit aus der Produktentwicklung zu entfernen, indem in einem iterativen Prozess kontinuierlich aufgebaut, getestet und gelernt wird. Hier wenden wir die drei Schritte in Kombination mit den Canvases und der Kundenentwicklung an, um Ideen, Annahmen und sogenannte Minimalprodukte zu testen.

0. Eine Hypothese aufstellen
Beginnen Sie mit der Value Proposition Canvas und der Business Model Canvas, um die Ihren Ideen zugrunde liegenden entscheidenden Hypothesen zu definieren, damit Sie die richtigen Experimente gestalten können.

1. Gestalten/Bauen
Gestalten oder bauen Sie ein Artefakt, das speziell dafür gedacht ist, Ihre Hypothese zu testen, Einblicke zu liefern und zu lernen. Das könnte ein konzeptueller Prototyp sein, ein Experiment oder schlicht ein grundlegender Prototyp (Minimalprodukt) der Produkte und Dienstleistungen, die Sie anzubieten beabsichtigen.

2. Messen
Messen Sie die Leistungsfähigkeit des Artefakts, das Sie gestaltet oder gebaut haben.

3. Lernen
Analysieren Sie die Leistungsfähigkeit des Artefakts, vergleichen Sie sie mit Ihrer ursprünglichen Hypothese und ziehen Sie daraus Erkenntnisse. Fragen Sie, was Sie erwartet haben. Beschreiben Sie, was sich tatsächlich ereignet hat. Dann umreißen Sie, was Sie ändern wollen und wie Sie das tun werden.

Deutsche Ausgabe: Ries, Lean Startup, 2012.

Anwendung von Bauen, Messen, Lernen

Wenden Sie den Lean-Startup-Zyklus auf mehr als nur Produkte und Dienstleistungen an. Verwenden Sie dieselben drei Stufen des Gestaltens/Bauens, Testens/Messens und Lernens bei allen Artefakten, die Sie in Value Proposition Design erstellen. Wenden Sie Gestalten/Bauen, Testen/Messen und Lernen an auf …

Konzeptuelle Prototypen

Entwerfen Sie rasch konzeptuelle Prototypen, um Ihren Ideen Form zu verleihen, herauszufinden, was funktionieren könnte, und zu identifizieren, welche Hypothesen bestätigt werden müssen, um Erfolg zu haben. Nutzen Sie diese Prototypen als greifbare Methode, um Ihre Ideen und Hypothesen nachvollziehbar darzustellen, zu verfolgen, zu iterieren und anderen zu präsentieren.

Hypothesen

Gestalten und unternehmen Sie Experimente, um die Hypothesen zu überprüfen, die sich bestätigen müssen, damit Ihre Idee Erfolg hat. Beginnen Sie mit den entscheidendsten Hypothesen, die Ihre Idee scheitern lassen könnten.

Produkte und Dienstleistungen

Erstellen Sie sogenannte Minimalprodukte, um Ihre Wertangebote zu überprüfen. Das sind Prototypen mit einer minimalen Funktionalität, die speziell zu Lernzwecken und nicht zum Verkauf entworfen werden.

Gestalten/Bauen	**Messen**	**Lernen**
Business Model und/oder Value Proposition Canvases zur Formung Ihrer Ideen während des gesamten Prozesses	Leistungsfähigkeit des konzeptuellen Prototyps: Übereinstimmung zwischen Kundenprofil und Value Map, Schätzwerte, Bewertung des Designs mit sieben Fragen zum Geschäftsmodell	Ob und warum Sie Ihre konzeptuellen Prototypen anpassen müssen Angenommene finanzielle Performance Ihres Geschäftsmodells Angenommene Übereinstimmung Welche Hypothesen Sie testen müssen
Interviews, Beobachtungen und Experimente, um die ursprünglichen Annahmen zu Wertangebot und Geschäftsmodell zu testen, die von den konzeptuellen Prototypen abgeleitet sind	Was bei Ihren Experimenten tatsächlich passiert verglichen mit dem, was Sie erwartet haben (d.h. Ihren Hypothesen)	Ob und warum Sie bestimmte Bausteine Ihrer Business Model oder Value Proposition Canvas verändern müssen
Minimalprodukte mit den Vorteilen und Merkmalen, die Sie testen wollen	Wenn Ihre Produkte und Dienstleistungen tatsächlich Probleme lösen und für den Kunden Gewinne erzeugen	Ob und warum Sie die Produkte und Dienstleistungen in Ihrem Wertangebot verändern müssen Welche Problemlöser und Gewinnerzeuger funktionieren und welche nicht

Ich präsentiere Shrek-Modelle, das ist ein jiddischer Ausdruck dafür, die Leute nervös zu machen.
Frank Gehry, Architekt

Es gibt keine Fakten innerhalb des Gebäudes … Also geht verdammt noch mal raus auf die Straße und sprecht mit den Kunden!
Steve Blank, Unternehmer und Dozent

Frühzeitig scheitern, um schneller Erfolg zu haben.
David Kelley, Designer

Was wird getestet?

Den Kreis testen

Weisen Sie nach, welche Aufgaben, Probleme und Gewinne dem Kunden am wichtigsten sind, indem Sie Experimente durchführen, die über Ihre ursprüngliche Kundenrecherche hinaus Beweise liefern. Erst wenn das erledigt ist, sollten Sie mit Ihrem Wertangebot anfangen. Dadurch vermeiden Sie es, Zeit mit Produkten und Dienstleistungen zu verschwenden, an denen die Kunden nicht interessiert sind.

Liefern Sie Beweise, die zeigen, was den Kunden wichtig ist (der Kreis), ehe Sie sich darauf konzentrieren, wie Sie ihnen helfen können (das Quadrat).

Beginnen Sie mit Aufgaben, Problemen und Gewinnen

Im Design-Teil haben wir uns eine Reihe von Techniken angesehen, um Kunden besser zu verstehen. In diesem Kapitel gehen wir einen Schritt weiter. Das Ziel beim Testen des Kreises ist es, anhand von Beweisen zu bestätigen, dass unsere Profilskizzen, unsere ursprünglichen Recherchen, unsere Beobachtungen und unsere Erkenntnisse aus Interviews korrekt waren. Wir arbeiten darauf hin, mit größerer Gewissheit zu erkennen, welche Aufgaben, Probleme und Gewinne den Kunden wirklich wichtig sind.

Es ist sehr nützlich, Nachweise über die Aufgaben, Probleme und Gewinne der Kunden zu besitzen, ehe Sie sich auf Ihr Wertangebot konzentrieren. Wenn Sie damit anfangen, Ihr Wertangebot zu testen, wissen Sie nie, ob die Kunden Ihr Wertangebot ablehnen oder ob Sie einfach irrelevante Aufgaben, Probleme und Gewinne aufgreifen. Das ist weniger wahrscheinlich, wenn Sie Beweise dafür haben, welche Aufgaben, Probleme und Gewinne für die Kunden von Bedeutung sind.

Das bedeutet natürlich, dass Sie kreative Methoden finden müssen, um die Kundenpräferenzen zu testen, ohne sich dabei bereits auf die Minimalprodukte zu stützen. Wir zeigen Ihnen, wie Sie das mit den Werkzeugen der Bibliothek der Experimente bewerkstelligen können (S. 214).

Haben Sie Beweise dafür, ...

- welche Gewinne für Ihre Kunden von Bedeutung sind?
- welche die wichtigsten sind?

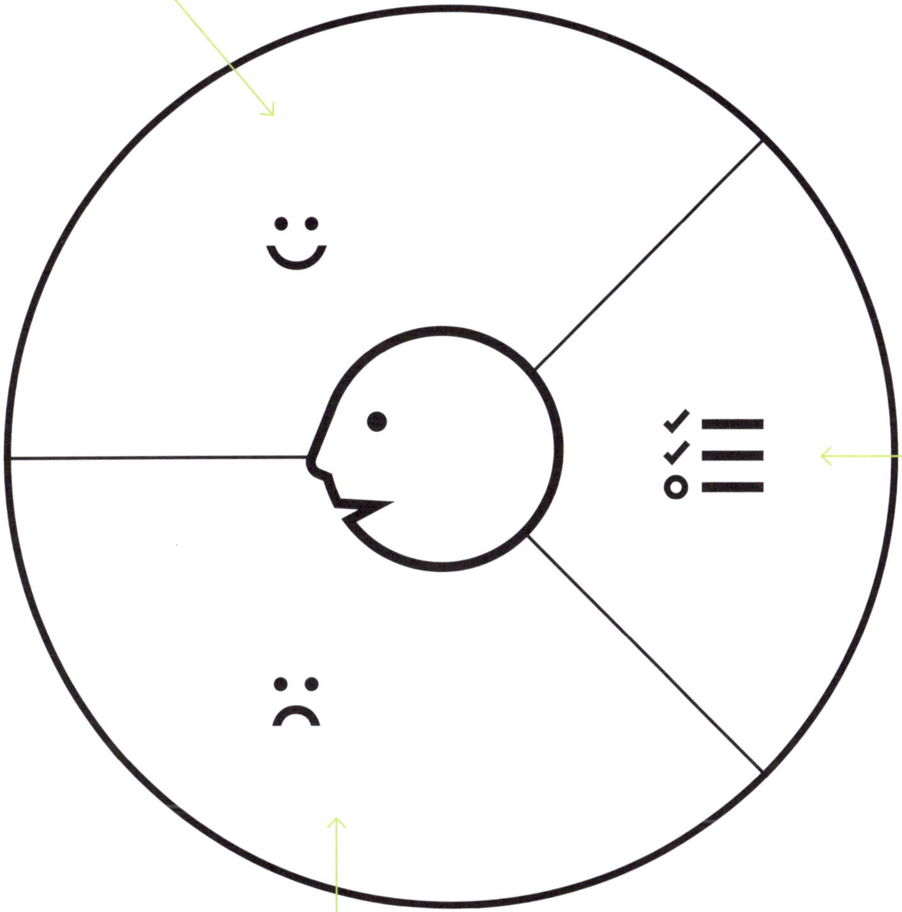

- welche Aufgaben für Ihre Kunden von Bedeutung sind?
- welche die größte Rolle spielen?

- welche Probleme für Ihre Kunden von Bedeutung sind?
- welche die gravierendsten sind?

Das Quadrat testen

Testen Sie, ob und wie sehr es den Kunden darauf ankommt, wie Sie ihnen zu helfen beabsichtigen. Gestalten Sie Experimente, die Beweise dafür liefern, dass Ihre Produkte und Dienstleistungen Probleme lösen und Gewinne erzeugen, die den Kunden wichtig sind.

Haben Sie Beweise dafür, …

- welche Ihrer Gewinnerzeuger die Kunden wirklich brauchen oder wünschen?
- welche sie am meisten herbeisehnen?

- welche Ihrer Produkte und Dienstleistungen Ihre Kunden wirklich wollen?
- welche sie am meisten wollen?

- welche Ihrer Problemlöser Ihren Kunden aus ihren Schwierigkeiten helfen?
- welche sie sich am meisten wünschen?

Liefern Sie Beweise, die zeigen, dass es Ihren Kunden wichtig ist, wie Ihre Produkte und Dienstleistungen Probleme lösen und Gewinne erzeugen.

Die Kunst, Wertangebote zu testen

Es ist eine Kunst zu testen, wie sehr sich Ihre Kunden für Ihr Wertangebot interessieren, denn das Ziel ist es, dies so preiswert und so schnell wie möglich zu tun, ohne das Wertangebot vollständig umzusetzen.

Sie müssen das Gefallen Ihrer Kunden an Ihren Produkten und Dienstleistungen mit jeweils immer nur einem Problemlöser und Gewinnerzeuger testen, indem Sie Experimente gestalten, die messbar sind, Erkenntnisse liefern und es Ihnen ermöglichen, zu lernen und besser zu werden (S. 214).

Sorgen Sie dafür, dass Ihre Experimente Ihnen zeigen, welche Aspekte Ihrer Produkte und Dienstleistungen die Kunden schätzen, damit Sie vermeiden können, irgendetwas Unnötiges anzubieten. Mit anderen Worten: Verzichten Sie auf alle Funktionen oder Bemühungen, die nicht direkt zu dem von Ihnen gewünschten Lernerfolg beitragen.

Achten Sie immer darauf, nach der einfachsten, schnellsten und kostengünstigsten Methode Ausschau zu halten, um einen Problemlöser oder einen Gewinnerzeuger zu testen, ehe Sie mit der Entwicklung von Prototypen für Produkte und Dienstleistungen beginnen.

Das Rechteck testen

Testen Sie die wichtigsten Annahmen, die dem Geschäftsmodell zugrunde liegen, in das Ihr Wertangebot eingebettet ist. Denken Sie daran: Selbst ausgezeichnete Wertangebote können ohne ein solides Geschäftsmodell misslingen. Liefern Sie Beweise dafür, dass Ihr Geschäftsmodell mit hoher Wahrscheinlichkeit funktionieren wird, mehr Umsätze als Kosten erzeugt und nicht nur für Ihre Kunden Wert schöpft, sondern auch für Ihr Geschäft.

Liefern Sie Beweise dafür, dass die Methode, mit der Sie Wert schöpfen, vermitteln und erfassen wollen, mit hoher Wahrscheinlichkeit funktioniert.

Vernachlässigen Sie nicht das Testen Ihres Geschäftsmodells

Auch mit einem erfolgreichen Wertangebot können Sie scheitern, wenn Ihr Geschäftsmodell weniger Umsätze als Kosten generiert. Viele Kreative sind so auf das Gestalten und Testen von Produkten und Dienstleistungen konzentriert, dass sie gelegentlich die offensichtliche Gleichung vernachlässigen (Gewinn = Umsatz – Kosten), die aus den Bausteinen der Business Model Canvas hervorgeht.

Ein Wertangebot, das die Kunden wollen, ist nur wenig wert, wenn Sie nicht die Vertriebskanäle haben, um die Kunden auf die von ihnen gewünschte Weise zu erreichen. Und auch ein Geschäftsmodell, das mehr Geld für die Kundenakquise verschlingt, als es von eben diesen Kunden Umsätze generiert, wird auf Dauer nicht überleben. Ein Unternehmen wird vom Markt verschwinden, wenn die für die Wertschöpfung erforderlichen Ressourcen und Aktivitäten kostspieliger sind als der geschaffene Wert. In manchen Märkten brauchen Sie Schlüsselpartner, die womöglich nicht an einer Zusammenarbeit mit Ihnen interessiert sind.

Gestalten Sie Experimente, bei denen die wichtigsten Dinge berücksichtigt werden, die auf Ihr Geschäftsmodell zutreffen müssen, um es funktionsfähig zu machen. Das Testen solcher entscheidenden Annahmen bewahrt Sie davor, mit einem großartigen Wertangebot zu scheitern, das von den Kunden eigentlich gewünscht wird.

Haben Sie Beweise dafür, …

- dass Sie in der Lage sind, die für die Wertschöpfung erforderlichen Aktivitäten auszuführen?
- dass Sie Kunden erfolgreich akquirieren und halten können?
- dass Sie Zugang zu den Partnern haben, die notwendig sind, damit Ihr Modell funktioniert?

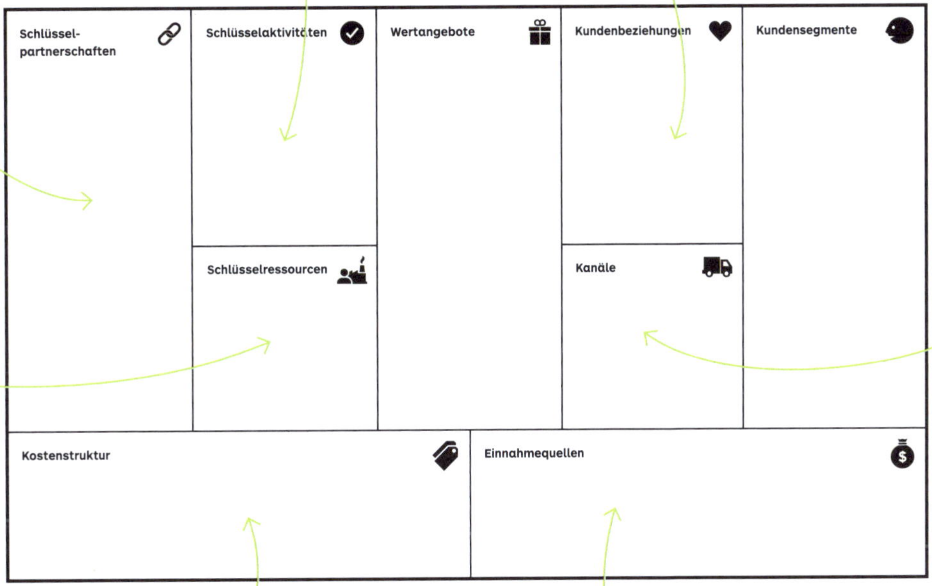

- dass Sie Zugang zu den Ressourcen haben, die für die Wertschöpfung erforderlich sind?
- über welche Kanäle Sie die Kunden erreichen können?
- dass Sie mehr Umsätze als Kosten erzeugen können?
- dass Sie von den Kunden Umsätze generieren können?

Schritt für Schritt testen

HYPOTHESEN
EXTRAKTOR
HYPOTHESE
#1
#2
#3
#4
#5
#6
#7
Test Card
Strategyzer
We believe that

Der Testablauf im Überblick

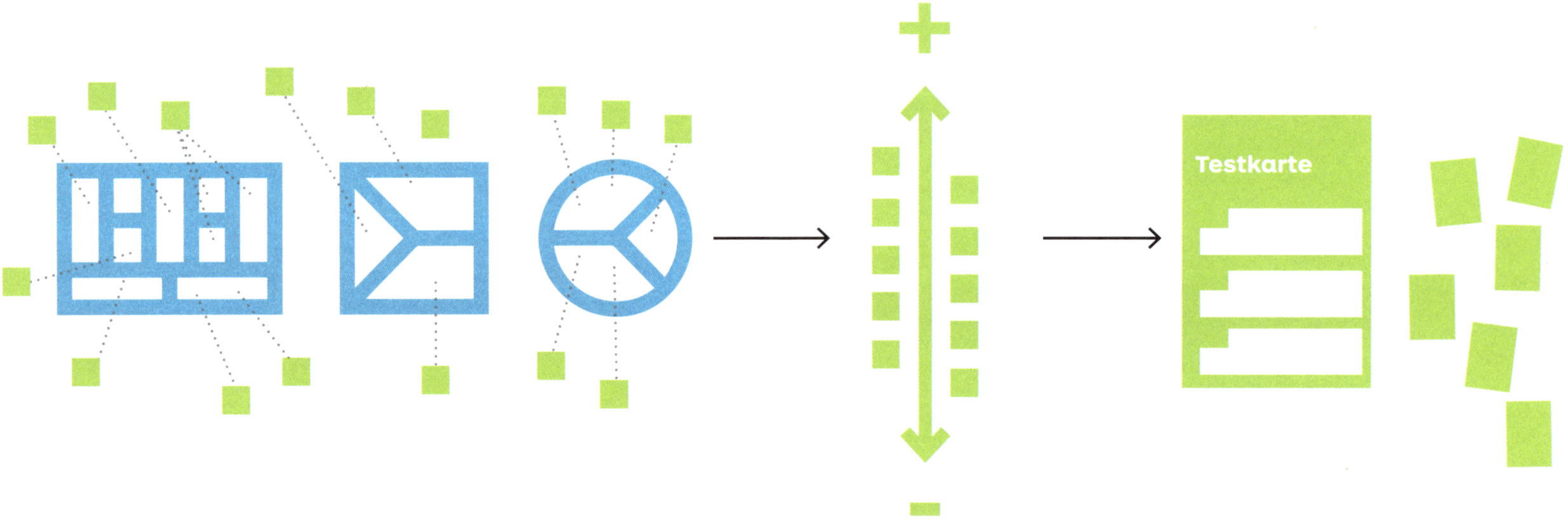

Hypothesen herausarbeiten
S. 200

Hypothesen in eine Rangfolge bringen
S. 202

Tests gestalten
S. 204

Design Test

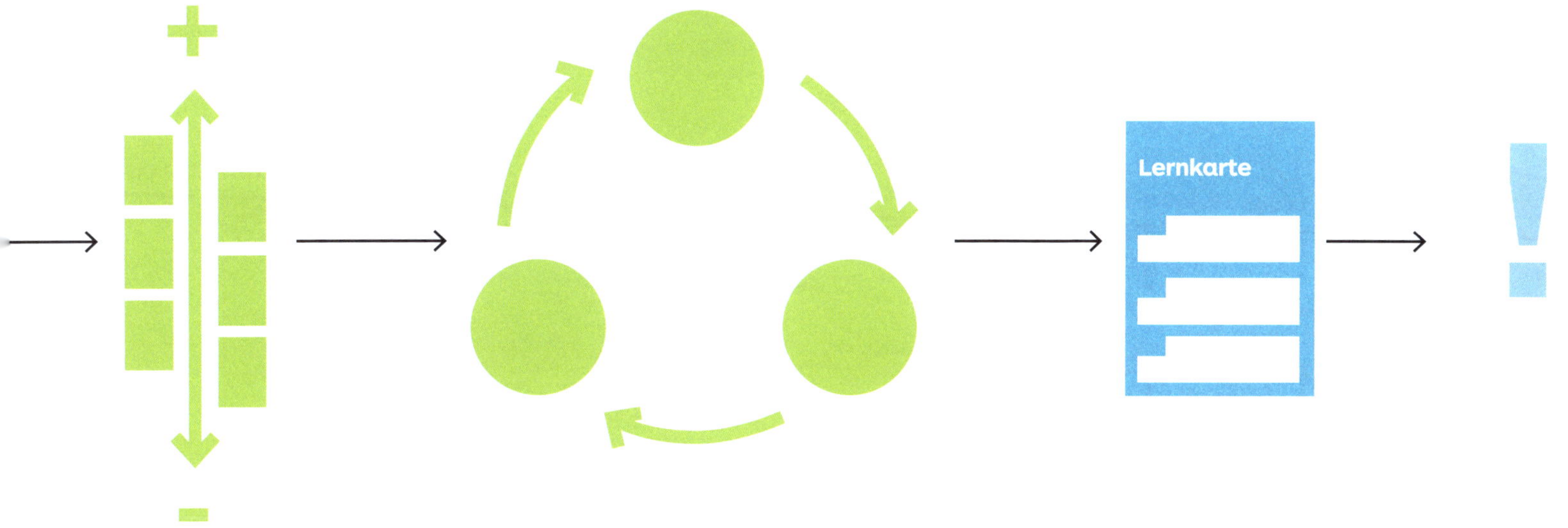

Tests in eine Rangfolge bringen
S. 205

Tests durchführen
S. 205

Ergebnisse auswerten
S. 206

Fortschritte machen
S. 242–245

Download Poster »Der Testablauf im Überblick«

Arbeiten Sie Ihre Hypothesen heraus: Welche Bedingungen müssen erfüllt sein, damit Ihre Idee funktioniert?

Verwenden Sie die Value Proposition Canvas und die Business Model Canvas, um herauszufinden, was getestet werden muss, ehe Sie »auf die Straße gehen«. Bestimmen Sie die wichtigsten Bedingungen, die für das Gelingen Ihrer Idee erfüllt sein müssen.

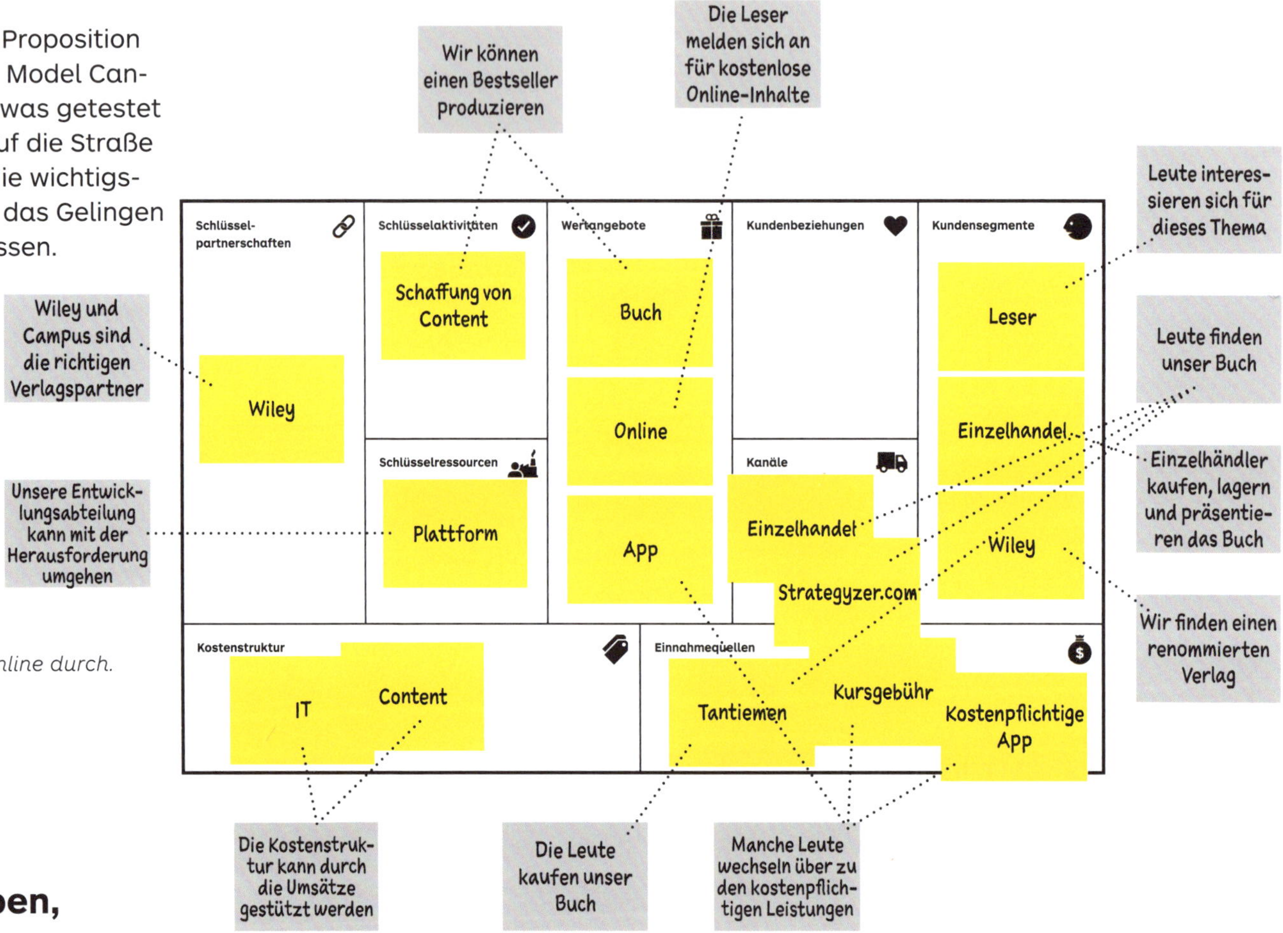

Führen Sie diese Übung online durch.

Um Erfolg zu haben, fragen Sie sich, welche Bedingungen erfüllt sein müssen in Bezug auf …

… Ihr Geschäftsmodell

DE·FI·NI·TION

Geschäftshypothese

Bedingung, die für das teilweise oder vollständige Funktionieren Ihrer Idee erfüllt sein muss, aber noch nicht bestätigt ist

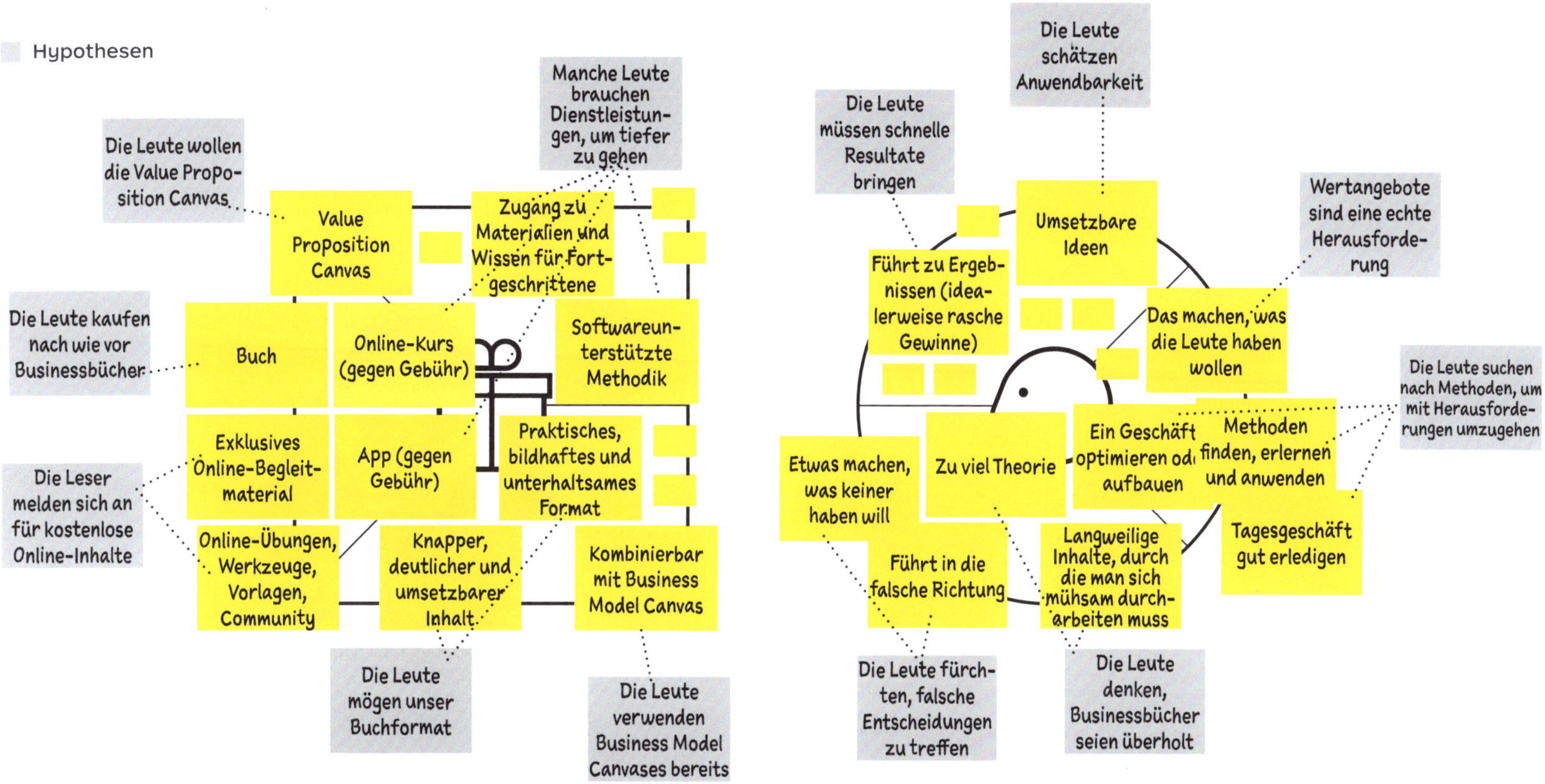

... Ihr Wertangebot → **... Ihren Kunden**

Bringen Sie Ihre Hypothesen in eine Rangfolge: Was könnte Ihr Geschäft sterben lassen?

Nicht alle Hypothesen sind gleich bedeutsam. Einige können Ihr Geschäft sterben lassen, während andere erst dann in Betracht kommen, wenn Sie die wichtigsten Hypothesen bestätigt haben. Beginnen Sie zu sortieren, was entscheidend für das Überleben ist.

Identifizieren Sie die Geschäftsvernichter. Das sind die Hypothesen, die entscheidend für das Überleben Ihrer Idee sind. Testen Sie diese zuerst!

Sortieren Sie alle Ihre Hypothesen in der Reihenfolge ihrer Bedeutsamkeit für das Überleben und Reüssieren Ihrer Idee:

+

Entscheidend für das Überleben

Es gibt keine Grundlage für unsere Idee, wenn die Leute keine schlechten Geschäftsentscheidungen treffen oder sich nicht davor fürchten (insbesondere im Hinblick auf Produkte und Dienstleistungen) oder wenn sie nicht nach Methoden suchen, die ihnen bei solchen Fragestellungen helfen.

Hypothese duplizieren – einen Haftnotizzettel vernichten

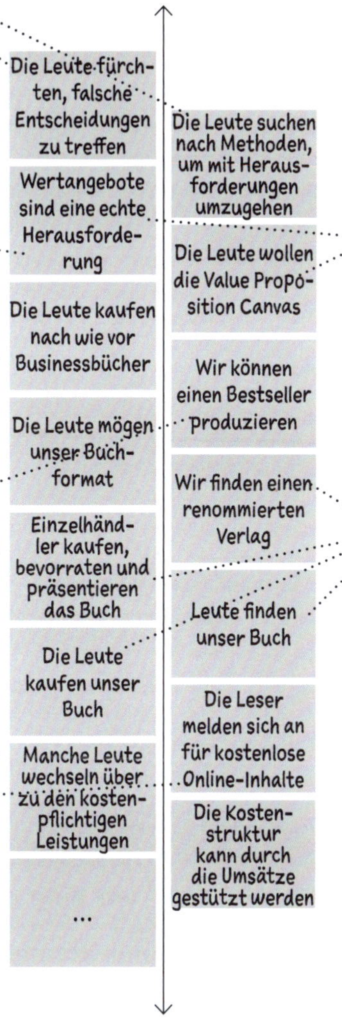

Wenn die Leute sich nicht mit Wertangeboten schwertun und wenn sie die Value Proposition Canvas nicht als hilfreiches Werkzeug ansehen, haben unsere Ideen keine Chance.

Es gibt keine Grundlage für unsere Idee, wenn die Leute keine Businessbücher mehr kaufen und wir in einem Format wie diesem keinen Bestseller produzieren können.

Es ist wichtig, dass den Leuten unser Buch gefällt, aber das ist nur der Anfang. Wenn sie es nicht finden können oder nichts davon wissen, können sie es nicht kaufen, selbst wenn es ihnen potenziell gefallen hätte.

Es ist entscheidend, dass wir die Leute dazu bringen, **Strategyzer.com** zu besuchen, damit wir unser Zusatzangebot an diejenigen verkaufen können, die an weiteren Serviceleistungen interessiert sind.

Weniger entscheidend für das Überleben

–

Auf welche Prioritäten kommt es am meisten an?

Experimente gestalten mit der Testkarte

Strukturieren Sie alle Ihre Experimente mit dieser einfachen Testkarte. Fangen Sie damit an, die entscheidendsten Hypothesen zu testen.

1

Gestalten Sie ein Experiment.

Beschreiben Sie die Hypothese, die Sie testen wollen.

Umreißen Sie das Experiment, das Sie gestalten wollen, um zu verifizieren, ob die Hypothese korrekt ist oder ob sie verworfen und überarbeitet werden muss.

Definieren Sie, welche Daten Sie erfassen werden.

Definieren Sie einen Zielpunkt, um die getestete Hypothese zu bestätigen oder zu entkräften. *Achtung: Fassen Sie gegebenenfalls mit zusätzlichen Experimenten nach, um die Gewissheit zu erhöhen.*

Laden Sie die Testkarte herunter und machen Sie diese Übung online.

Testkarte Strategyzer

Adwords-Kampagne	1. Mai 2014
Natasha Hanshaw	2 Wochen

SCHRITT 1: HYPOTHESE

Wir glauben, dass Geschäftsleute nach Methoden suchen, um bessere Wertangebote gestalten zu können.

Entscheidend:

SCHRITT 2: TESTEN

Um dies zu verifizieren, werden wir eine Google-Adwords-Kampagne rund um den Suchbegriff »Wertangebot« starten.

Testkosten: Verlässlichkeit der Daten:

SCHRITT 3: METRIK

Und messen, wie die Anzeigenkampagne sich auf die Klickrate auswirkt.

Erforderliche Zeit:

SCHRITT 4: KRITERIEN

Wir liegen richtig, wenn wir eine Klickrate von mindestens 2 Prozent erreichen können (Anzahl der Klicks geteilt durch Gesamtauflage der Anzeige).

Die Macher von Business Model Generation und Strategyzer

Benennen Sie den Test, setzen Sie ein Fälligkeitsdatum ein und geben Sie die verantwortliche Person an.

Markieren Sie, wie entscheidend diese Hypothese für das Funktionieren der gesamten Idee ist.

Markieren Sie, wie kostspielig die Durchführung dieses Tests sein wird.

Markieren Sie, wie verlässlich die erfassten Daten sind.

Markieren Sie, wie lange es dauert, bis dieser Test Ergebnisse hervorbringt.

Wie kann ich lernen?

2
Entwerfen Sie eine Reihe von Experimenten für die wichtigsten Hypothesen.

Tipp

Erwägen Sie, die wichtigsten Hypothesen mit mehreren Experimenten zu testen. Beginnen Sie mit billigen und schnellen Tests. Dann fassen Sie mit ausgefeilteren und zuverlässigeren Tests nach, falls nötig. Dementsprechend könnten Sie mehrere Testkarten für dieselben Hypothesen schaffen.

3
Sortieren Sie die Testkarten.

Bringen Sie Ihre Testkarten in eine Rangfolge. Sortieren Sie die entscheidendsten Hypothesen ganz nach oben, aber achten Sie darauf, die billigen und schnellen Tests in einem frühen Stadium des Prozesses durchzuführen, wenn die Ungewissheit am größten ist. Erhöhen Sie die Ausgaben für Experimente, die verlässlichere Nachweise und Erkenntnisse liefern, mit wachsender Gewissheit.

4
Führen Sie Experimente durch.

Beginnen Sie mit der Durchführung der Experimente ganz oben auf Ihrer Liste. *Achtung: Wenn Ihre ersten Experimente Ihre Ausgangshypothese entkräften, müssen Sie möglicherweise an den Zeichentisch zurückkehren und Ihre Ideen überdenken. Das könnte die verbliebenen Testkarten in Ihrer Liste irrelevant machen.*

+
Entscheidend für das Überleben

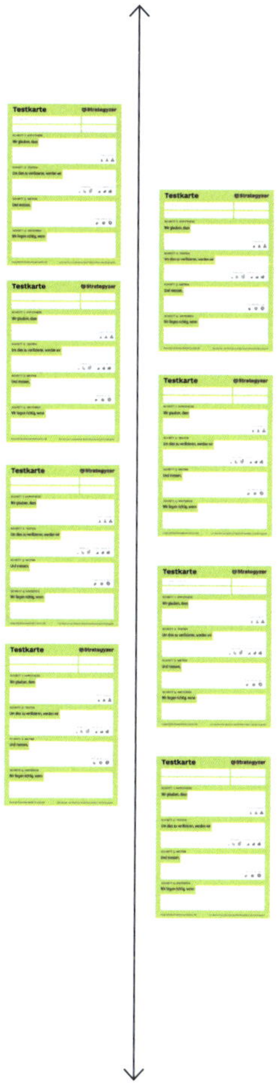

Weniger entscheidend für das Überleben
–

Wiederholen → **Wo kann ich am schnellsten die meisten Erkenntnisse sammeln?**

Erkenntnisse sammeln mit der Lernkarte

Strukturieren Sie alle Ihre Erkenntnisse mit dieser einfachen Lernkarte.

Download Lernkarte

Lernkarte Strategyzer

Notwendigkeit der WA-Methode | 1. Mai 2014

Natasha Hanshaw

Benennen Sie die Erkenntnis, das Datum der Erkenntnis und die verantwortliche Person.

SCHRITT 1: HYPOTHESE

Wir glaubten, dass Geschäftsleute nach Methoden suchen, um bessere Wertangebote zu entwickeln.

Beschreiben Sie die getestete Hypothese.

SCHRITT 2: BEOBACHTUNG

Wir beobachten eine große Nachfrage bei Workshops und eine Klickrate von 2,5 Prozent in unserer Google-Adwords-Kampagne.

Verlässlichkeit der Daten:

Umreißen Sie die Ergebnisse Ihres Experiments im Hinblick auf Daten und Ergebnisse. Eine Lernkarte kann die Beobachtungen aus mehreren Testkarten zusammenfassen.

Markieren Sie, wie zuverlässig die erhobenen Daten sind.

SCHRITT 3: ERFAHRUNGEN UND ERKENNTNISSE

Daraus haben wir gelernt, dass es ausreichend großes Interesse an dem Thema gibt.

Handlungsbedarf:

Erklären Sie, welche Rückschlüsse und Erkenntnisse Sie aus den Testergebnissen gezogen haben.

Markieren Sie, wie dringend auf Grundlage Ihrer Einsichten der Handlungsbedarf ist.

SCHRITT 4: ENTSCHEIDUNGEN UND HANDLUNGEN

Deshalb werden wir eine Linkedin-Kampagne starten, um das Interesse nach Segmenten (z. B. Produktmanager) zu untersuchen.

Beschreiben Sie, welche Maßnahmen Sie auf Grundlage Ihrer Erkenntnisse ergreifen werden.

Die Macher von Business Model Generation und Strategyzer

Sie haben experimentiert und hinzugelernt. Was nun?

Entkräftet

Gehen Sie zurück an den Zeichentisch: Neuorientierung.
Finden Sie alternative Segmente, Wertangebote oder Geschäftsmodelle, damit Ihre Ideen funktionieren, wenn Ihre Tests Ihre ersten Versuche entkräften.

Zum Beispiel: Wenn sich das Kundeninteresse für Ihr Wertangebot rund um eine neue Technologie nicht bestätigt hat, suchen Sie neue potenzielle Kunden, Wertangebote und Geschäftsmodelle.

Mehr herausfinden

Suchen Sie Bestätigung.
Entwickeln Sie weitere Tests und führen Sie sie durch, wenn rasche und frühzeitige Experimente auf Grundlage einer kleinen Datenmenge die Notwendigkeit drastischer Maßnahmen erkennen lassen.

Zum Beispiel: Wenn Interviews mit potenziellen Kunden erweisen, dass starkes Interesse an einer Dienstleistung besteht, deren Einführung hohe Investitionen verlangt, fassen Sie mit Recherchen und Experimenten nach, die zuverlässigere Daten liefern und das Kundeninteresse bestätigen.

Vertiefen Sie Ihr Verständnis.
Entwickeln Sie weitere Tests und führen Sie sie durch, um zu verstehen, warum ein Trend sich durchsetzt, nachdem Sie ihn erkannt haben.

Zum Beispiel: Wenn die quantitative Auswertung eines Experiments zeigt, dass potenzielle Kunden nicht interessiert sind, fassen Sie mit qualitativen Interviews nach, um herauszufinden, warum sie kein Interesse haben.

Bestätigt

Gehen Sie weiter zum nächsten Baustein.
Testen Sie Ihre nächste wichtige Hypothese, wenn Sie mit Ihren Erkenntnissen und der Verlässlichkeit des Datenmaterials zufrieden sind.

Zum Beispiel: Wenn Sie nachweisliches Kundeninteresse für ein Produkt haben, fassen Sie mit Experimenten nach, welche die Bereitwilligkeit von Vertriebspartnern bestätigen, Ihr Produkt ins Sortiment aufzunehmen und zu bewerben.

Umsetzung
Wenn Sie zufrieden sind mit der Qualität Ihrer Erkenntnisse und der Verlässlichkeit Ihres Datenmaterials, können Sie auf Grundlage Ihrer Ergebnisse sofort mit der Umsetzung beginnen.

Zum Beispiel: Wenn Sie herausgefunden und präzise bestätigt haben, was nötig ist, um Vertriebspartner für den Weiterverkauf Ihres Wertangebots zu interessieren, beginnen Sie damit, Ihre Verkaufsaktivitäten durch die Einstellung von Vertriebsmitarbeitern zu erweitern oder das zugehörige Werbematerial zu entwerfen.

Wie schnell lernen Sie?

Das Einzige, was zwischen Ihnen und der Erkenntnis steht, was die Kunden und Partner wirklich wollen, sind die Gleichmäßigkeit und Geschwindigkeit, mit der Sie und Ihr Team sich durch den Zyklus von Gestalten/Bauen, Messen und Lernen bewegen. Das nennt sich Zykluslaufzeit.

Die Geschwindigkeit, mit der Sie lernen, ist entscheidend, besonders während der frühen Phasen des Wertangebotsdesigns. Wenn Sie anfangen, ist die Ungewissheit am höchsten. Sie wissen nicht, ob die Kunden sich für die Aufgaben, Probleme und Gewinne interessieren, um die Sie sich kümmern wollen, ganz zu schweigen von Ihrem Wertangebot.

Deshalb ist es wichtig, dass Ihre ersten Experimente überaus schnell vonstattengehen und ein Maximum an Lerneffekt mit sich bringen, sodass Sie rasche Anpassungen vornehmen können. Aus diesem Grund ist das Erstellen eines Businessplans oder die Durchführung einer umfangreichen Marktforschungsstudie durch Dritte der falsche Einstieg, auch wenn dies zu einem späteren Zeitpunkt durchaus sinnvoll sein kann.

Lerninstrumente

Bringen Sie Ihre Ideen schnell in Form, um sie mit anderen zu teilen, auf die Probe zu stellen oder weiterzuentwickeln und überprüfbare Hypothesen aufzustellen.

Gewinnen Sie rasch erste Markterkenntnisse. Nehmen Sie diese Arbeit intern vor, damit die Lernerfolge frisch und relevant bleiben und Sie rasch handeln und auf Erkenntnisse reagieren können.

Nutzen Sie die ganze Bandbreite an Tests aus der Bibliothek der Experimente (S. 214). Beginnen Sie mit schnellen, wenn die Ungewissheit hoch ist. Fahren Sie mit zuverlässigeren, langsameren fort, wenn Sie eindeutige Hinweise auf die richtige Richtung haben.

Businesspläne sind gründlicher ausgearbeitete Dokumente und im Allgemeinen statischer. Schreiben Sie nur dann einen, wenn Sie eindeutige Belege haben und sich der Umsetzungsphase nähern.

Marktstudien sind oft kostspielig und langsam. Sie sind keine optimale Forschungsmethode, weil sie nicht zulassen, dass Sie sich rasch an die Umstände anpassen. Am sinnvollsten sind sie im Kontext mit schrittweisen Veränderungen eines Wertangebots.

Eine Pilotstudie ist häufig die Standardmethode, um eine Idee innerhalb eines Unternehmens zu testen. Ihr sollten jedoch schnellere und preiswertere Lerninstrumente vorausgehen, da die meisten Pilotstudien auf relativ stark ausgearbeiteten Wertangeboten basieren, die einen erheblichen Zeit- und Kostenaufwand erfordern.

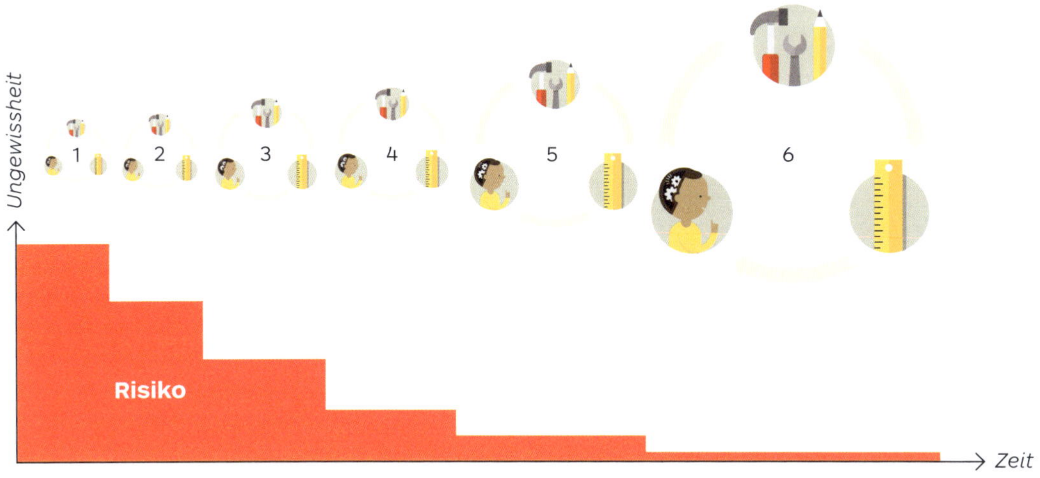

Sechs rasche Wiederholungszyklen, basierend auf schnellen Experimenten, bringen mehr Einsichten hervor als drei lange Zyklen, die auf langsameren Experimenten beruhen. Der schnellere Ansatz führt rascher zu Erkenntnissen und verringert damit Risiken und Ungewissheit maßgeblicher als der Letztere.

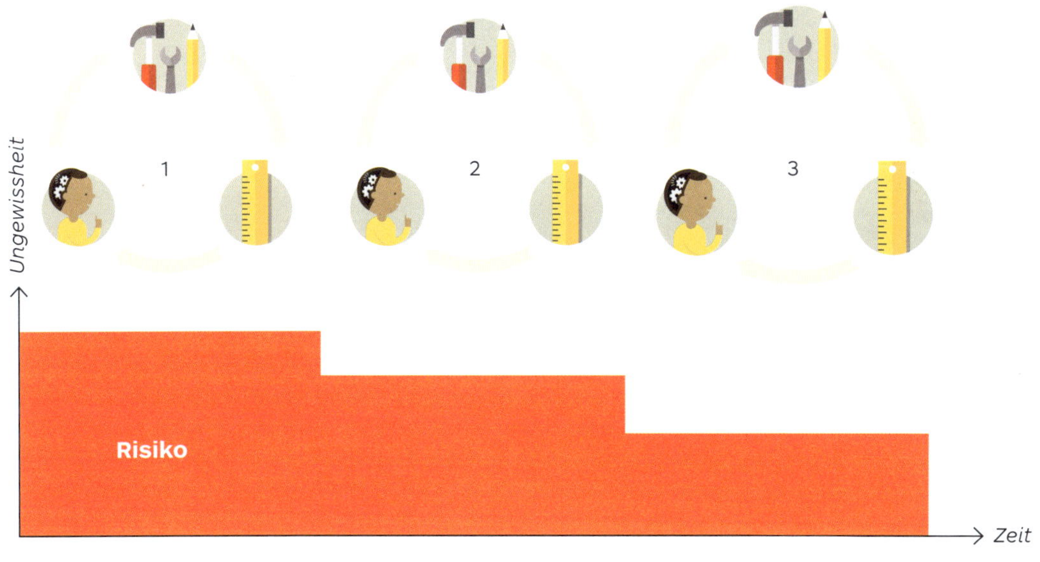

Je schneller die Iterationen, desto mehr lernen Sie, und desto eher haben Sie Erfolg.

Verschwenden Sie keine Zeit!
Stellen Sie sich vor, Sie verbringen eine Woche, einen Monat oder mehr damit, Ihre Idee zu verfeinern und zu perfektionieren. Stellen Sie sich vor, all diese Zeit mit Nachdenken darüber zu verbringen, was Sie brauchen, um hervorragende Wachstumszahlen zu erzielen, nur um am Ende herauszufinden, dass Ihre Kunden und Partner gar nicht interessiert sind. Das ist Zeitverschwendung!

Fünf Datenfallen, die Sie umgehen sollten

Schützen Sie sich vor dem Scheitern, indem Sie Ihre Daten kritisch betrachten. Experimente liefern wertvolle Beweise, die zur Verringerung von Risiken und Ungewissheit genutzt werden können, aber sie sagen zukünftigen Erfolg nicht mit hundertprozentiger Sicherheit voraus. Vielleicht ziehen Sie auch einfach die falschen Schlüsse aus Ihrem Material. Meiden Sie die folgenden fünf Fallen, um sicherzustellen, dass Sie Ihre Ideen erfolgreich testen.

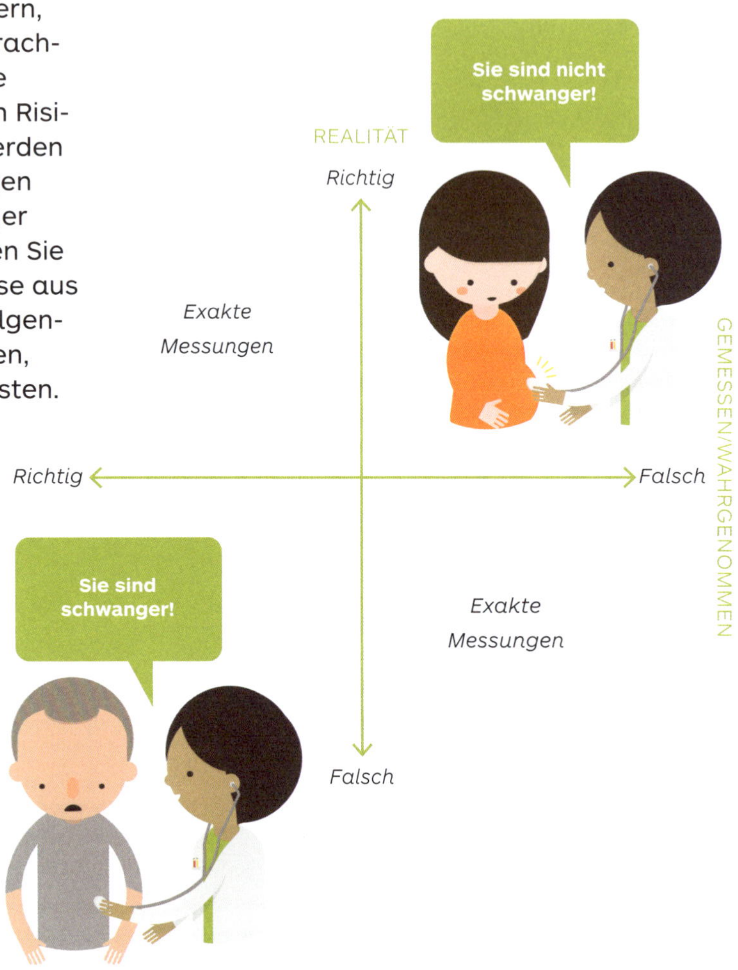

Die Falsch-positiv-Falle

Risiko: Dinge sehen, die gar nicht da sind

Auftreten: Wenn Ihre Testergebnisse Sie beispielsweise zu der falschen Schlussfolgerung führen, dass Ihr Kunde ein Problem hat, obwohl das in Wirklichkeit gar nicht der Fall ist.

Tipps

- Testen Sie den Kreis, ehe Sie das Quadrat testen. Finden Sie heraus, was für die Kunden relevant ist, damit Sie nicht von positiven Signalen für irrelevante Wertangebote in die Irre geführt werden.
- Entwerfen Sie verschiedene Experimente für dieselbe Hypothese, ehe Sie wichtige Entscheidungen treffen.

Die Falsch-negativ-Falle

Risiko: Dinge nicht sehen, die da sind

Auftreten: Wenn Ihr Experiment es zum Beispiel nicht schafft, eine Kundenaufgabe zu entdecken, die es aufspüren sollte.

Tipps

Achten Sie darauf, dass Ihr Test angemessen ist. Dropbox, ein Hosting-Dienstleister für Dateien, testete das Kundeninteresse anfangs über Google Adwords. Diese entkräfteten seine Hypothese, weil die Werbung nicht funktionierte. Aber der Grund, warum die Leute nicht suchten, war, dass es sich um einen neuen Markt handelte, und hatte nichts mit fehlendem Interesse zu tun.

Die »Maximum-erreicht«-Falle

Risiko: Das tatsächliche Potenzial verkennen
Auftreten: Wenn Sie Experimente durchführen, die sich um ein vermeintliches Maximum drehen, und dabei größere Chancen nicht wahrnehmen. So können zum Beispiel positive Testergebnisse dazu führen, dass Sie an einem viel weniger profitablen Modell festhalten, obwohl es ein gewinnträchtigeres gäbe.

Tipp
Konzentrieren Sie sich mehr auf das Lernen als auf das Optimieren. Zögern Sie nicht, einen Schritt zurückzugehen und bessere Alternativen zu gestalten, wenn die Testergebnisse zwar positiv sind, die Zahlen aber besser sein könnten (z.B. größerer Markt, mehr Umsatz, mehr Gewinn).

Die »Maximum-erschöpft«-Falle

Risiko: Einschränkungen übersehen (z.B. eines Marktes)
Auftreten: Wenn Sie eine Chance für größer halten, als sie eigentlich ist. Zum Beispiel denken Sie, Sie würden an der Stichprobe einer großen Grundgesamtheit testen, während tatsächlich die Stichprobe bereits die Gesamtheit darstellt.
Tipp
Gestalten Sie Tests, die das Potenzial über die unmittelbar angesprochenen Testpersonen hinaus belegen.

Die Falsche-Daten-Falle

Risiko: An der falschen Stelle suchen
Auftreten: Wenn Sie eine Gelegenheit verstreichen lassen, weil Sie die falschen Daten betrachten. Zum Beispiel lassen Sie eine Idee fallen, weil die Kunden, an denen Sie sie testen, nicht interessiert sind, erkennen dabei jedoch gar nicht, dass es durchaus interessierte Personen gäbe.
Tipp
Machen Sie einen Schritt zurück und entwickeln Sie Alternativen, ehe Sie aufgeben.

Testkarte

Strategyzer

Testbezeichnung | Frist

Verantwortliche(r) | Dauer

SCHRITT 1: HYPOTHESE

Wir glauben, dass

Entscheidend:

SCHRITT 2: TESTEN

Um dies zu verifizieren, werden wir

Testkosten: Verlässlichkeit der Daten:

SCHRITT 3: METRIK

Und messen,

Erforderliche Zeit:

SCHRITT 4: KRITERIEN

Wir liegen richtig, wenn

Die Macher von Business Model Generation und Strategyzer

Download Testkarte

Lernkarte

Strategyzer

Bezeichnung der Erkenntnis | Datum

Verantwortliche(r)

SCHRITT 1: HYPOTHESE

Wir glaubten, dass

SCHRITT 2: BEOBACHTUNG

Wir beobachten

Verlässlichkeit der Daten:

SCHRITT 3: ERFAHRUNGEN UND ERKENNTNISSE

Daraus haben wir gelernt, dass

Handlungsbedarf:

SCHRITT 4: ENTSCHEIDUNGEN UND HANDLUNGEN

Deshalb werden wir

Die Macher von Business Model Generation und Strategyzer

Download Lernkarte

3.3

Die Bibliothek der Experimente

DATENSAMMLER
ERFOLG
ZUM DESIGN
DATENANALYSE
3
2
Learning Card

Bunt gemischte Experimente

Jedes Experiment hat Stärken und Schwächen. Manche sind schnell und preiswert, bringen aber weniger verlässliche Ergebnisse hervor. Andere liefern zwar zuverlässigere Resultate, aber ihre Umsetzung erfordert mehr Zeit und Geld.

Berücksichtigen Sie Kosten, Datenverlässlichkeit und Zeitaufwand, wenn Sie Ihren Experimentemix gestalten. Als Faustregel sollten Sie mit den preiswerten beginnen, wenn die Ungewissheit noch hoch ist, und Ihre Ausgaben für Experimente mit zunehmender Gewissheit erhöhen.

DE·FI·NI·TION

Experiment

Ein Vorgang um eine Wertangebots- oder Geschäftsmodellhypothese zu bestätigen oder zu entkräften

Wählen Sie eine Reihe von Tests, indem Sie sich in unserer Bibliothek der Experimente bedienen oder Ihre Fantasie bemühen, um neue Experimente zu erfinden. Beachten Sie zwei Dinge, wenn Sie Ihre Kombination zusammenstellen:

Was Kunden sagen und was sie tun, sind zwei verschiedene Dinge.
Machen Sie Experimente, die zum Einstieg verbale Belege von Kunden liefern. Bringen Sie die Kunden dazu, Handlungen auszuführen, und verpflichten Sie sie dazu (z.B. durch Interaktion mit einem Prototyp), stärkere Beweise auf Grundlage ihres Tuns und nicht ihrer Worte zu liefern.

Kunden verhalten sich unterschiedlich, je nachdem ob Sie anwesend sind oder nicht.
Während des direkten persönlichen Kontakts mit Kunden können Sie erfahren, warum sie etwas tun oder sagen, und Anregungen von ihnen bekommen, wie Sie Ihr Wertangebot verbessern können. Ihre Anwesenheit kann sie jedoch womöglich dazu bringen, sich anders zu verhalten, als wenn Sie nicht da sind.

Bei der indirekten Beobachtung von Kunden (z.B. im Internet) sind Sie näher an einer lebensnahen Situation, die nicht durch Ihre Interaktion mit den Kunden verzerrt wird. Sie können numerische Daten sammeln und nachverfolgen, wie viele Kunden eine von Ihnen angeregte Handlung ausgeführt haben.

Tipp
Nutzen Sie diese Techniken, um zu verifizieren, ob die Kunden wirklich meinen, was sie sagen. Belegen Sie, dass die Aufgaben, Probleme und Gewinne, die sie erwähnen, wirklich existieren und dass sie ernsthaft an Ihren Produkten und Dienstleistungen interessiert sind.

Tipp
Verwenden Sie diese Techniken, um zu begreifen, wie Kunden mit Ihren Prototypen interagieren. Die Investitionen sind im Allgemeinen höher, liefern aber konkrete und verwendbare Anregungen.

Tipp
Nutzen Sie diese Techniken im Frühstadium des Designprozesses, da die Investition gering ist und Sie auch Erkenntnisse gewinnen.

DIREKTER KONTAKT mit Kunden
Warum und wie man sich verbessern kann

INDIREKTE BEOBACHTUNG von Kunden
Wie viele und wie viel

Was Kunden tun
Beobachten Sie ihr Verhalten

Laborstudien

- Lernprototyp/Minimalprodukt (S. 222)
- Lebensgroßer Prototyp (S. 226)
- Zauberer von Oz (S. 223)

Anthropologe (S. 114)

Für Feldforschung

Verkaufsaktionen

- Simulationsverkäufe (S. 236)
- Vorverkäufe (S. 237)
- Crowdfunding (S. 237)

Überwachungsaktionen

- Ad und Link Tracking (S. 220)
- Landing Page (S. 228)
- Split-Tests (S. 230)

Was Kunden sagen
Beobachten Sie ihre Einstellungen

Partizipative Entwicklung und Evaluation

- Illustrationen, Storyboards und Szenarios (S. 224)
- Speedboat (S. 233)
- Produktverpackung (S. 234)
- Merkmalkauf (S. 235)

Journalist (S. 110)

Für Interviews

Detektiv (S. 108)

Für Datenauswertung

Angeregt durch die Arbeiten zur Nutzererfahrung von Christian Rohner (NN).

Nachweise schaffen durch einen Handlungsaufruf

Setzen Sie Experimente ein, um zu testen, ob die Kunden interessiert sind, welche Präferenzen sie haben und ob sie bereit sind, für Ihr Angebot zu bezahlen. Bringen Sie sie dazu, so weit wie möglich einem Handlungsaufruf Folge zu leisten, um sie einzubinden und Nachweise darüber zu liefern, was funktioniert und was nicht.

Je mehr ein Kunde (= Testperson) investieren muss, um einem Handlungsaufruf Folge zu leisten, umso stärker ist der Beweis, dass er wirklich Interesse hat. Einen Button anklicken, an einer Umfrage teilnehmen, eine persönliche E-Mail schreiben oder einen Testkauf durchführen sind unterschiedliche Grade von Investitionen. Wählen Sie Ihre Experimente entsprechend aus.

Handlungsaufrufe mit einem geringen Grad an Investition sind angemessen am Anfang des Wertangebotsdesigns. Diejenigen, die ein höheres Maß an Investition erfordern, haben mehr Sinn im späteren Verlauf des Prozesses.

DE·FI·NI·TION

Handlungsaufruf

Fordert ein Subjekt auf, eine Handlung zu vollziehen; bei einem Experiment angewendet, um eine oder mehrere Hypothesen zu testen

Führen Sie Experimente durch, um Folgendes zu testen:

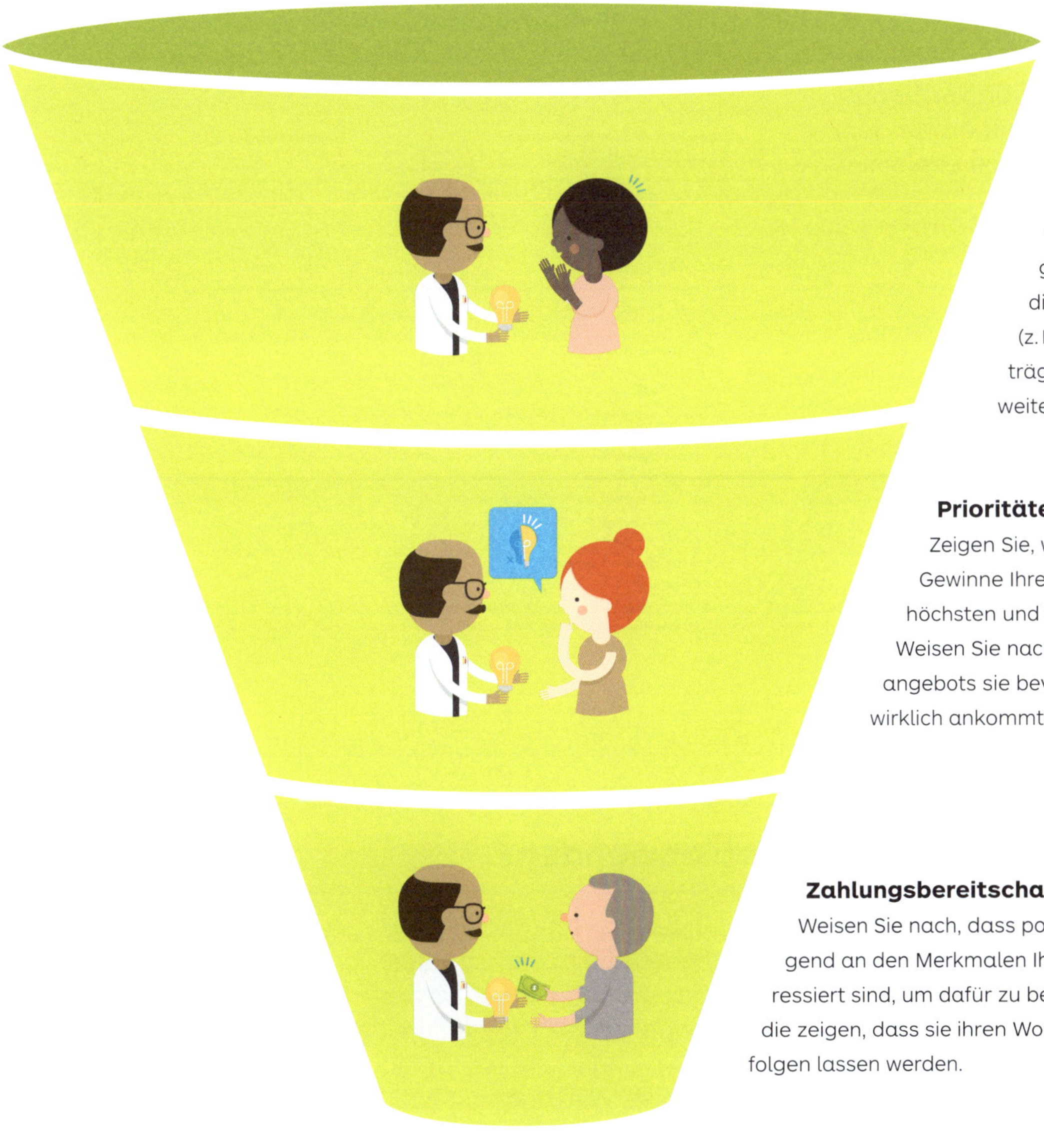

Interesse und Relevanz

Beweisen Sie, dass potenzielle Kunden und Partner aufrichtig interessiert sind und es nicht nur behaupten. Zeigen Sie, dass Ihre Ideen ihnen wichtig genug sind, um sie Handlungen ausführen zu lassen, die über ein Lippenbekenntnis hinausgehen (z. B. E-Mail-Registrierung, Treffen mit Entscheidungsträgern und Budgetverwaltern, Vorverträge und so weiter).

Prioritäten und Präferenzen

Zeigen Sie, welche Aufgaben, Probleme und Gewinne Ihre potenziellen Kunden und Partner am höchsten und welche sie am niedrigsten bewerten. Weisen Sie nach, welche Bestandteile Ihres Wertangebots sie bevorzugen. Belegen Sie, worauf es ihnen wirklich ankommt und worauf nicht.

Zahlungsbereitschaft

Weisen Sie nach, dass potenzielle Kunden genügend an den Merkmalen Ihres Wertangebots interessiert sind, um dafür zu bezahlen. Liefern Sie Fakten, die zeigen, dass sie ihren Worten finanzielle Taten folgen lassen werden.

Ad Tracking

Mit Ad Tracking können Sie die Aufgaben, Probleme, Gewinne und Interessen Ihrer potenziellen Kunden – oder den Mangel daran – für ein neues Wertangebot erforschen. Ad Tracking ist eine anerkennte Technik, die von Werbetreibenden verwendet wird, um die Effektivität von Werbeausgaben zu messen. Sie können dieselbe Technik anwenden, um Kundeninteressen zu ergründen, sogar noch ehe ein Wertangebot existiert.

Kundeninteressen testen mit Google Adwords

Wir nutzen Google Adwords, um diese Technik zu erläutern, weil es sich besonders gut eignet für Testmaßnahmen, die auf der Verwendung von Suchbegriffen für Werbung beruhen (andere Dienste wie Linkedin und Facebook funktionieren aber auch gut).

1. **Suchbegriffe auswählen**
   Wählen Sie Suchbegriffe aus, die am besten wiedergeben, was Sie testen wollen (z. B. das Vorhandensein einer Kundenaufgabe, eines Problems, eines Gewinns oder des Interesses an einem Wertangebot).
2. **Werbung/Test gestalten**
   Gestalten Sie Ihre Testwerbeanzeige mit Headline, Link zu einer Landing Page und Werbetext. Achten Sie darauf, dass sie das repräsentiert, was Sie testen wollen.
3. **Kampagne starten**
   Legen Sie ein Budget für Ihre Werbe-/Testkampagne fest, und lassen Sie sie anlaufen. Bezahlen Sie nur für die Klicks auf Ihre Anzeige, denn die signalisieren Interesse.
4. **Klicks erfassen**
   Bringen Sie in Erfahrung, wie viele Personen Ihre Anzeige anklicken. Wenn es keine Klicks gibt, kann das auf fehlendes Interesse hinweisen.

Wo anwenden?

Testen Sie das Interesse schon zu einem frühen Zeitpunkt des Prozesses, um die Existenz von Kundenaufgaben, Problemen, Gewinnen und Interesse für ein bestimmtes Wertangebot zu erforschen.

Unique Link Tracking

Mit Unique Link Tracking können Sie Interessen potenzieller Kunden oder Partner nachweisen, die über das hinausgehen, was diese Ihnen in Meetings, bei Interviews oder Telefonanrufen erzählen. Es ist eine überaus einfache Methode, um echtes Interesse zu messen.

Wo anwenden?

Dies funktioniert überall, ist jedoch besonders interessant für Branchen, in denen das Erzeugen von Minimalprodukten schwierig ist, zum Beispiel bei Industrieprodukten oder medizinischen Geräten.

1

Einen eindeutigen Link erzeugen

Setzen Sie einen eindeutigen und funktionsfähigen Link zu weitergehenden Informationen über Ihre Ideen (z. B. ein Download oder eine Landing Page) mit einem Service wie goo.gl.

2

Präsentieren und nachverfolgen

Erklären Sie Ihre Idee einem potenziellen Kunden oder Partner. Während oder nach dem Meeting geben Sie der Person (per E-Mail) den eindeutigen Link und erwähnen, dass er zu näheren Informationen führt.

3

Echtes Interesse erkennen

Verfolgen Sie, ob der Kunde den Link benutzt hat oder nicht. Wenn der Link nicht benutzt wurde, kann dies auf einen Mangel an Interesse hindeuten oder auf wichtigere Aufgaben, Probleme und Gewinne als jene, die Ihre Idee berücksichtigt.

Katalog der Minimalprodukte

Das Minimalprodukt ist ein Konzept, das durch die Lean-Startup-Bewegung populär geworden ist und mit dem sich auf wirkungsvolle Weise das Interesse an einem Produkt überprüfen lässt, ehe es vollständig produziert wird. Anstatt einen neuen Begriff zu prägen, halten wir lieber an dieser etablierten Bezeichnung fest und passen sie an die Überprüfung von Wertangeboten an.

Überzeugend »echt« – Darstellung eines Wertangebots

Verwenden Sie die folgenden Techniken, um Ihre Wertangebote real und konkret zu machen, ehe Sie irgendetwas umsetzen, wenn Sie sie an potenziellen Kunden und Partnern testen.

Was bedeutet »Minimalprodukt« in diesem Buch?

Die Darstellung oder der Prototyp eines Wertangebots, speziell dafür entworfen, um die Gültigkeit einer oder mehrerer Hypothesen/Annahmen zu überprüfen

Ziel ist es, dabei so schnell, preisgünstig und effizient wie möglich vorzugehen. Minimalprodukte werden hauptsächlich genutzt, um potenzielle Kunden- und Partnerinteressen zu erforschen.

Tipp

Fangen Sie preiswert an, auch in großen Unternehmen mit großen Budgets. Benutzen Sie beispielsweise Ihr Smartphone, um Videos zu machen und die Reaktionen darauf zu testen, ehe Sie ein Filmteam engagieren, um »professionelle« Videos zu drehen und die Tests auszuweiten.

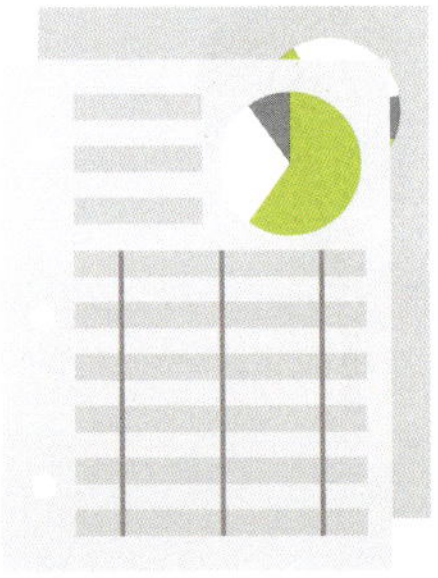

Datenblatt
Spezifikationen Ihres geplanten Wertangebots
Anforderungen: Textverarbeitungsprogramm

Broschüre
Dummy-Broschüre Ihres geplanten Wertangebots
Anforderungen: Textverarbeitungsprogramm und Designkenntnisse

Storyboard
Illustration eines Kundenszenarios, um Ihr geplantes Wertangebot vorzuführen
Anforderungen: Zeichner

Lernen mit funktionalen Minimalprodukten

Verwenden Sie Prototypen, die speziell dafür entworfen werden, um aus Experimenten mit potenziellen Kunden und Partnern zu lernen.

Landing Page
Website, die Ihr geplantes Wertangebot beschreibt (meist mit einem Handlungsaufruf).
Anforderungen: Webdesigner

Produktverpackung
Verpackungsprototyp für Ihr geplantes Wertangebot
Anforderungen: Verpackungsdesigner und Prototypumsetzung

Video
Video, das Ihr geplantes Wertangebot zeigt oder erklärt, wie es funktioniert
Anforderungen: Filmteam

Lernprototyp
Funktionsfähiger Prototyp Ihres Wertangebots mit den wichtigsten Grundmerkmalen, die für das Lernen notwendig sind
Anforderungen: Produktentwicklung

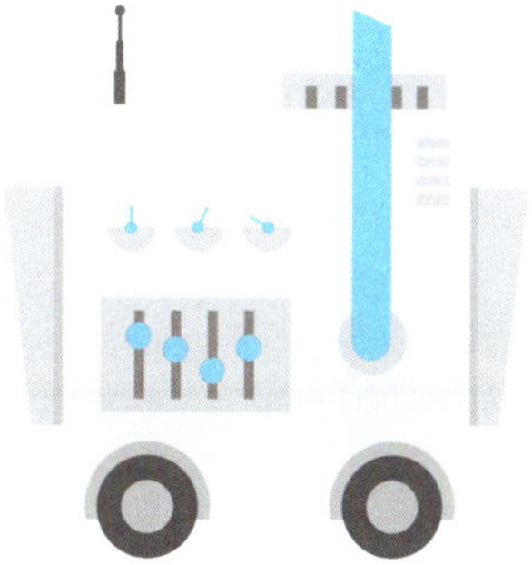

Zauberer von Oz
Bauen Sie eine Oberfläche auf, die genau wie ein echtes funktionsfähiges Wertangebot aussieht, und führen Sie die Aufgaben eines normalerweise automatisierten Produkts oder einer Dienstleistung manuell durch
Anforderungen: sich die Hände schmutzig machen

Illustrationen, Storyboards und Szenarios

Zeigen Sie Ihren potenziellen Kunden Illustrationen, Storyboards und Szenarios mit Bezug auf Ihre Wertangebotsideen, um herauszufinden, was ihnen wirklich am Herzen liegt. Diese Art von Illustrationen sind schnell und preisgünstig herzustellen und machen selbst die komplexesten Wertangebote verständlich.

Tipps

- In einem Business-to-Business-Kontext könnten Sie Wertangebote für jedes wichtige Kundensegment erstellen, zum Beispiel Anwender, Budgetverantwortliche, Entscheidungsträger und so weiter.
- Achten Sie bei bestehenden Unternehmen darauf, dass die Mitarbeiter mit direktem Kundenkontakt in den Prozess eingebunden werden, vor allem um Unterstützung und Zugang zu den Kunden zu erhalten, denen Sie die Illustrationen präsentieren können.
- Ergänzen Sie die Illustrationen mit Dummy-Datenblättern, Broschüren oder Videos, um Ihre Ideen noch konkreter zu machen.
- Führen Sie A/B-Tests mit leicht unterschiedlichen Szenarios durch, um herauszufinden, welche Varianten am besten ankommen.
- Vier oder fünf Meetings pro Kundensegment sind normalerweise ausreichend, um brauchbares Feedback zu bekommen.
- Nutzen Sie die Kundenbeziehung und wiederholen Sie den Prozess zu einem späteren Zeitpunkt mit ausgereifteren Prototypen.

1

Prototypen für alternative Wertangebote

Bieten Sie demselben Kundensegment mehrere alternative Prototypen. Sorgen Sie für Vielfalt (d. h. acht bis zwölf völlig verschiedene Wertangebote) und Abwechslung (d. h. leicht unterschiedliche Alternativen).

2

Szenarios festlegen

Skizzieren Sie Szenarios und Storyboards, die beschreiben, wie ein Kunde jedes Wertangebot in einem realen Umfeld erlebt.

3

Überzeugende Bilder schaffen

Lassen Sie Ihre Skizzen von einem Illustrator in überzeugende Bilder verwandeln, welche die Kundenerfahrung klar und greifbar machen. Verwenden Sie einzelne Illustrationen für jedes Wertangebot oder ganze Storyboards.

Prozess übernommen von Christian Doll, bicdo.de.

Fragen an die Kunden:

Welche Wertangebote schaffen für Sie wirklich Wert?

Welche sollten wir beibehalten und vorantreiben, und von welchen sollten wir Abstand nehmen?

Widmen Sie sich eingehender jedem einzelnen Wertangebot; achten Sie auf Aufgaben, Probleme und Gewinne, und fragen Sie:

- Was fehlt?
- Was sollte weggelassen werden?
- Was sollte hinzugefügt werden?
- Was sollte reduziert werden?
- Fragen Sie immer nach dem Warum, um qualitatives Feedback zu bekommen.

4

An Kunden testen

Treffen Sie sich mit Kunden und präsentieren Sie die verschiedenen Illustrationen, Szenarios und Storyboards, um ins Gespräch zu kommen, Reaktionen auszulösen und zu erfahren, was ihnen wichtig ist. Lassen Sie die Kunden die Wertangebote sortieren, vom wertvollsten bis zum am wenigsten hilfreichen.

5

Befragen und anpassen

Verwenden Sie die Erkenntnisse aus Ihren Treffen mit den Kunden. Entscheiden Sie, welche Wertangebote Sie weiter ausloten, von welchen Sie Abstand nehmen und welche Sie anpassen.

Experimente in Lebensgröße

Lassen Sie Ihre Kunden mit lebensgroßen Prototypen und naturgetreuen Simulationen von Dienstleistungserfahrungen interagieren. Halten Sie an den Prinzipien rascher, zeitsparender und kostengünstiger Prototypen fest, um trotz des ausgereifteren Settings Kundeneinsichten zu erlangen. Fügen Sie einen Handlungsaufruf hinzu, um das Interesse zu validieren.

Concept Cars und lebensgroße Prototypen

Das sind Autos, die neue Designs und Technologien vorführen sollen. Ihr Zweck ist eher, Kundenreaktionen auszulösen, als direkt in die Massenproduktion zu gehen.

Lit Motors wendete die Prinzipien des Lean Startup an, um den Prototyp für ein elektrisches, gyroskopisch gelenktes Zweiradfahrzeug zu erstellen und an den Kunden zu testen. Da dieser Fahrzeugtyp ein völlig neues Konzept darstellt, war es für Lit Motors entscheidend, die Kundenwahrnehmung und -akzeptanz von Anfang an zu verstehen.

Darüber hinaus fügte Lit Motors einen Handlungsaufruf hinzu, um das Kundeninteresse über erste Interaktionen mit dem Prototyp hinaus zu bestätigen. Die Kunden können sich ein Fahrzeug gegen eine Pfandgebühr von 250 bis 10 000 Dollar reservieren lassen. Die Gebühren wandern auf ein Firmenkonto, bis die Fahrzeuge fertig sind, wobei Kunden mit höheren Beiträgen weiter vorne auf der Warteliste landen.

Prototypräume

Das sind Räume, um Produkte und Dienstleistungserfahrungen gemeinsam mit Kunden zu erschaffen und/oder ihr Verhalten zu beobachten, um neue Erkenntnisse zu gewinnen. Laden Sie potenzielle Kunden ein, ihre eigene perfekte Erfahrung zu schaffen. Binden Sie Branchenexperten mit ein, damit sie beim Entwickeln und Testen neuer Konzepte und Ideen helfen.

Die Hotelkette Marriott hat im Untergeschoss ihres Hauptsitzes einen Prototypraum eingerichtet, der sich »Underground« nennt. Gäste und Experten sind aufgefordert, die Hotelerfahrung der Zukunft zu schaffen, indem sie gemeinsam Hotelzimmer und andere Räume gestalten. Die Gäste sind eingeladen, nachgebildete Hotelzimmer, die leicht rekonfiguriert werden können, mit Möbeln, Stromanschlüssen, Elektrogeräten und vielem mehr zu versehen.

Tipps

- Sorgen Sie dafür, lebensgroße Prototypen und Dienstleistungserfahrungen mit einem Handlungsaufruf zu validieren. Die Kunden neigen immer dazu, in einer Prototypumgebung die perfekte Erfahrung zu gestalten, für die sie jedoch im wirklichen Leben möglicherweise nicht zu zahlen bereit sind.
- Nutzen Sie schnellere und billigere Bestätigungsmethoden, ehe Sie auf lebensgroße Prototypen und realistische Nachbildungen von Dienstleistungserfahrungen zurückgreifen.
- Behalten Sie die Kosten für diese Art von Prototypen im Auge. Halten Sie sich an das Prinzip, dass Prototypen möglichst einfach, schnell und kostengünstig sein sollen, während Sie den Testpersonen eine lebensnahe Erfahrung bieten.

Landing Page

Das typische Landing-Page-Minimalprodukt ist eine einfache Webseite oder eine schlichte Homepage, die ein Wertangebot oder einige seiner Aspekte schildert. Der Besucher wird aufgefordert, einem Handlungsaufruf zu folgen, der es dem Tester ermöglicht, eine oder mehrere Hypothesen zu bestätigen. Das wesentliche Lerninstrument eines Landing-Page-Minimalprodukts ist die Konversionsrate von Besuchern der Seite zu jenen Personen, die dem Handlungsaufruf nachkommen (z. B. E-Mail-Registrierung, Simulationskauf).

»Das Ziel eines Landing-Page-Minimalprodukts ist es, eine oder mehrere Hypothesen zu bestätigen, nicht das Sammeln von E-Mail-Adressen oder der Verkauf, die nur angenehme Nebenprodukte des Experiments sind.«

Wann?

Testen Sie frühzeitig, um herauszufinden, ob die Aufgaben, Probleme und Gewinne, die Sie aufgreifen wollen, und/oder Ihr Wertangebot dem Kunden wichtig genug sind, um eine Handlung auszuführen.

Variationen

Kombinieren Sie mit Split-Tests, um Präferenzen oder Alternativen zu untersuchen, die besser als andere funktionieren. Messen Sie die Klickaktivität mit sogenannten Heatmaps, um zu erfahren, was die Besucher auf Ihrer Seite anklicken.

Nutzen Sie Ihre Value Map, um die Headline und den Text zu gestalten, die Ihr Wertangebot auf der Landing Page beschreiben.

Gestalten Sie Ihre Landing Page, die Generierung von Besucherzahlen und den Handlungsaufruf auf Grundlage Ihrer Lernziele.

Besucherzahlen

Erhöhen Sie die Besucherzahlen Ihrer Landing Page durch Anzeigen, über Social Media oder Ihre bestehenden Kanäle. Achten Sie darauf, die Zielkunden anzusprechen, von denen Sie lernen wollen, nicht einfach irgendjemanden.

Headline

Entwerfen Sie eine Headline, die Ihre potenziellen Kunden anspricht und das Wertangebot vorstellt.

Wertangebot

Nutzen Sie die zuvor beschriebenen Techniken, um potenziellen Kunden Ihr Wertangebot deutlich und begreifbar zu machen.

Handlungsaufruf

Lassen Sie die Website-Besucher eine Handlung ausführen, aus der Sie etwas ableiten können (z.B. E-Mail-Registrierung, Umfragen, Simulationskauf, Vorbestellung). Beschränken Sie Ihre Handlungsaufrufe, um den Lernerfolg zu optimieren.

Reichweite

Kontaktieren Sie Personen, die Ihrem Handlungsaufruf gefolgt sind, und untersuchen Sie, warum sie genügend motiviert waren, um die Handlung auszuführen. Erfahren Sie mehr über ihre Aufgaben, Probleme und Gewinne. Natürlich erfordert dies, dass Sie während des Handlungsaufrufs Kontaktdaten erheben.

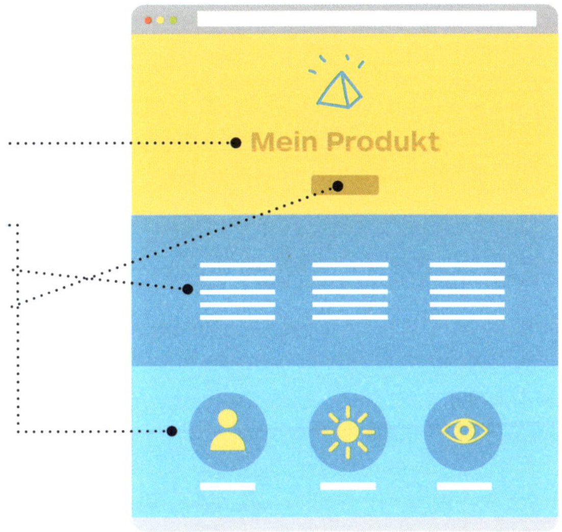

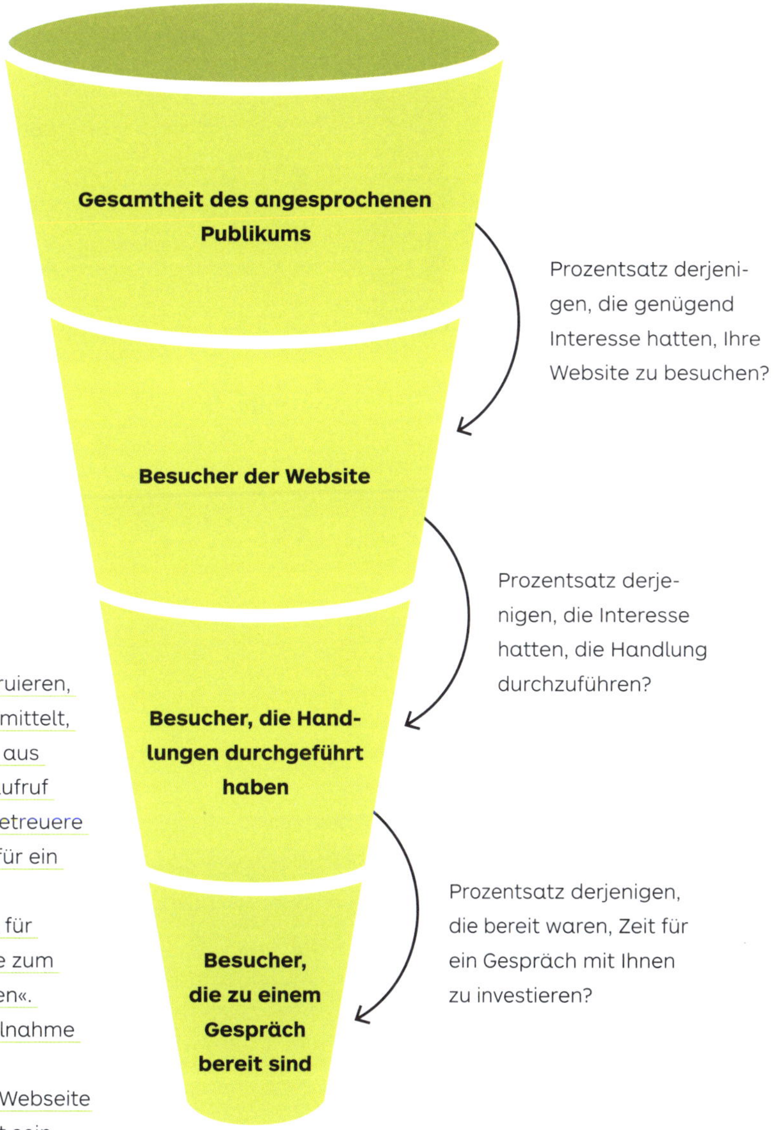

Tipps

- Sie könnten ein Landing-Page-Minimalprodukt konstruieren, das die Illusion eines bestehenden Wertangebots vermittelt, selbst wenn es noch gar keins gibt. Ihre Erkenntnisse aus einem näher an der Realität orientierten Handlungsaufruf (z. B. Simulationsverkäufe) bieten Ihnen wirklichkeitsgetreuere Hinweise als beispielsweise die E-Mail-Registrierung für ein geplantes Wertangebot oder dessen Vorbestellung.
- Sorgen Sie nach einem abgeschlossenen Experiment für Transparenz gegenüber Ihren Testpersonen, wenn Sie zum Beispiel die Existenz eines Wertangebots »vortäuschen«. Denken Sie über eine passende Belohnung für die Teilnahme an dem Experiment nach.
- Ein Landing-Page-Minimalprodukt kann als einzelne Webseite oder innerhalb einer bestehenden Website aufgebaut sein.

Split-Test

Bei einem Split-Test, auch als A/B-Test bekannt, wird die Leistung von zwei oder mehr Optionen verglichen. In diesem Buch wenden wir diese Methode an, um die Leistung alternativer Wertangebote für die Kunden zu vergleichen oder um mehr über Aufgaben, Probleme und Gewinne zu erfahren.

Nutzen Sie für die verschiedenen Optionen, die Sie testen wollen, dieselbe Anzahl von Personen.

Kontrolle

8 %

Vergleichen Sie, wie jede Option sich im Hinblick auf Ihren Handlungsaufruf auswirkt.

Herausforderung

20 %

Durchführung von Split-Tests

Die häufigste Form von Split-Tests besteht darin, zwei oder mehr Varianten einer Website oder einer zweckgebundenen Landing Page zu testen (z. B. können die Varianten gestalterische Unterschiede haben oder leicht bzw. gänzlich unterschiedliche Wertangebote darstellen). Diese Technik wurde von Unternehmen wie Google oder Linkedin sowie bei der Obama-Kampagne von 2008 populär gemacht. Split-Tests können auch in der physischen Welt durchgeführt werden. Das hauptsächliche Lerninstrument ist, zu vergleichen, ob die Konversionsraten im Hinblick auf einen bestimmten Handlungsaufruf sich zwischen konkurrierenden Alternativen unterscheiden.

Was wird getestet?

Die folgenden Elemente können Sie mühelos mit A/B-Tests überprüfen:

- Alternative Merkmale
- Preisgestaltung
- Rabatte
- Fließtext
- Verpackung
- Website-Variationen
- ...

Handlungsaufruf

Wie viele der Testpersonen sind dem Handlungsaufruf gefolgt?

- Kauf
- E-Mail-Registrierung
- Button anklicken
- Umfrage
- Ausführen irgendeiner anderen Aufgabe

Split-Test für den Titel dieses Buchs

Für dieses Buch haben wir mehrere Split-Tests durchgeführt. Zum Beispiel haben wir Besucher von www.businessmodel-generation.com umgelenkt, um drei verschiedene Buchtitel zu testen. Wir haben die Titel mit über 120.000 Personen in einem Zeitraum von fünf Wochen getestet.

Es gab etliche Handlungsaufrufe. Der erste bestand darin, einfach einen Button mit der Aufschrift »Mehr erfahren« anzuklicken. Dann konnten die Personen sich mit ihrer E-Mail-Adresse für das Erscheinen des Buchs vormerken lassen. Im letzten Handlungsaufruf baten wir sie, eine Umfrage auszufüllen, um mehr über ihre Aufgaben, Probleme und Gewinne zu erfahren. Als kleine Belohnung zeigten wir ein Video, das die Value Proposition Canvas erläutert.

Tipps

- Testen Sie eine einzelne Variation in der Herausforderungs-Option, wenn Sie genau identifizieren wollen, was zu besseren Ergebnissen führt.
- Verwenden Sie sogenannte multivariate Tests mehrerer kombinierter Elemente, um herauszufinden, welche Kombination die größte Wirkung erzielt.
- Nutzen Sie Google Adwords oder andere Optionen, um Testpersonen anzulocken.
- Sorgen Sie dafür, dass Sie eine statistische Relevanz von mehr als 95 Prozent erreichen.
- Verwenden Sie Tools wie Google Website Optimizer, Optimizely oder andere, um Split-Tests leicht durchführen zu können.

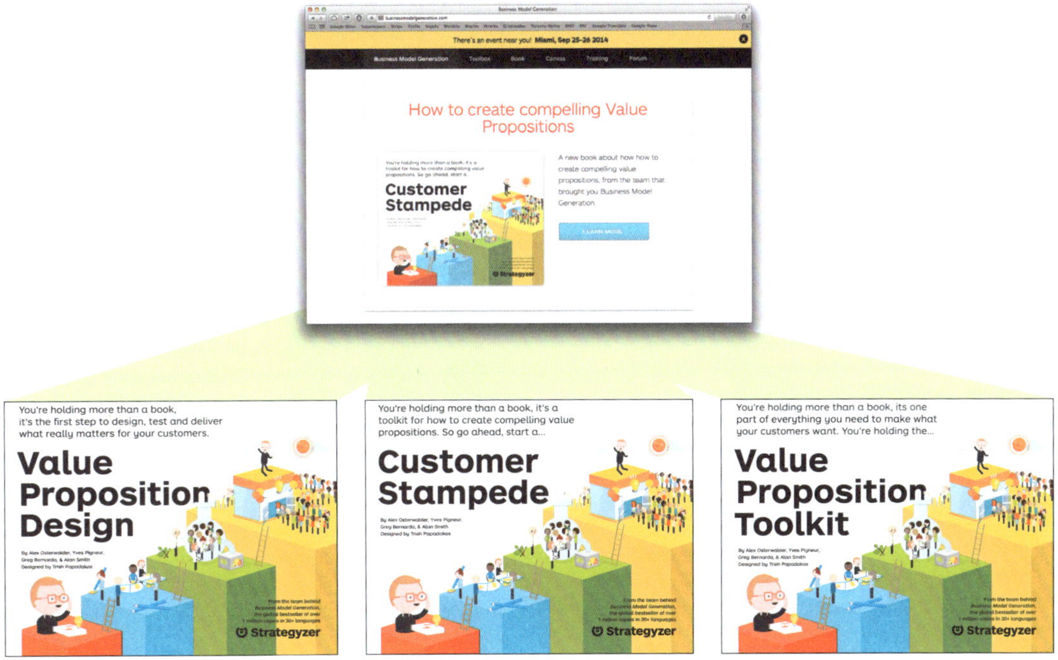

Konversionsraten: **8,51 Prozent** **6,62 Prozent** **8,21 Prozent**

Innovation Games®

Innovation Games ist eine Methodik, die von Luke Hohmann entwickelt wurde und mit der Sie bessere Wertangebote entwerfen können, indem Sie mit Ihren (potenziellen) Kunden kollaborative Spiele durchführen. Die Spiele können online oder persönlich gespielt werden. Wir stellen drei davon vor.

Alle drei Innovation Games, die wir vorstellen, können auf verschiedene Arten verwendet werden. Wir skizzieren drei bestimmte Aufgaben, bei denen sie uns unterstützen können, wenn es um die Value Proposition Canvas und verwandte Hypothesen geht.

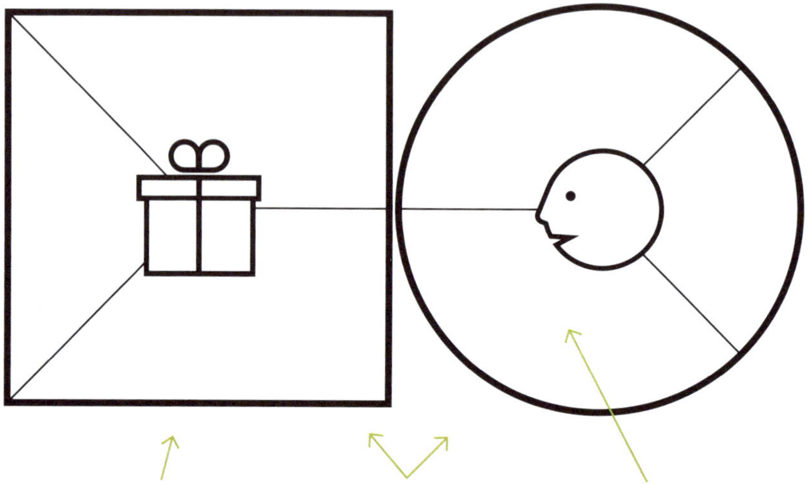

Funktionen kaufen
Aufgabe: Einordnen, welche Funktionen die Kunden am meisten wünschen

Produktverpackung
Aufgabe: Die Aufgaben, Probleme und Gewinne Ihrer Kunden und die von ihnen gewünschten Wertangebote erkennen

Speedboat
Aufgabe: Die gravierendsten Probleme identifizieren, die Kunden von der Erfüllung ihrer Aufgaben abhalten

Hohmann, Innovation Games, 2006.

Speedboat

Dies ist ein einfaches, aber wirkungsvolles Spiel, um Ihr Verständnis für Kundenprobleme zu verifizieren. Bringen Sie Ihre Kunden dazu, explizit die Probleme, Hindernisse und Risiken zu äußern, die sie davon abhalten, erfolgreich ihre Aufgaben zu erledigen, indem Sie die Analogie eines Speedboats verwenden, das von Ankern festgehalten wird.

1

Vorbereitung

Erstellen Sie ein Plakat mit einem Speedboat auf See.

2

Probleme identifizieren

Fordern Sie die Kunden auf, die Probleme, Hindernisse und Risiken zu identifizieren, die sie davon abhalten, erfolgreich ihre Aufgaben zu erfüllen. Jeder Punkt wird auf einen großen Haftnotizzettel geschrieben. Bitten Sie sie, jeden Zettel als Anker an das Boot zu heften – je tiefer der Anker, desto gravierender das Problem.

3

Auswertung

Vergleichen Sie die Ergebnisse dieser Übung mit Ihrer vorherigen Auffassung dessen, was Kunden von der Ausübung ihrer Aufgaben abhält.

Tipps

- Diese Übung kann während der Designphase durchgeführt werden, um Kundenprobleme zu identifizieren, oder während der Tests, um Ihre vorhandene Auffassung zu verifizieren.
- Wählen Sie ein Segelschiff mit Ankern und Segeln, wenn Sie gleichzeitig an Problemen und Gewinnen arbeiten wollen. Die Segel ermöglichen es Ihnen zu fragen: »Was macht das Schiff schneller?«, zusätzlich zur Verwendung der Anker, die symbolisieren, was bremsend wirkt.

Produktverpackung

In diesem Spiel bitten Sie die Kunden, eine Produktverpackung zu gestalten, die das Wertangebot repräsentiert, das sie von Ihnen kaufen wollen. Sie werden erfahren, was den Kunden wichtig ist und welche Merkmale sie begeistern.

1

Design

Laden Sie einige Kunden zu einem Workshop ein. Geben Sie ihnen eine Pappschachtel und bitten Sie sie, eine Produktverpackung zu gestalten, die sie selbst kaufen würden. Die Packung sollte die zentralen Werbebotschaften, die wichtigsten Merkmale und die entscheidenden Vorteile enthalten, die sie von Ihrem Wertangebot erwarten würden.

2

Präsentation

Bitten Sie Ihre Kunden, sich vorzustellen, sie würden Ihr Produkt bei einer Messe verkaufen. Tun Sie so, als wären Sie ein kritischer Konsument, und lassen Sie sich die Verpackung von Ihrem Kunden präsentieren.

3

Erfassung

Beobachten und notieren Sie, welche Botschaften, Merkmale und Vorteile die Kunden im Zusammenhang mit der Verpackung erwähnen und welche besonderen Aspekte sie während der Präsentation hervorheben. Identifizieren Sie ihre Aufgaben, Probleme und Gewinne.

Ein Merkmal kaufen

Dies ist ein ausgeklügeltes Spiel, bei dem man die Kunden dazu bringt, eine Liste von vordefinierten (aber noch nicht bestehenden) Wertangebotsmerkmalen zu sortieren. Die Kunden erhalten ein beschränktes Spielgeld-Budget, um die von ihnen bevorzugten Funktionen zu kaufen, deren Preise nach realistischen Faktoren gestaltet sind.

Merkmale	Preis				Notwendiger Gesamtbetrag	Gekauft?
	€ 35	20	0	10	-5	Nein
	€ 50	5	0	0	-45	Nein
	€70	10	35	25	0	Yes

1

Funktionen auswählen und Preise gestalten

Wählen Sie die Merkmale aus, für die Sie die Kundenpräferenz testen wollen. Geben Sie jedem davon einen Preis auf der Grundlage von Entwicklungskosten, Marktpreis oder anderen Faktoren, die für Sie von Bedeutung sind.

2

Budget festlegen

Die Teilnehmer kaufen die Funktionen als Gruppe, aber jeder Teilnehmer erhält ein persönliches Budget, das er individuell verwenden kann. Achten Sie darauf, dass das persönliche Budget die Teilnehmer zwingt, ihre Ressourcen zu bündeln, und dass das Gesamtbudget sie zwingt, eine strenge Auswahl der von ihnen gewünschten Merkmale zu treffen.

3

Die Teilnehmer kaufen lassen

Laden Sie die Teilnehmer ein, ihr Budget auf die von ihnen gewünschten Funktionen zu verwenden. Weisen Sie zur Zusammenarbeit mit den anderen an, um mehr Funktionen zu erhalten.

4

Ergebnisse analysieren

Analysieren Sie, welche Merkmale am meisten Zugkraft entwickeln und gekauft werden und welche nicht.

Simulationsverkäufe

Eine sehr gute Methode, um sicheres Kundeninteresse zu testen, ist die Durchführung eines Simulationsverkaufs, ehe Ihr Wertangebot überhaupt existiert. Ziel ist es, den Kunden glauben zu machen, dass er einen tatsächlichen Kauf durchführt. Dies lässt sich in einer Online-Umgebung leicht realisieren, ist aber auch in der physischen Welt möglich.

Online

Testen Sie verschiedene Grade des Kundenengagements mit diesen drei Experimenten:

Erfahren Sie mehr über Kundeninteressen, indem Sie erfassen, wie viele Personen auf einen einfachen »Jetzt-kaufen«-Button klicken.

Erfahren Sie, wie die Preisgestaltung das Kundeninteresse beeinflusst. Kombinieren Sie dies mit A/B-Tests (S. 230), um mehr über die Nachfrageelastizität und die optimale Preisgestaltung herauszufinden.

Erhalten Sie solides Datenmaterial, indem Sie eine Transaktion mit den Kreditkarteninformationen des Kunden simulieren. Dies ist der stärkste Beweis für Kundennachfrage (siehe Tipps für die Beeinflussung der Kundenwahrnehmung, S. 237).

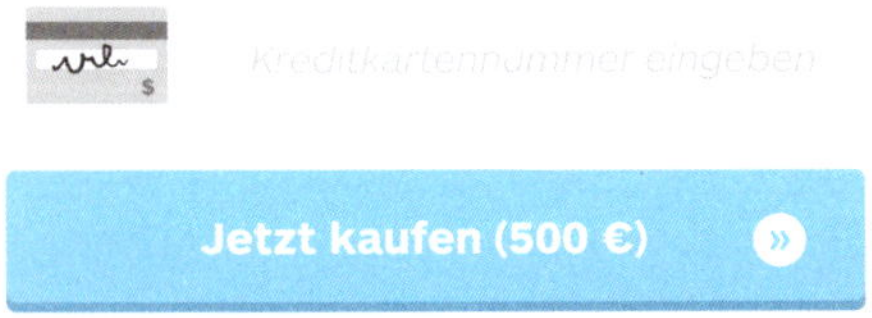

Physische Welt

Simulationsverkäufe sind nicht auf den Online-Bereich beschränkt. Dies machen Einzelhändler, um Kundeninteresse und Preisgestaltung in der realen Welt zu testen:

Produkte, die noch gar nicht existieren, in einer begrenzten Zahl von (Versand-)Katalogen präsentieren

Ein Produkt in einer einzigen Filiale nur für einen begrenzten Zeitraum verkaufen (im Unterschied zum Pilotverkauf, der typischerweise einen gesamten Markt abdeckt)

Vorabverkäufe

Das Hauptziel dieser Art von Vorabverkäufen ist es, das Kundeninteresse zu erforschen; es geht nicht ums Verkaufen. Die Kunden gehen eine Kaufverpflichtung ein und sind sich der Tatsache bewusst, dass Ihr Wertangebot noch nicht vollständig vorhanden ist. Im Falle mangelnden Interesses wird der Verkauf storniert und der Kunde bekommt sein Geld erstattet.

Tipps

Machen Sie sich keine Sorgen, dass Simulationsverkäufe die Kunden abschrecken und sich negativ auf Ihre Marke auswirken. Bei einem guten Umgang mit der Kundenwahrnehmung können Simulationsverkäufe sich zu Ihrem Vorteil nutzen lassen. Bauen Sie auf diese Best Practices:

- Erklären Sie, dass Sie einen Test durchgeführt haben, nachdem der Kunde den Simulationskauf abgeschlossen hat.
- Gewähren Sie Transparenz über die Informationen, die Sie behalten oder löschen.
- Löschen Sie immer die Kreditkarteninformationen eines Scheinverkaufs.
- Bieten Sie eine Belohnung für die Teilnahme am Test an (z.B. kleine Geschenke oder Rabatte).

Sie verwandeln Testpersonen eher in Verfechter Ihrer Marke, als sie abzuschrecken, wenn Sie gut mit der Kundenwahrnehmung umgehen.

Achtung

Denken Sie daran, dass erfolgreiche Vorabverkäufe nur ein Indikator sind. Ouya, eine Videospielkonsole auf Android-Basis, begeisterte Millionen auf Kickstarter, schaffte es jedoch später nicht, eine solide Kundenbasis zu erzielen oder ein erweiterbares Geschäftsmodell zu gestalten.

Online

Plattformen wie Kickstarter haben den Vorabverkauf populär gemacht. Sie geben die Möglichkeit, für ein Projekt zu werben, und wenn es den Kunden gefällt, können sie Geld zusichern. Die Projekte erhalten das Kapital nur, wenn sie das zuvor festgelegte Kapitalziel erreichen. Wenn Sie dabei sind, die erforderliche Infrastruktur aufzubauen, können Sie auch eigene Vorabverkaufsprozesse ins Leben rufen.

Physische Welt

Kapitalzusagen, Absichtserklärungen und Unterschriften bieten, auch wenn sie nicht rechtlich bindend sind, eine nützliche Methode, um die Kaufbereitschaft potenzieller Kunden zu testen. Dies ist auch leichter in einem B2B-Kontext anzuwenden.

3.4

Wie sich alles zusammenfügt

HYPOTHESEN EXTRAKTOR
HYPOTHESE
#1
#2
#3
#4
#5
#6
#7
DATENSAMMLER
ERFOLG
ZUM DESIGN
DATENANALYSE

Der Testablauf

Verwenden Sie alle Werkzeuge, die Sie kennengelernt haben, um zu beschreiben, was Sie zum Testen benötigen und wie Sie vorgehen werden, um Ihre Idee in die Realität umzusetzen.

Was wird getestet?

Mit der Value Proposition Canvas und der Business Model Canvas skizzieren Sie, wie Ihre Idee Ihrer Meinung nach zum Erfolg werden kann. Diese Grundlage lässt Sie mit Leichtigkeit die Hypothesen formulieren, die sich bestätigen müssen, damit Ihre Idee funktioniert. Fangen Sie damit an, die wichtigsten anhand einer Reihe von Experimenten zu testen.

Wie wird getestet?

Mit der Testkarte beschreiben Sie, wie genau Sie Ihre wichtigsten Hypothesen bestätigen und was Sie messen wollen. Nach einem oder mehreren vollständigen Experimenten nutzen Sie die Lernkarte, um Ihre Erkenntnisse festzuhalten und zu erkennen, ob Sie noch mehr erfahren, iterieren, umschwenken oder weitergehen müssen, um die nächste Hypothese zu prüfen.

Was kommt als Nächstes?

Richten Sie Ihre Augen auf das Ziel, und sorgen Sie dafür, dass Sie Fortschritte erzielen. Beobachten Sie anhand von Problem-Lösung-Übereinstimmung, Produkt-Markt-Übereinstimmung und Geschäftsmodellübereinstimmung, ob Sie sich von Ihrer ursprünglichen Idee in Richtung eines profitablen und erweiterbaren Geschäfts fortentwickeln.

1
Ideen
(um)formen
(6)
2
Hypothesen
erarbeiten
5A
ENTKRÄFTET
Iterieren oder
umschwenken
5B
UNGEWISS
Weiter testen
Bauen
Lernkarte
Testkarte
5
Erfahrungs-
werte und
nächste
Aktionen
festhalten
4
Den Lernzyklus
betreten
3
Tests
entwickeln
5C
BESTÄTIGT
Zum nächsten
Element fort-
schreiten
Lernen
Messen
6
Fortschritt
messen
Umschwenken
Kunden-
entdeckung
Kunden-
validierung
Kunden-
schöpfung
Unternehmens-
aufbau

Messen Sie Ihren Fortschritt

Der Testablauf ermöglicht es Ihnen, kontinuierlich Ungewissheit zu verringern und Ihre Idee in ein echtes Geschäft zu verwandeln. Messen Sie Ihren Fortschritt auf dem Weg zu diesem Ziel, indem Sie die durchgeführten Aktivitäten und die erzielten Ergebnisse nachverfolgen. Diese Doppelseite haben wir auf der Grundlage von Steve Blanks Investment-Readiness-Thermometer gestaltet, und Sie können damit erkennen, ob Sie Fortschritte erzielen.

Download Fortschrittsanzeiger

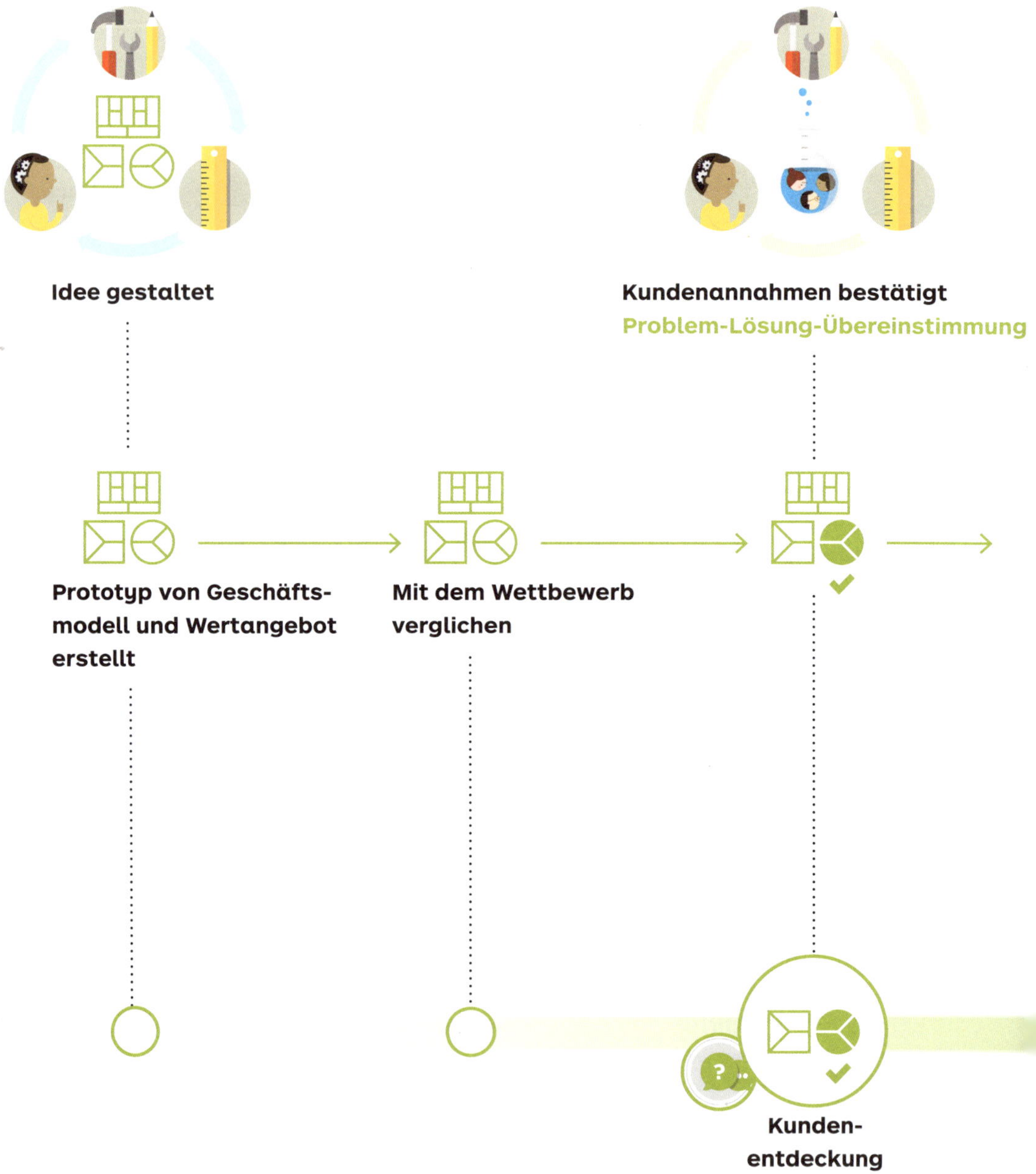

Blank, Investment Readiness Thermometer, 2013. http://steveblank.com/2013/11/25/its-time-to-play-moneyball-the-investment-readiness-level/

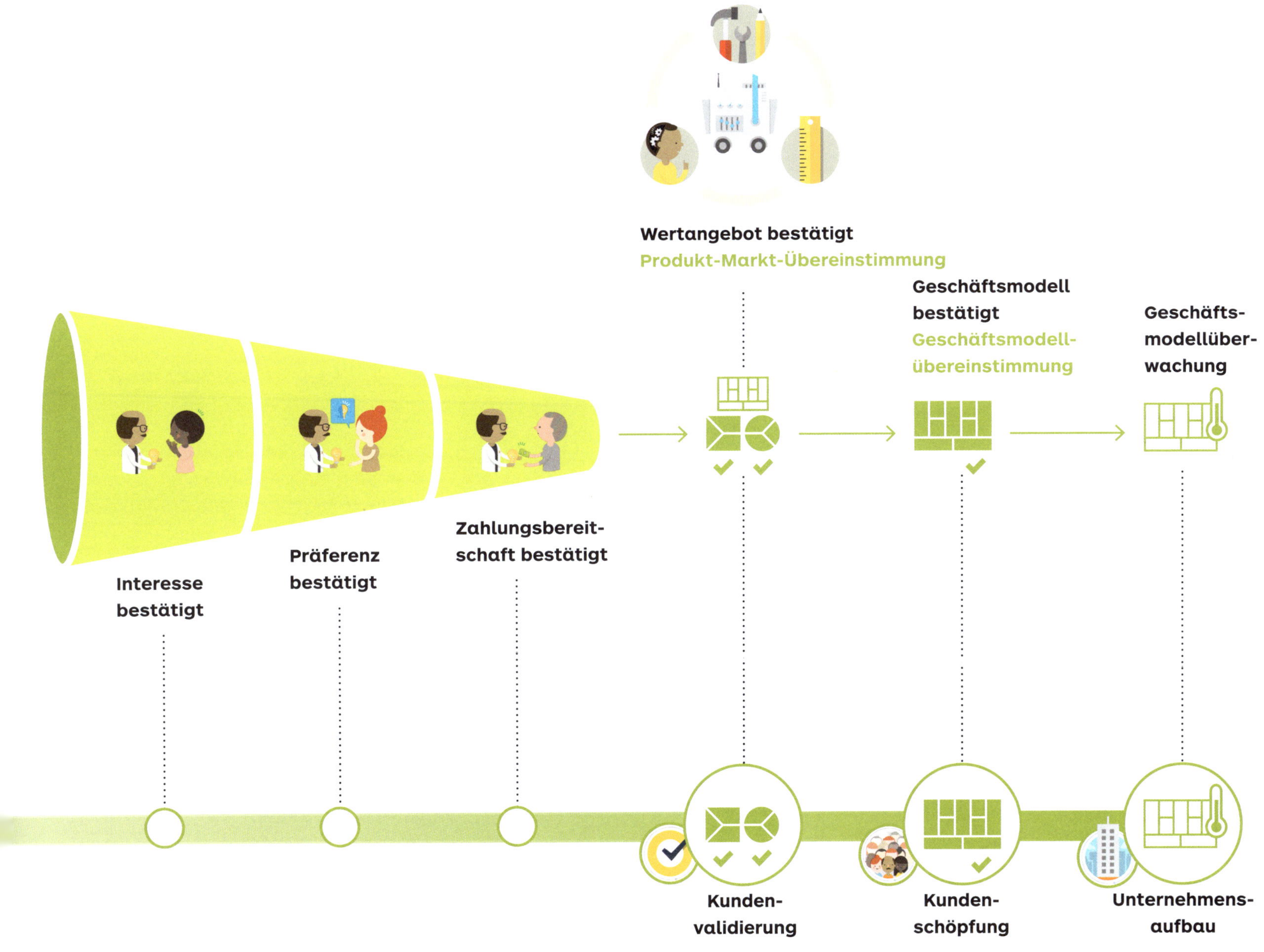
Wertangebot bestätigt
Produkt-Markt-Übereinstimmung
Geschäftsmodell bestätigt
Geschäftsmodell-übereinstimmung
Geschäfts-modellüber-wachung
Interesse bestätigt
Präferenz bestätigt
Zahlungsbereit-schaft bestätigt
Kunden-validierung
Kunden-schöpfung
Unternehmens-aufbau

Das Progress Board

Verwenden Sie das Progress Board, um Ihre Tests zu verwalten und zu beobachten und um einzuschätzen, wie weit Ihr Fortschritt zum Erfolg gediehen ist.

Download Poster »Progress Board«

Was habe ich bereits getestet?

Nutzen Sie die Value Proposition Canvas und die Business Model Canvas, um nachzuvollziehen, welche Elemente Sie getestet, bestätigt oder entkräftet haben.

Was teste ich, und was habe ich daraus gelernt?

Verfolgen Sie die Tests, die Sie planen, entwickeln, messen und verwerten, um zu lernen und Ihre Erkenntnisse und Nachfassaktionen zu formulieren.

Wie groß sind meine Fortschritte?

Behalten Sie im Auge, wie groß Ihre Fortschritte sind.

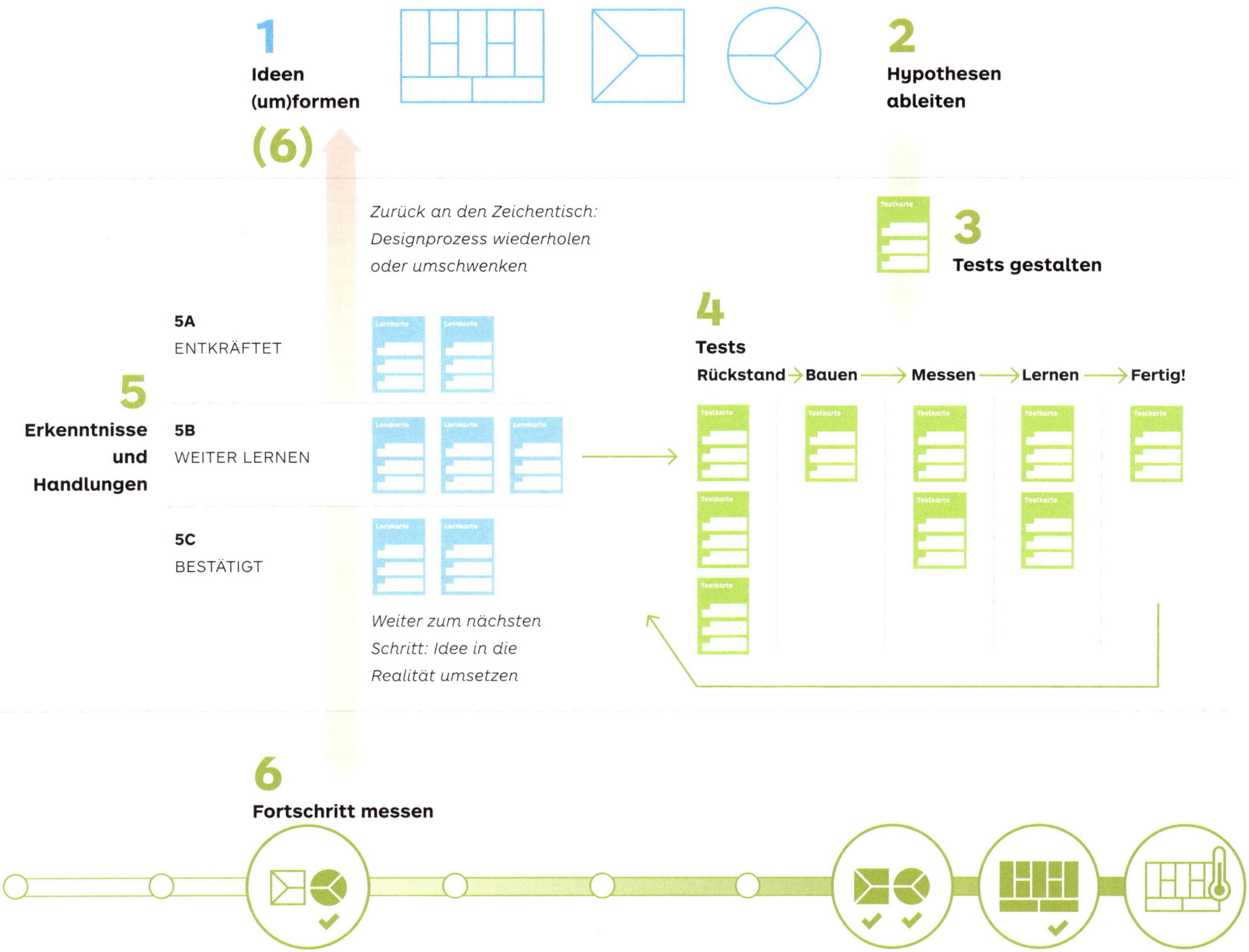
1
Ideen (um)formen
(6)
2
Hypothesen ableiten
3
Tests gestalten
Testkarte
Zurück an den Zeichentisch: Designprozess wiederholen oder umschwenken
4
Tests
Rückstand
Bauen
Messen
Lernen
Fertig!
5
Erkenntnisse und Handlungen
5A
ENTKRÄFTET
5B
WEITER LERNEN
5C
BESTÄTIGT
Lernkarte
Weiter zum nächsten Schritt: Idee in die Realität umsetzen
6
Fortschritt messen

Owlet: Konstanter Fortschritt mit systematischem Design und Tests

Drahtlose Überwachung des Blutsauerstoffgehalts, der Herzfrequenz und des Schlafverhaltens von Säuglingen.*

Owlet-Geschäftsmodell: Version 0

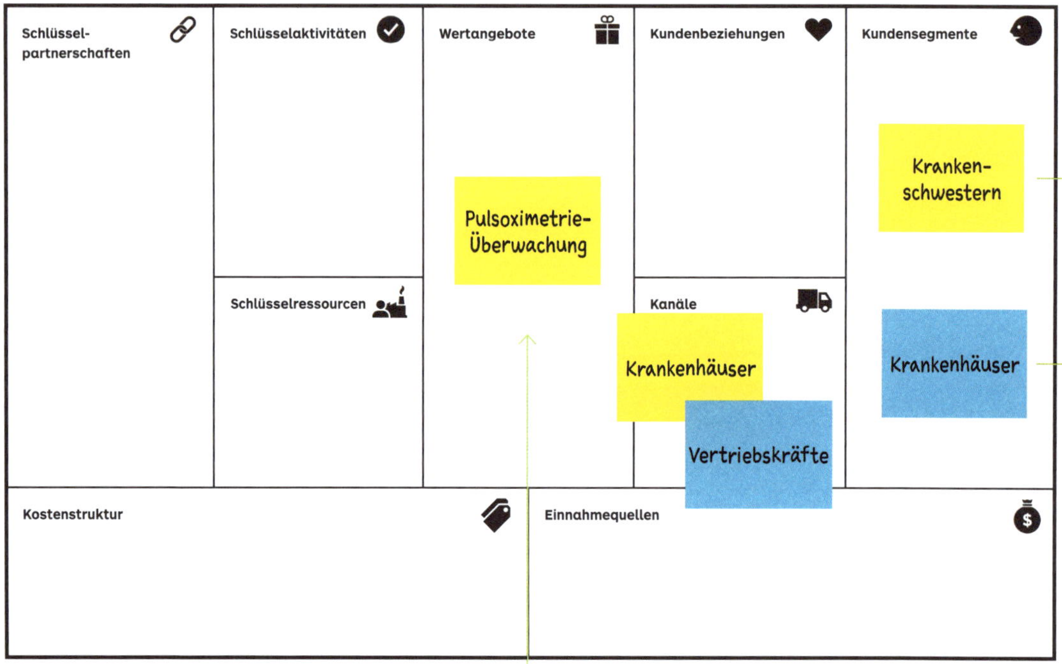

1

Ursprüngliche Idee

Eine Gelegenheit

Die Überwachung der Pulsoximetrie könnte einfacher sein, wenn das Kabel zwischen dem Gerät und dem Monitor nicht wäre.

Die Owlet-Präsentation online

**Übernommen mit Einverständnis von Owlet. Owlet war 2013 der Gewinner der International Business Model Competition.*

Test 1A: Befragung Krankenschwestern
HYPOTHESE: Drahtlose Pulsoximetrie ist praktischer
METRIK: Prozentsatz des positiven Feedbacks
TEST: Befragung von Krankenschwestern
DATEN: Von 58 befragten Krankenschwestern bevorzugen 93 Prozent die drahtlose Überwachung.
Bestätigt: 1 Woche, 0 $

Krankenschwestern

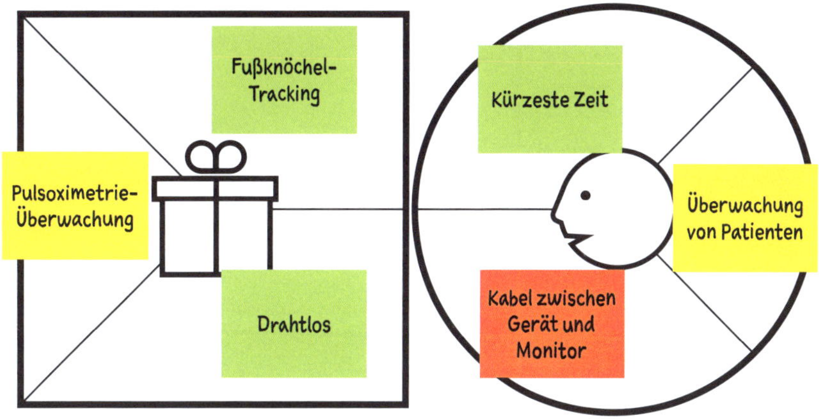

Test 1B: Befragung von Krankenhausverwaltungspersonal
HYPOTHESE: Drahtlose Pulsoximetrie ist praktischer.
METRIK: Prozentsatz des positiven Feedbacks
TEST: Befragung von Krankenhausverwaltungspersonal
DATEN: 0 Prozent bereit, mehr für drahtlose Variante zu bezahlen. »Einfache Anwendung ist kein Problem, wenn nicht kostengünstig.«
Entkräftet: 1 Woche, 0 $

Krankenhausverwaltung

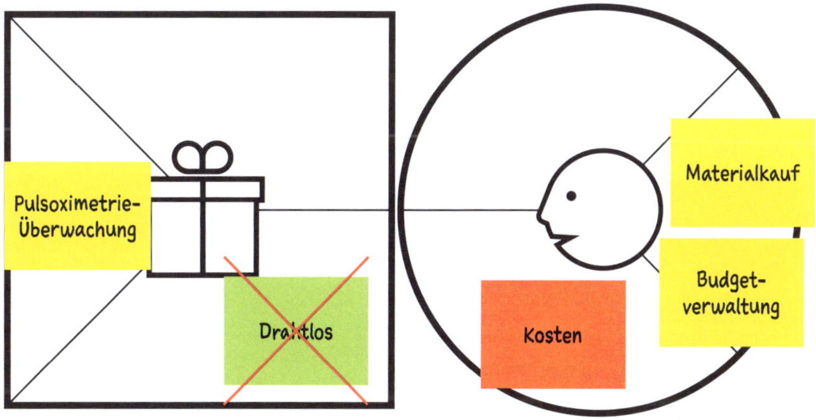

Umschwenken:
Kunden-segment wechseln

Daten: Plötzlicher Kindstod ist die häufigste Ursache für Kindersterblichkeit.

Erste Neuausrichtung nach einer Woche

Owlet-Geschäftsmodell: Version 2

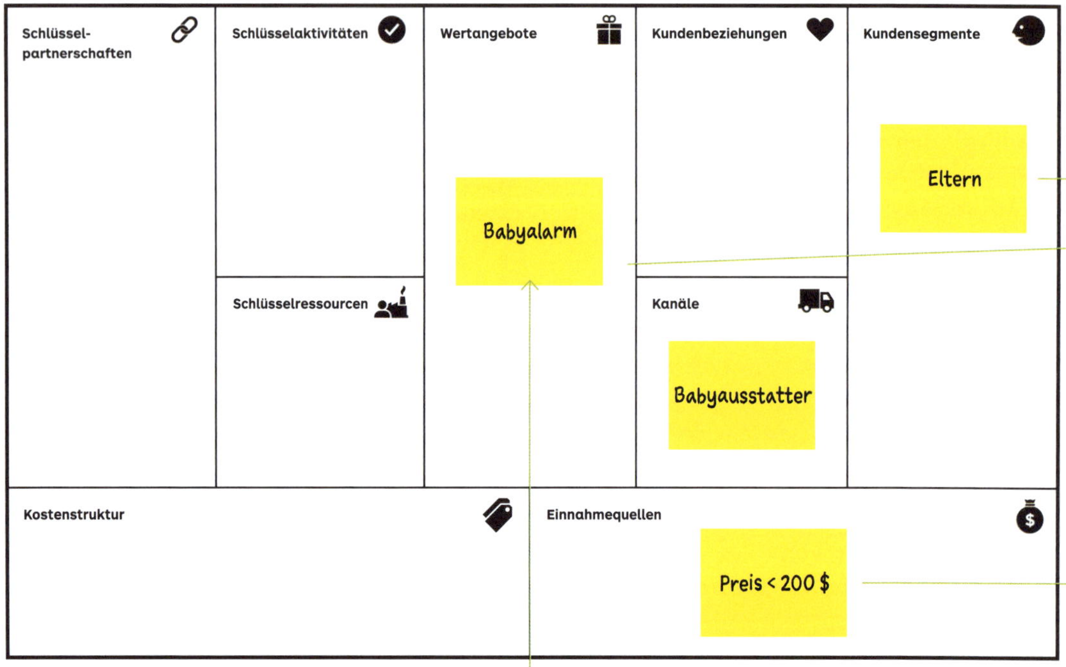

Umschwenken

Wechsel des Kundensegments von Krankenschwestern und Krankenhäusern hin zu besorgten Eltern.

2

Iteration

Seelenfrieden für Eltern

Ein drahtloses Überwachungsgerät, das die Herzfrequenz, den Blutsauerstoffgehalt und das Schlafmuster des Babys kontrolliert und die Daten via Bluetooth mit Warnsignalen an das Handy der Eltern schickt; Vertrieb durch Babyausstatter.

Test 2: Elternbefragung

HYPOTHESE: Eltern sind bereit, ein drahtloses Babyalarmsystem anzunehmen und zu kaufen.
METRIK: Prozentsatz der annahmebereiten Eltern
TEST: Befragung von Müttern
DATEN: Von 105 befragten Müttern nehmen 96 Prozent die drahtlose Überwachung an. »GROSSARTIG. Ich würde es sofort kaufen!«
Bestätigt

Test 3: Minimalprodukt-Landing-Page

HYPOTHESE: Ein intelligenter Babyschuh ist bequem und leicht für die Überwachung anzuwenden.
METRIK: Anzahl der positiven Kommentare
TEST: Minimalprodukt mit Video auf einer Website
DATEN: 17 000 Aufrufe, 5 500 Mal auf Facebook geteilt, 500 positive Kommentare von Eltern, Distributoren und Forschungsorganisationen
Bestätigt, 2 Wochen, 220 $

Test 4: A/B-Preistest

HYPOTHESE: Miete versus Kauf zu einem Preis von über 200 $
METRIK: Prozentsatz für Kaufpreis
TEST: A/B-Test, drei Runden, auf der Website
DATEN: 1 170 Personen getestet, bester Preis 299 $
Bestätigt, 8 Wochen, 30 $

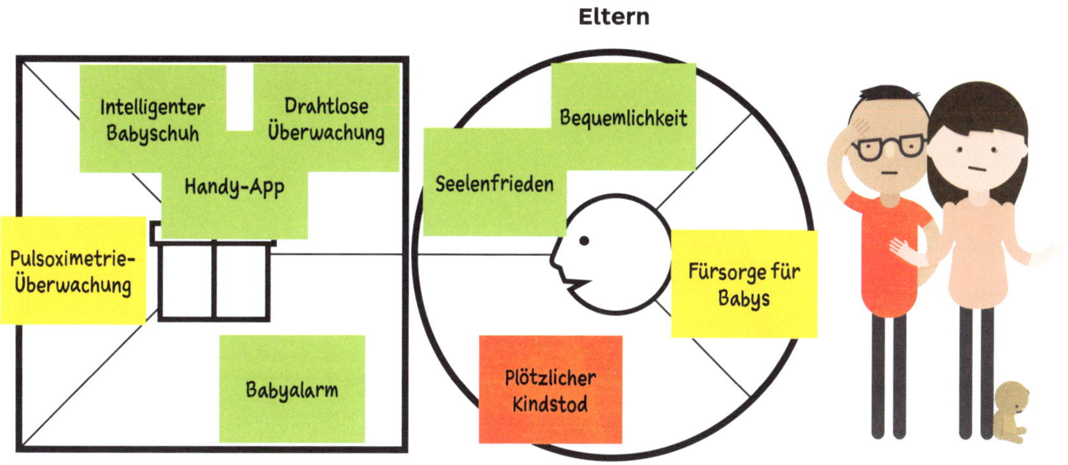

Scheint ein vielversprechendes Geschäft zu sein, aber ...

Nach 24 Wochen und 1 150 $ für die Tests einschließlich technischem Machbarkeitsnachweis

Trockengelaufen

Nach Aussage von Experten kostet die Zulassung eines Babyalarms durch die Food and Drug Administration (FDA) pro Jahr zwischen 120 000 und 200 000 $.

Owlet-Geschäftsmodell: Version 3

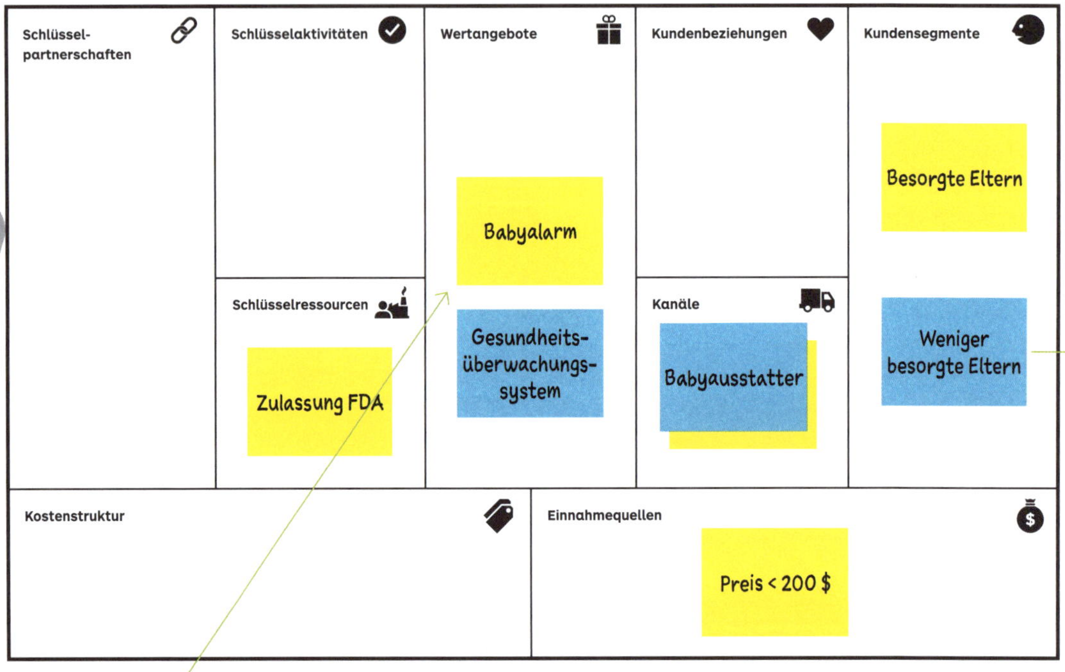

Muss revalidiert werden …

3

Iteration

Seelenfrieden, aber für weniger besorgte Eltern

Mit einem abgespeckten, weniger riskanten Produkt, einem Gesundheitsüberwachungssystem für Babys (Herzfrequenz, Blutsauerstoffgehalt und Schlafmuster), aber ohne Alarmfunktion, für ein anderes Kundensegment: die weniger besorgten Eltern.

Test 5: Befragung/Vorschlag: die »Owlet-Herausforderung«

HYPOTHESE: Weniger besorgte Eltern sind bereit, ein drahtloses Gesundheitsüberwachungsgerät für Babys ohne Alarm anzunehmen und zu kaufen.

METRIK: Prozentsatz an Eltern, die das alarmfreie Überwachungsgerät annehmen

TEST: Befragung in Einzelhandelsfilialen, bei denen zwischen dem Owlet-Gerät und anderen, ähnlichen Systemen (Video, Ton und Bewegung) gewählt werden muss

DATEN: Von 81 Befragten nahmen 20 Prozent das Owlet-Gerät an.

Bestätigt, 3 Wochen, 0 $

Weniger besorgte Eltern

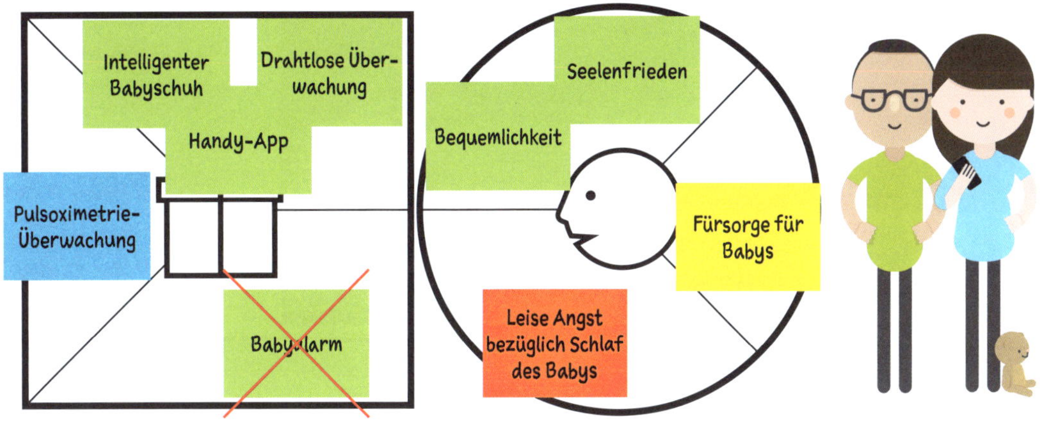

Owlet beschloss, zunächst mit dem Gesundheitsüberwachungssystem für Babys zu beginnen und später, nach der Zulassung durch die FDA, den Babyalarm herauszubringen.

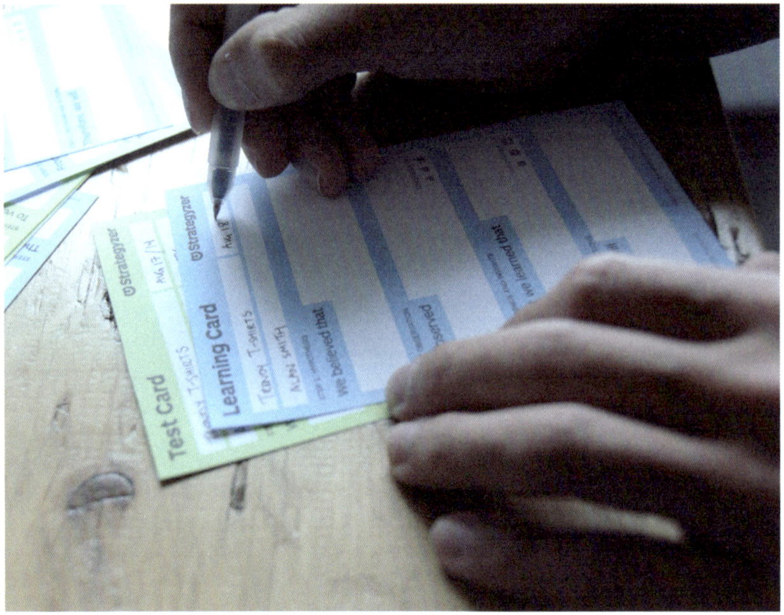

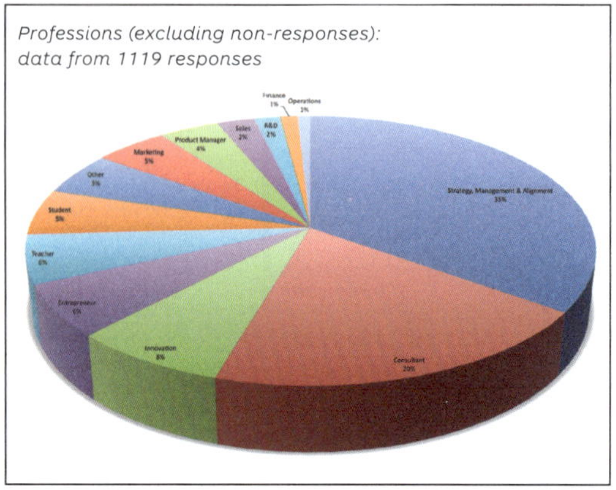

Hinzugelernt

Schritt für Schritt testen

Ihre Kunden sind die Richter, die Geschworenen und die Henker Ihres Wertangebots, also gehen Sie auf die Straße und testen Sie Ihre Ideen mit der Kundenentwicklung und einem Lean-Startup-Prozess. Sorgen Sie dafür, dass Sie mit schnellen und preiswerten Experimenten beginnen, um die Ihren Ideen zugrunde liegenden Annahmen zu testen, wenn die Ungewissheit am höchsten ist.

Bibliothek der Experimente

Was Ihre Kunden sagen, kann himmelweit abweichen von dem, was sie tatsächlich tun. Gehen Sie über Gespräche mit Kunden und die Durchführung einer Reihe von Experimenten hinaus. Bringen Sie sie dazu, Handlungen durchzuführen, die ihr Interesse, ihre Präferenzen und ihre Zahlungsbereitschaft beweisen.

Wie sich alles zusammenfügt

Ideen auf den Markt zu bringen, ohne sie zu testen, ist Wunschdenken. Das Testen von Ideen, ohne sie auf den Markt zu bringen, ist nur ein Zeitvertreib. Getestete Ideen auf den Markt zu bringen kann Ihr Leben als Unternehmer verändern. Messen Sie Ihren Fortschritt von der Idee bis zum tatsächlichen Geschäft Schritt für Schritt.

EXIT

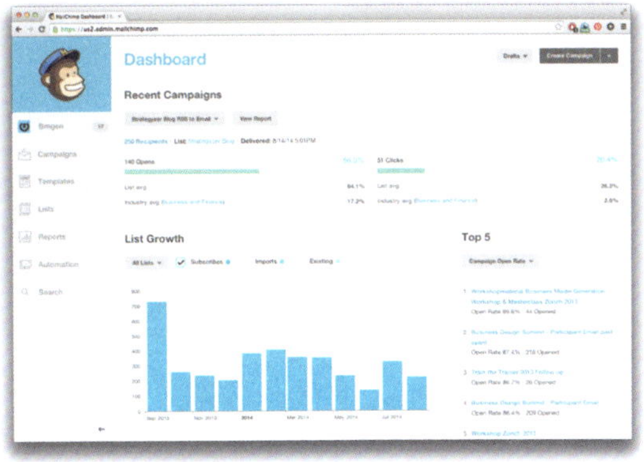
Dashboard
Recent Campaigns
List Growth
Top 5

Value Proposition Design Completion (Thank You)
Home Page
Notify Me
Survey

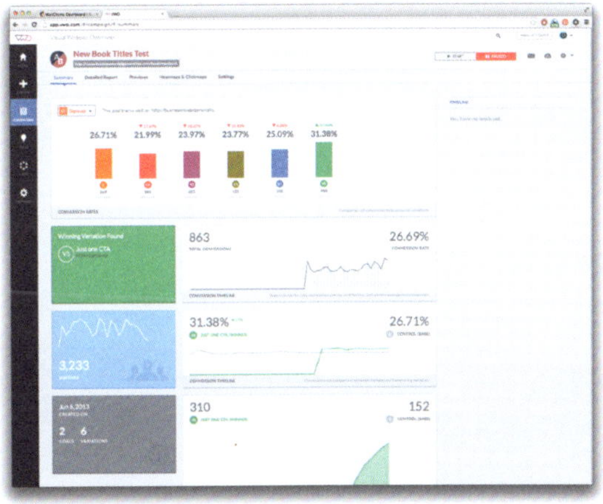
New Book Titles Test
26.71%
21.99%
23.97%
23.77%
25.09%
31.38%
863
26.69%
31.38%
26.71%
3,233
310
152

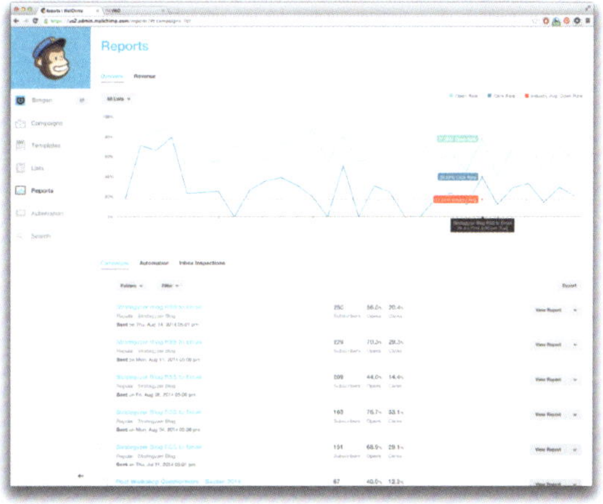
Reports

Weiterent

wickeln

4

Nutzen Sie die Value Proposition Canvas und die Business Model Canvas als gemeinsame Sprache, um Koordination zu schaffen (S. 260) zwischen allen Bereichen Ihrer Organisation, während sie sich kontinuierlich weiterentwickelt. Achten Sie darauf, Ihre Wertangebote und Geschäftsmodelle fortwährend zu messen und zu überwachen (S. 262), damit Sie sich unablässig verbessern (S. 264) und sich selbst immer wieder neu erfinden können (S. 266).

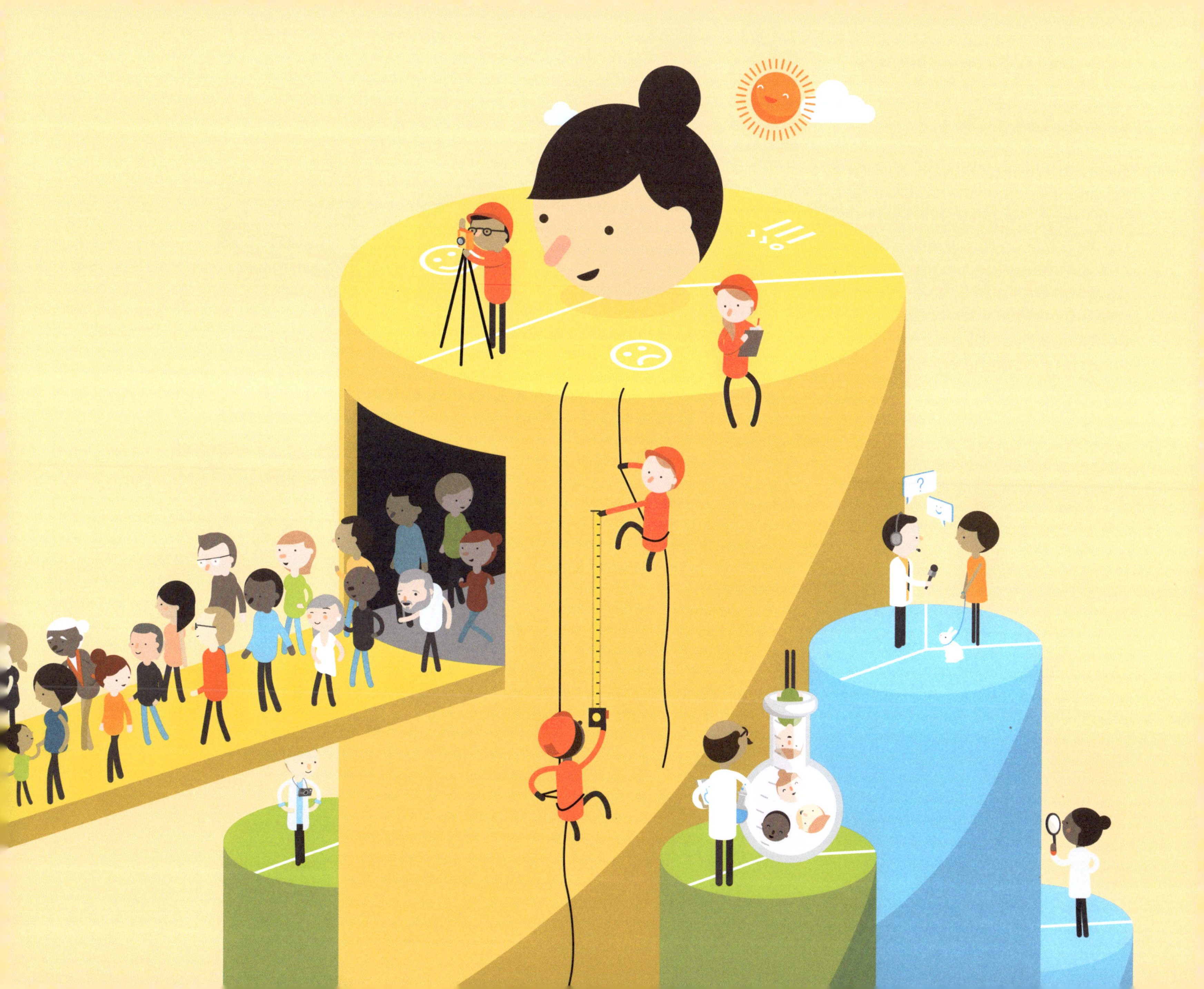

Koordination schaffen

Die Value Proposition Canvas ist ein exzellentes Koordinationswerkzeug. Sie hilft Ihnen, unterschiedlichen Stakeholdern zu kommunizieren, auf welche Kundenaufgaben, Probleme und Gewinne Sie Ihren Schwerpunkt legen, und sie erklärt, wie genau Ihre Produkte und Dienstleistungen Probleme lösen und Gewinne erzeugen.

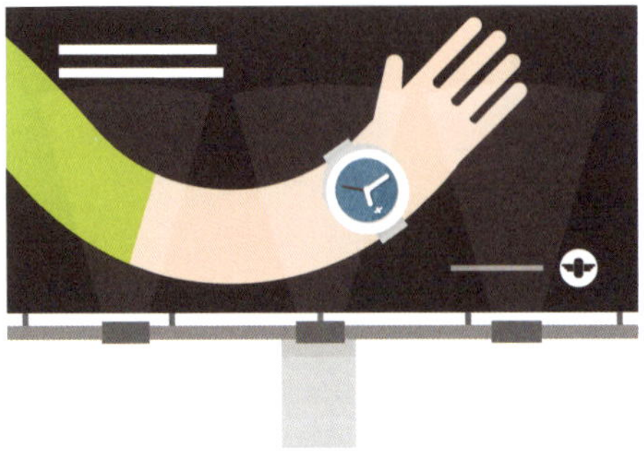

Werbung

Verpackung

Präsentationsfolien

Anleitungsvideos

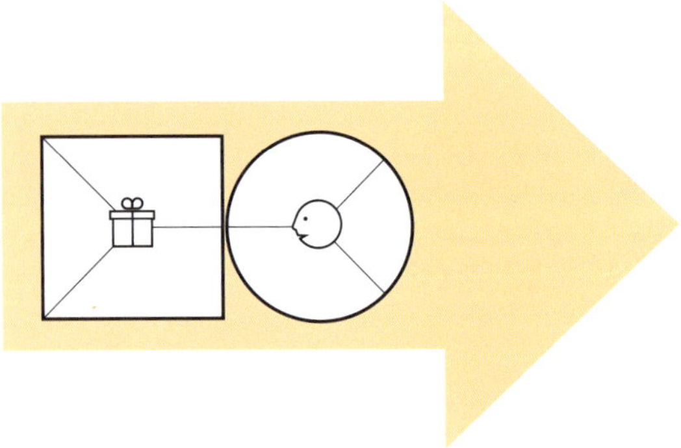

Verkaufsskripte

Schaffen Sie koordinierte Botschaften.

Koordinieren Sie interne und externe Stakeholder.

Marketing
Formulieren Sie Werbebotschaften auf der Grundlage der Aufgaben, Probleme und Gewinne, bei denen Ihre Produkte und Dienstleistungen hilfreich sind. Koordinieren Sie Kundenbotschaften auf allen Ebenen von der Werbung bis zum Verpackungsdesign. Heben Sie hervor, auf welchen Problemlösern und Gewinnerzeugern der Schwerpunkt liegen soll.

(Vertriebs-)Partner
Holen Sie (Vertriebs-)Partner ins Boot, und erklären Sie Ihr Wertangebot. Machen Sie ihnen begreiflich, warum die Kunden Ihre Produkte und Dienstleistungen lieben werden, indem Sie die Problemlöser und die Gewinnerzeuger betonen.

Mitarbeiter
Machen Sie allen Mitarbeitern deutlich, auf welche Kunden Sie abzielen und um welche Aufgaben, Probleme und Gewinne Sie sich kümmern, und stellen Sie dar, wie genau Ihre Produkte und Dienstleistungen für die Kunden Wert schöpfen. Erklären Sie, wie das Wertangebot in das Geschäftsmodell passt.

Verkaufsabteilung
Erklären Sie der Verkaufsabteilung, welche Segmente anvisiert werden und welche Kundenaufgaben, Probleme und Gewinne es gibt. Zeigen Sie auf, welche Merkmale Ihres Wertangebots sich mit der größten Wahrscheinlichkeit verkaufen lassen, indem sie Probleme lösen und Gewinne erzeugen. Koordinieren Sie Verkaufsskripte und Präsentationen.

Shareholder
Erläutern Sie Ihren Shareholdern, wie genau Sie für Ihre Kunden Wert schöpfen wollen. Machen Sie deutlich, wie das (neue oder verbesserte) Wertangebot Ihr Geschäftsmodell unterstützt und einen Wettbewerbsvorteil schafft.

Messen und kontrollieren

Nutzen Sie die Value Proposition Canvas und die Business Model Canvas, um Leistungsindikatoren zu schaffen und zu kontrollieren, wenn Ihr Wertangebot erst einmal auf dem Markt verfügbar ist. Verfolgen Sie die Performance Ihres Geschäftsmodells, Ihres Wertangebots und der Zufriedenheit Ihrer Kunden.

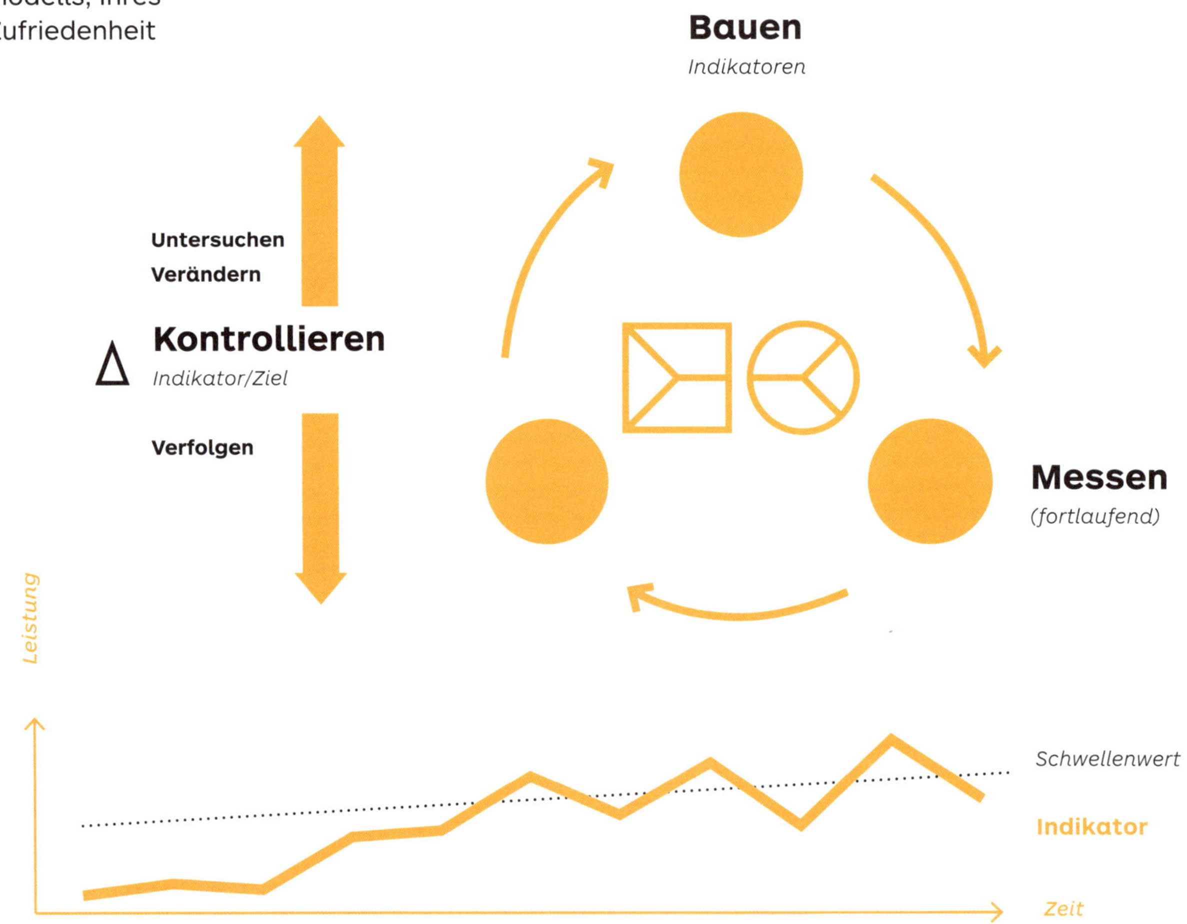

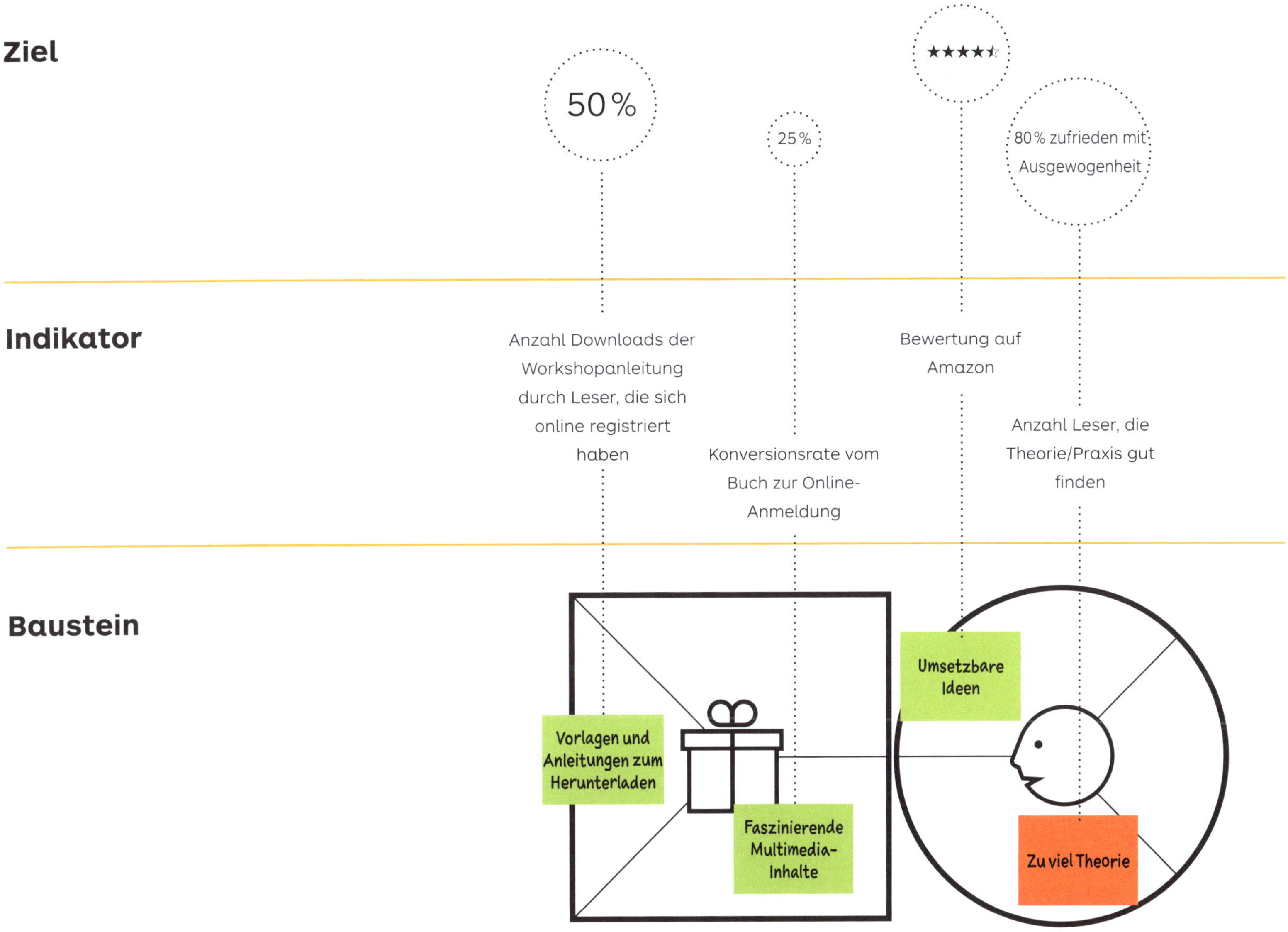
Ziel
50 %
25 %
★★★★☆
80 % zufrieden mit Ausgewogenheit
Indikator
Anzahl Downloads der Workshopanleitung durch Leser, die sich online registriert haben
Konversionsrate vom Buch zur Online-Anmeldung
Bewertung auf Amazon
Anzahl Leser, die Theorie/Praxis gut finden
Baustein
Vorlagen und Anleitungen zum Herunterladen
Faszinierende Multimedia-Inhalte
Umsetzbare Ideen
Zu viel Theorie

Unablässig verbessern

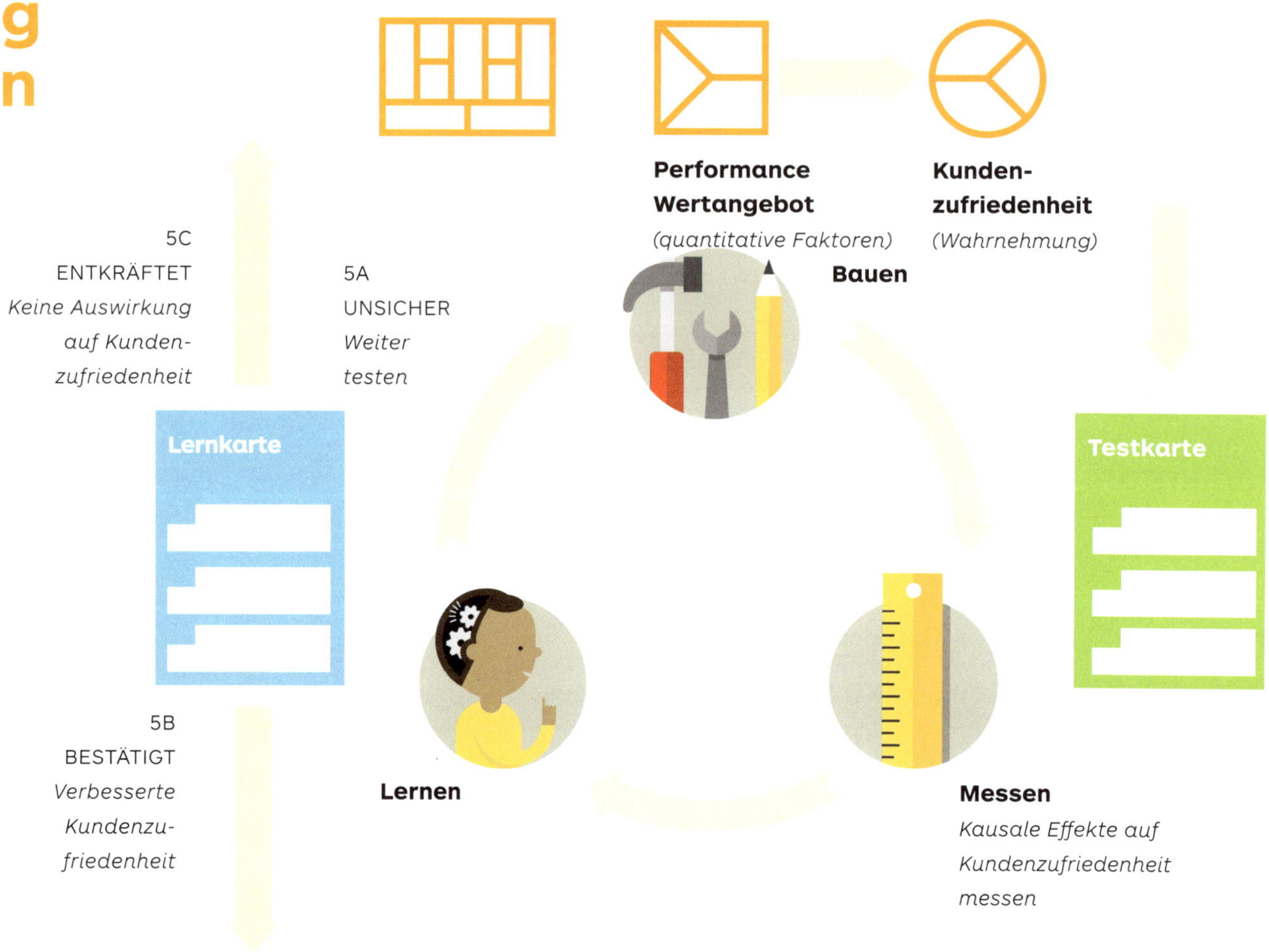

Verwenden Sie dieselben Tools und Prozesse wie beim Testen und Überwachen, um Ihr Wertangebot zu verbessern, wenn es erst einmal auf dem Markt ist. Testen Sie kontinuierlich »Was-wäre-wenn«-Szenarios, und messen Sie ihre Auswirkungen auf die Kundenzufriedenheit.

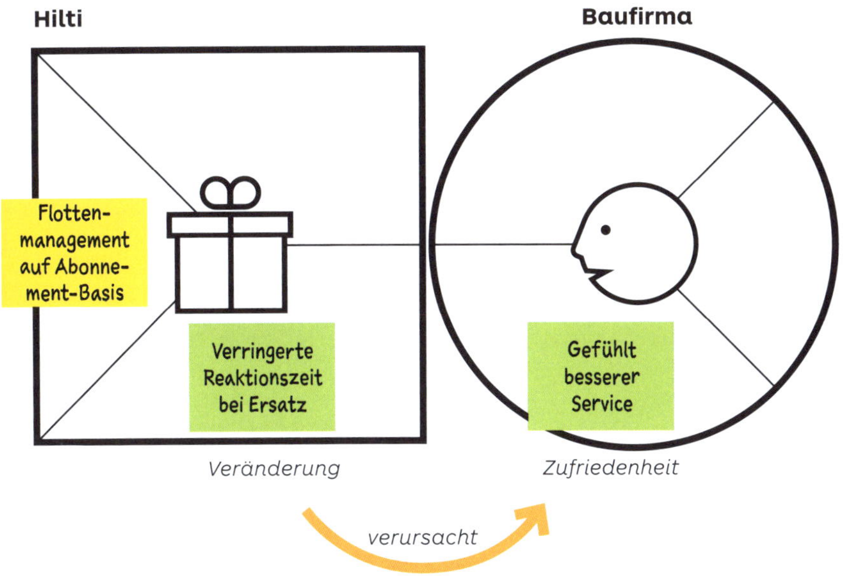

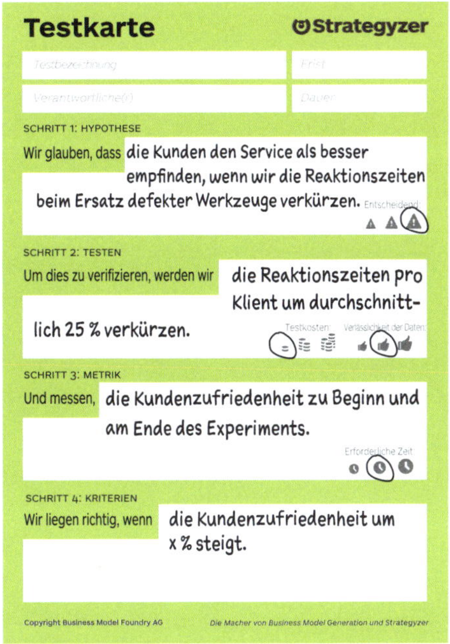
Testkarte
Strategyzer
Testbezeichnung
Frist
Verantwortliche(r)
Dauer
SCHRITT 1: HYPOTHESE
Wir glauben, dass die Kunden den Service als besser empfinden, wenn wir die Reaktionszeiten beim Ersatz defekter Werkzeuge verkürzen.
Entscheidend:
SCHRITT 2: TESTEN
Um dies zu verifizieren, werden wir die Reaktionszeiten pro Klient um durchschnittlich 25 % verkürzen.
Testkosten:
Verlässlichkeit der Daten:
SCHRITT 3: METRIK
Und messen, die Kundenzufriedenheit zu Beginn und am Ende des Experiments.
Erforderliche Zeit:
SCHRITT 4: KRITERIEN
Wir liegen richtig, wenn die Kundenzufriedenheit um x % steigt.
Copyright Business Model Foundry AG
Die Macher von Business Model Generation und Strategyzer

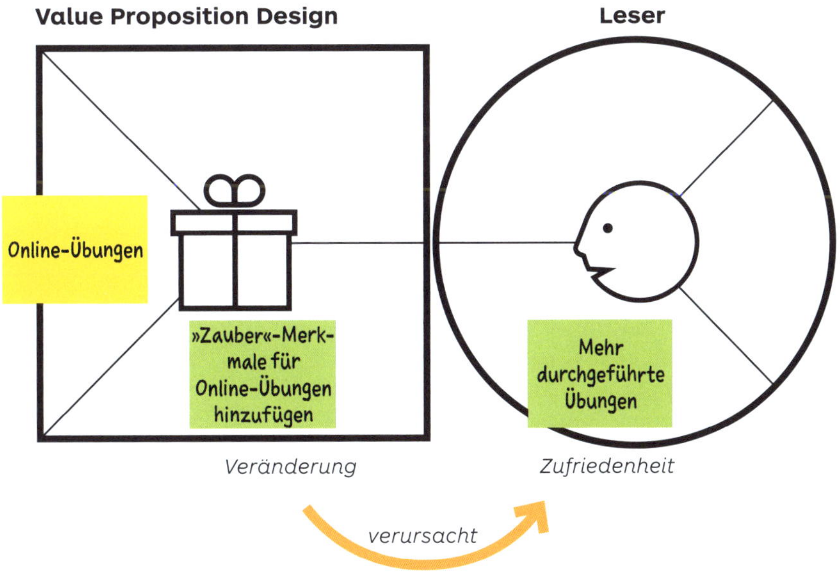

Testkarte
Strategyzer
Testbezeichnung
Frist
Verantwortliche(r)
Dauer
SCHRITT 1: HYPOTHESE
Wir glauben, dass mehr Menschen die Übungen machen, wenn wir die Zahl der »Zauber«-Merkmale erhöhen.
Entscheidend:
SCHRITT 2: TESTEN
Um dies zu verifizieren, werden wir eine Übung durch ein »Zauber«-Merkmal ergänzen.
Testkosten:
Verlässlichkeit der Daten:
SCHRITT 3: METRIK
Und messen, ob mehr Menschen diese Übung gemacht haben als vorher.
Erforderliche Zeit:
SCHRITT 4: KRITERIEN
Wir liegen richtig, wenn es eine Zunahme von x % gibt.
Copyright Business Model Foundry AG
Die Macher von Business Model Generation und Strategyzer

Sich selbst immer wieder neu erfinden

Erfolgreiche Unternehmen schaffen Wertangebote, die in funktionierende Geschäftsmodelle eingebettet sind. Herausragende Unternehmen tun das andauernd. Sie schaffen neue Wertangebote und Geschäftsmodelle, während sie erfolgreich sind.

Ein Unternehmen muss heutzutage flexibel sein und das entwickeln, was die Professorin Rita McGrath von der Columbia Business School in ihrem Buch *The End of Competitive Advantage* als Übergangsvorteile bezeichnet. Ihrer Meinung nach müssen Unternehmen die Fähigkeit entwickeln, rasch und kontinuierlich neue Gelegenheiten wahrzunehmen, anstatt nach zunehmend unhaltbaren langfristigen Wettbewerbsvorteilen zu suchen.

Nutzen Sie die Tools und Abläufe von *Value Proposition Design*, um sich immer wieder neu zu erfinden und um neue Wertangebote zu schaffen, die in hervorragende Geschäftsmodelle eingebettet sind.

Fünf Dinge sollten Sie beachten, wenn Sie Übergangsvorteile erzielen wollen:

- Nehmen Sie die Erforschung neuer Wertangebote und Geschäftsmodelle genauso ernst wie die Anwendung der bestehenden.
- Investieren Sie in fortlaufende Experimente mit neuen Wertangeboten und Geschäftsmodellen, statt große, riskante und unsichere Einsätze vorzunehmen.
- Erfinden Sie sich selbst neu, während Sie erfolgreich sind; warten Sie nicht auf eine Krise, die Sie dazu zwingt.
- Betrachten Sie neue Ideen und Chancen als Mittel, um Mitarbeiter und Kunden zu beflügeln und zu mobilisieren, nicht als riskantes Unterfangen.
- Nutzen Sie Kundenexperimente als Gradmesser für die Beurteilung neuer Ideen und Chancen, nicht die Meinungen von Führungskräften, Strategen oder Experten.

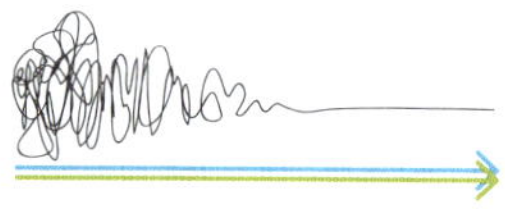

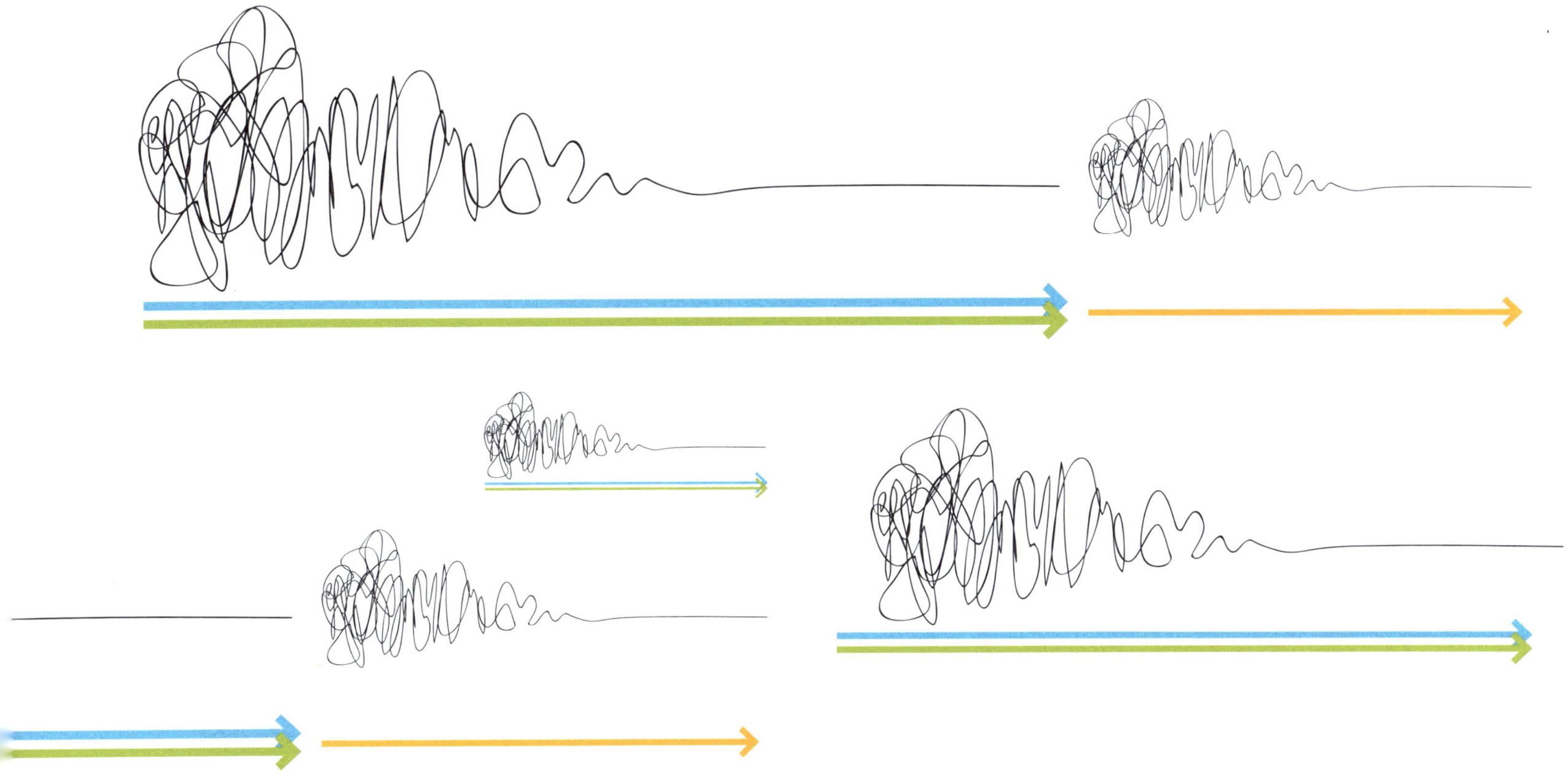

Fragen Sie sich immer wieder …

Welche Elemente in Ihrem Umfeld verändern sich? Was bedeuten Veränderungen des Marktes, der Technologie, der Gesetzgebung, der Makroökonomie oder des Wettbewerbs für Ihre Wertangebote und Geschäftsmodelle? Bieten diese Veränderungen eine Chance, neue Möglichkeiten auszuloten, oder könnten sie eine Bedrohung sein, die Sie ins Aus schießt?

Ist Ihr Geschäftsmodell überholt? Müssen Sie neue Ressourcen oder Aktivitäten hinzufügen? Bieten die bestehenden eine Chance, Ihr Geschäftsmodell zu erweitern? Könnten Sie Ihr existierendes Geschäftsmodell stützen, oder sollten Sie ganz neue einrichten? Ist Ihr Geschäftsmodell-Portfolio für die Zukunft gewappnet?

Ein Unternehmen muss heutzutage flexibel sein und das entwickeln, was die Professorin Rita McGrath von der Columbia Business School in ihrem Buch *The End of Competitive Advantage* als Übergangsvorteile bezeichnet. Ihrer Meinung nach müssen Unternehmen die Fähigkeit entwickeln, rasch und kontinuierlich neue Gelegenheiten wahrzunehmen, anstatt nach zunehmend unhaltbaren langfristigen Wettbewerbsvorteilen zu suchen.

Taobao: Die Neuerfindung des (Online-) Handels

Taobao ist ein chinesisches Phänomen des E-Commerce und Teil der Alibaba Group. Es hat in China anerkanntermaßen eine neue Dimension des Handels eröffnet, indem es mithilfe des Internets ein Wirtschaftssystem schuf, das vertrauenswürdige kommerzielle Transaktionen ermöglicht. Binnen zehn Jahren entwickelte das Unternehmen seine Geschäftsmodelle drei Mal weiter. Es begrüßte proaktiv die auf seiner Plattform sowie in der gesamten chinesischen Ökonomie stattfindenden Veränderungen und verwandelte sie in eine Chance.

Gesamte Taobao-Fallstudie online

2003

Eine neue Consumer-to-Consumer(C2C)-Plattform

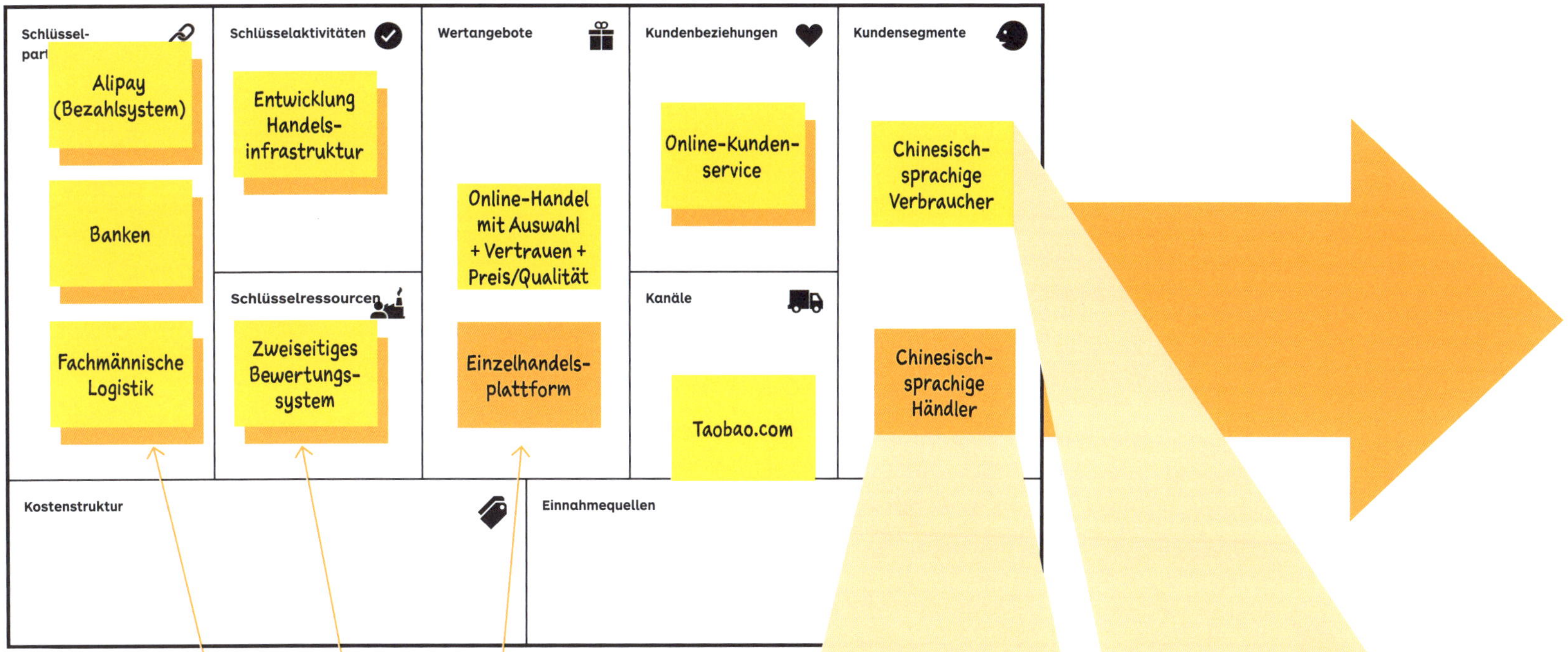

2

Einrichtung einer vertrauenswürdigen Plattform

Einführung einer Bezahl- und Logistikinfrastruktur mit Partnern, um kommerzielle Transaktionen und Warenversand zu erleichtern

Schöpfung eines neuen Wertangebots für Verkäufer und Käufer

Einführung eines Bewertungssystems schafft Vertrauen zwischen Verkäufern und Käufern, das es in der physischen Wirtschaft nicht gegeben hat

1

Handelserschwernisse in der chinesischen Wirtschaft

Fehlende Infrastruktur für geschäftliche Aktivitäten

Verbraucher entmutigt durch hohe Preise, geringe Qualität und mangelndes Vertrauen

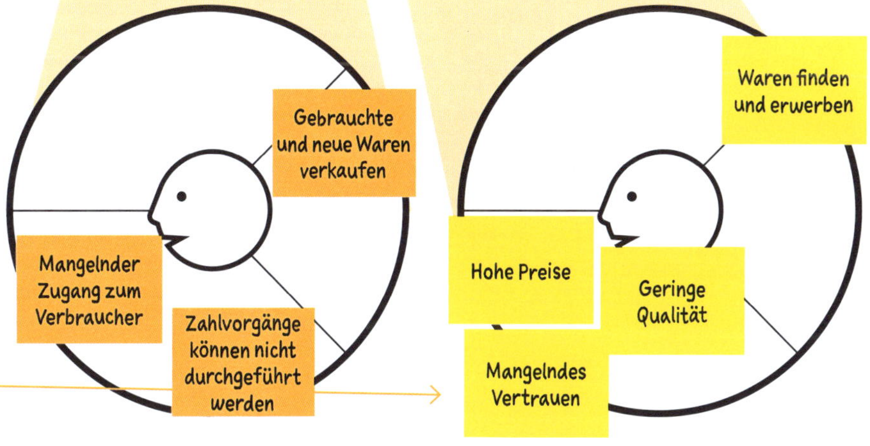

2006

Taobao – Business-to-Consumer (B2C) im Kleinformat

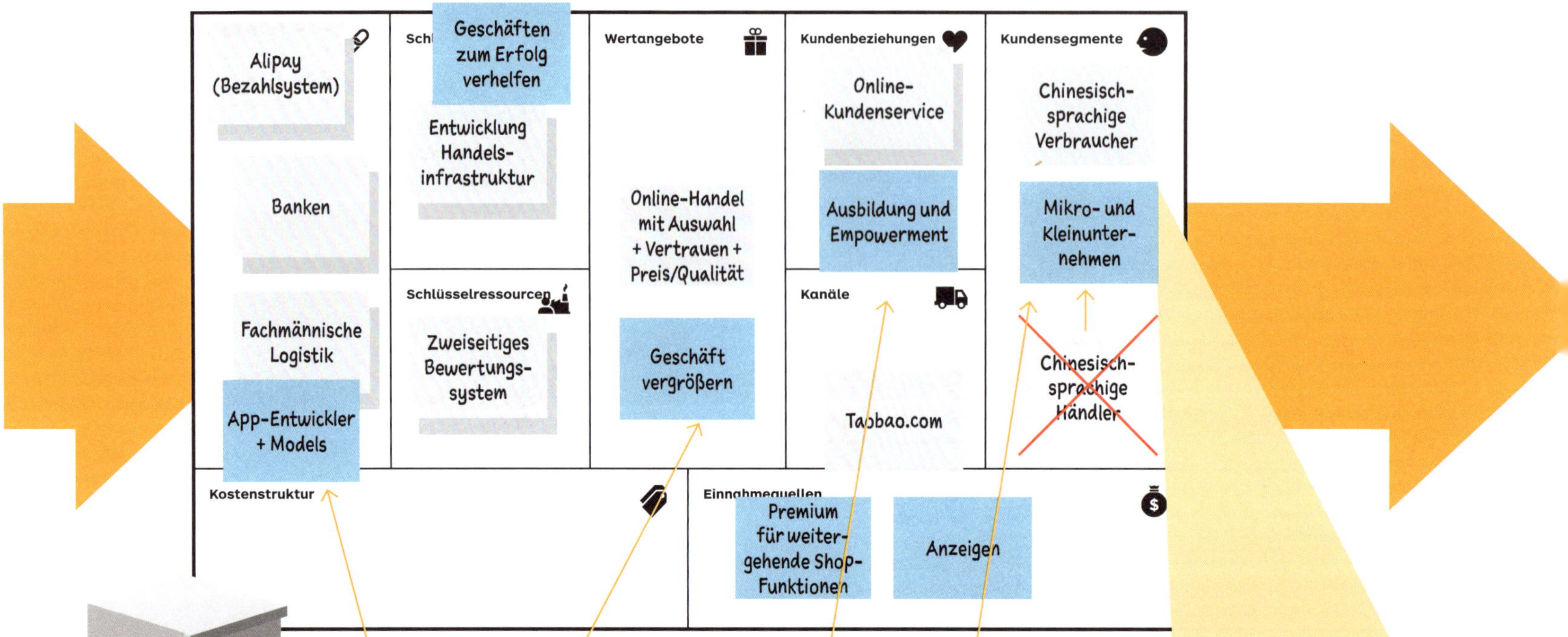

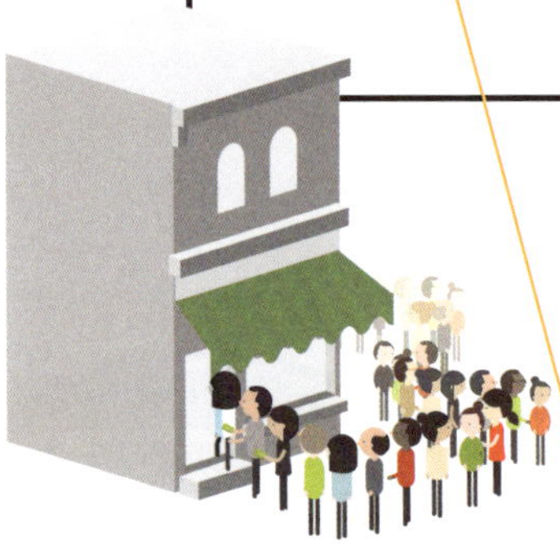

2

Schwenk in Richtung Mikrounternehmer

Taobao verlagert den Schwerpunkt und baut auf diesen Trend durch Ausrichtung auf Mikrounternehmer

1

Geburtsstunde der Mikrounternehmer

Die Taobao-Plattform wird so beliebt, dass Millionen von Verkäufern eine Chance sehen, Mikrounternehmer zu werden

Einbeziehung externer Dienstleister, um das Wertangebot zu stärken

Einrichtung der »Taobao University«, damit Unternehmer auf der Plattform navigieren und etwas über das Business erfahren können

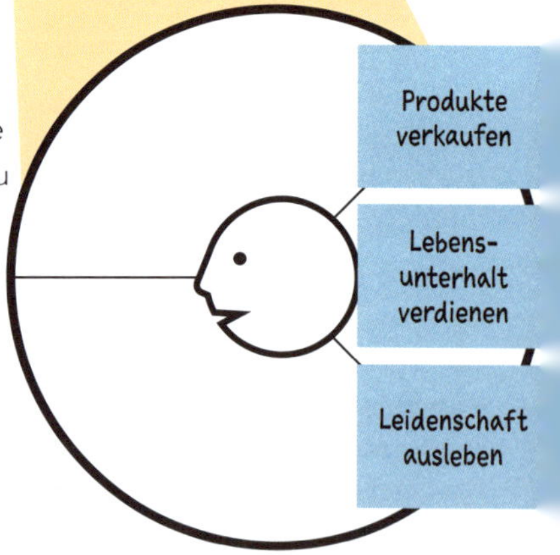

2008

Taobao – Business-to-Consumer (B2C) im Großformat

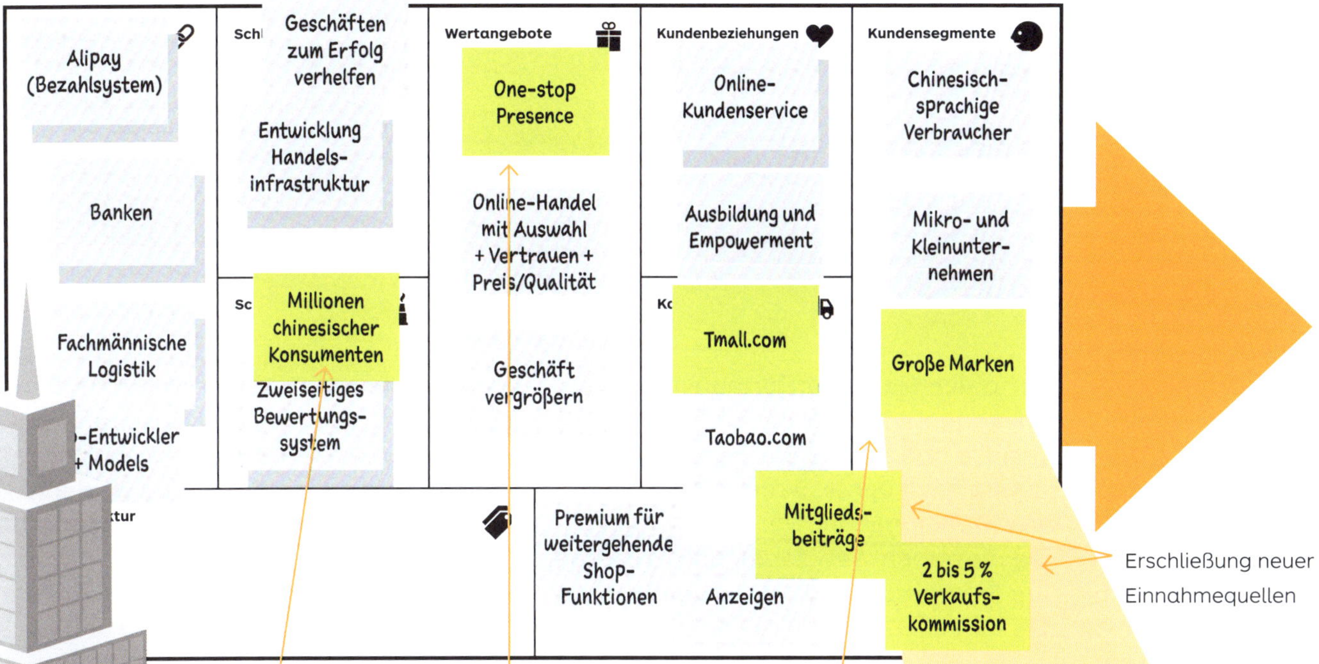

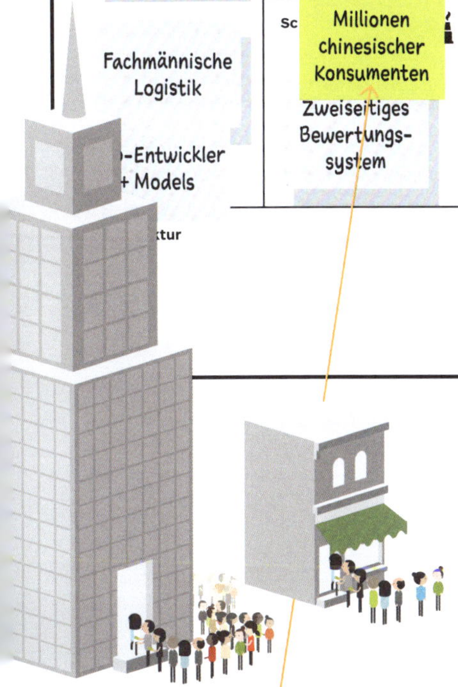

2013

Taobao – ?

1

Ein neuer Aktivposten wird enthüllt

Taobao erkennt, dass sein Geschäftsmodell einen unglaublichen Aktivposten besitzt: Hunderte Millionen chinesischer Verbraucher.

2

Start eines neuen Geschäfts

Der »neue« Aktivposten wird zur Grundlage eines neuen Wertangebots

… für einen neuen Kunden (große Marken) …

… mit dessen Hilfe die chinesischen Konsumenten viel schneller erreicht werden als durch die Eröffnung eines physischen Ladenlokals.

Taobao wurde binnen zehn Jahren von einer einfachen Online-Plattform zu einem komplexen Geschäftssystem. Das gelang durch die laufende Verbesserung und Neuerfindung seiner Wertangebote und Geschäftsmodelle. Aufgrund der neuen Entwicklungen in puncto Mobiltelefonie, Gaming und Messaging kann sich das Unternehmen jedoch nicht auf seinen Lorbeeren ausruhen. Taobao ist ständig aufgefordert, seine Entwicklung fortzusetzen.

Hinzugelernt

Koordination schaffen

Die Value Proposition Canvas und die Business Model Canvas sind ausgezeichnete Koordinationswerkzeuge. Nutzen Sie sie als gemeinsame Sprache, um eine bessere Zusammenarbeit zwischen den verschiedenen Bereichen Ihrer Organisation zu schaffen. Machen Sie jedem Stakeholder deutlich, warum genau Sie beabsichtigen, für Ihre Kunden und Ihr Geschäft Wert zu schaffen.

Messen, kontrollieren, verbessern

Verfolgen Sie die Performance Ihres Wertangebots über die Zeit, und sorgen Sie dafür, dass Sie weiterhin Kundenwert schöpfen, während sich die Marktbedingungen verändern. Nutzen Sie dieselben Werkzeuge und Prozesse, um Ihr Wertangebot zu verbessern, die Sie für sein Design verwendet haben.

Neuerfindung noch während des Erfolgs

Warten Sie nicht mit der Neuerfindung Ihrer Wertangebote und Geschäftsmodelle. Tun Sie es, noch ehe die Marktbedingungen Sie dazu zwingen, denn dann könnte es schon zu spät sein. Schaffen Sie Unternehmensstrukturen, die es Ihnen ermöglichen, gleichzeitig bestehende Wertangebote und Geschäftsmodelle zu verbessern und neue zu erfinden.

Anh

ang

Glossar

Aufgaben
Was Kunden auf der Arbeit und in ihrem Leben erledigen müssen oder wollen.

Business Model Canvas
Strategisches Managementwerkzeug, um (profitable und erweiterbare) Geschäftsmodelle zu gestalten, zu testen, aufzubauen und zu verwalten.

Environment Map
Strategisches Vorhersage-Tool, um den Kontext aufzuzeigen, in dem Sie Wertangebote und Geschäftsmodelle gestalten und managen.

Experiment/Test
Vorgang, der eine Wertangebots- oder Geschäftsmodellhypothese bestätigen oder entkräften soll und Nachweise liefert.

Geschäftsmodell
Grundprinzip dessen, wie ein Unternehmen Wert schöpft, vermittelt und erfasst.

(Geschäfts-)Hypothese
Eine Voraussetzung, die zutreffen muss, damit Ihre Idee teilweise oder vollständig funktioniert, die jedoch noch nicht bestätigt wurde.

Gewinnerzeuger
Beschreibt, wie Produkte und Dienstleistungen Gewinne erzeugen und Kunden helfen, die Ergebnisse und Vorteile zu erzielen, die sie brauchen, erwarten, sich wünschen oder sich erträumen, indem eine Aufgabe (gut) erledigt wird.

Handlungsaufruf
Veranlasst ein Subjekt, eine Handlung auszuführen; wird in Experimenten verwendet, um eine oder mehrere Hypothesen zu überprüfen.

Kundenentwicklung
Von Steve Blank erfundener vierstufiger Prozess, um Risiken und Unsicherheiten des Unternehmers zu reduzieren, indem die einem Geschäftsmodell zugrunde liegenden Hypothesen kontinuierlich an Kunden und Stakeholdern getestet werden.

Kundenerkenntnis
Kleinerer oder größerer Durchbruch in Ihrem Kundenverständnis, der Ihnen hilft, bessere Wertangebote und Geschäftsmodelle zu gestalten.

Kundengewinne
Ergebnisse und Vorteile, die ein Kunde haben muss, die er erwartet, wünscht oder von deren Erreichung er träumt.

Kundenprobleme
Schlechte Ergebnisse, Risiken und Hindernisse, die Kunden vermeiden wollen, insbesondere weil sie sie davon abhalten, eine Aufgabe (gut) zu erledigen.

Kundenprofil
Business-Tool, das die rechte Seite der Value Proposition Canvas bildet. Macht die Aufgaben, Probleme und Gewinne eines Kundensegments (oder Stakeholders) sichtbar, für das (für den) Sie Wert zu schöpfen beabsichtigen.

Lean Start-up
Ansatz von Eric Ries auf Grundlage des Kundenentwicklungsprozesses, um Vergeudung und Ungewissheit durch kontinuierliches, schrittweises Aufbauen, Testen und Lernen aus der Produktentwicklung zu eliminieren.

Lernkarte
Strategisches Lern-Tool, um Erkenntnisse aus Untersuchungen und Experimenten zu ziehen.

Minimalprodukt
Modell eines Wertangebots, das speziell dafür entwickelt wurde, eine oder mehrere Hypothesen zu bestätigen oder zu widerlegen.

Nachweis
Beweist oder widerlegt eine (Geschäfts-)Hypothese, Kundenerkenntnis oder Überzeugung im Hinblick auf ein Wertangebot, ein Geschäftsmodell oder die Umgebung.

Problemlöser
Beschreibt, wie Produkte und Dienstleistungen Kundenprobleme erleichtern, indem schlechte Ergebnisse, Risiken und Hindernisse eliminiert werden, die den Kunden daran hindern, eine Aufgabe (gut) zu erledigen.

Produkte und Dienstleistungen
Worauf Ihr Wertangebot basiert und was Ihre Kunden – metaphorisch gesprochen – in Ihrem Schaufenster sehen können.

Progress Board
Strategisches Management-Tool, um den Designprozess des Geschäftsmodells und des Wertangebots zu überwachen und den Fortschritt zu einem erfolgreichen Wertangebot und Geschäftsmodell zu verfolgen.

Prototyp
Schnelle, preiswerte und grobe Studienmodelle, um die Erwünschtheit, Umsetzbarkeit und Funktionsfähigkeit alternativer Wertangebote und Geschäftsmodelle in Erfahrung zu bringen.

Übereinstimmung
Wenn die Elemente Ihrer Value Map mit relevanten Aufgaben, Problemen und Gewinnen Ihres Kundensegments zusammenfallen und eine maßgebliche Anzahl von Kunden Ihr Wertangebot annimmt, um diese Aufgaben, Probleme und Gewinne anzugehen.

Testkarte
Strategisches Testwerkzeug, um Ihre Untersuchungen und Experimente zu gestalten und zu strukturieren.

Value Map
Business-Tool, das die linke Seite der Value Proposition Canvas bildet. Macht deutlich, wie Ihre Produkte und Dienstleistungen Wert schaffen, indem sie Probleme lösen und Gewinne erzeugen.

Value Proposition Canvas
Strategisches Managementwerkzeug für Design, Test, Aufbau und Handhabung von Produkten und Dienstleistungen. Lässt sich vollständig mit der Business Model Canvas kombinieren.

Wertangebot
Beschreibt die Vorteile, die Kunden von Ihren Produkten und Dienstleistungen erwarten können.

Wertangebotsdesign
Der Prozess, Wertangebote zu designen, zu testen, aufzubauen und zu managen – über ihren gesamten Lebenszyklus hinweg.

Download PDF Glossar

Das Kernteam

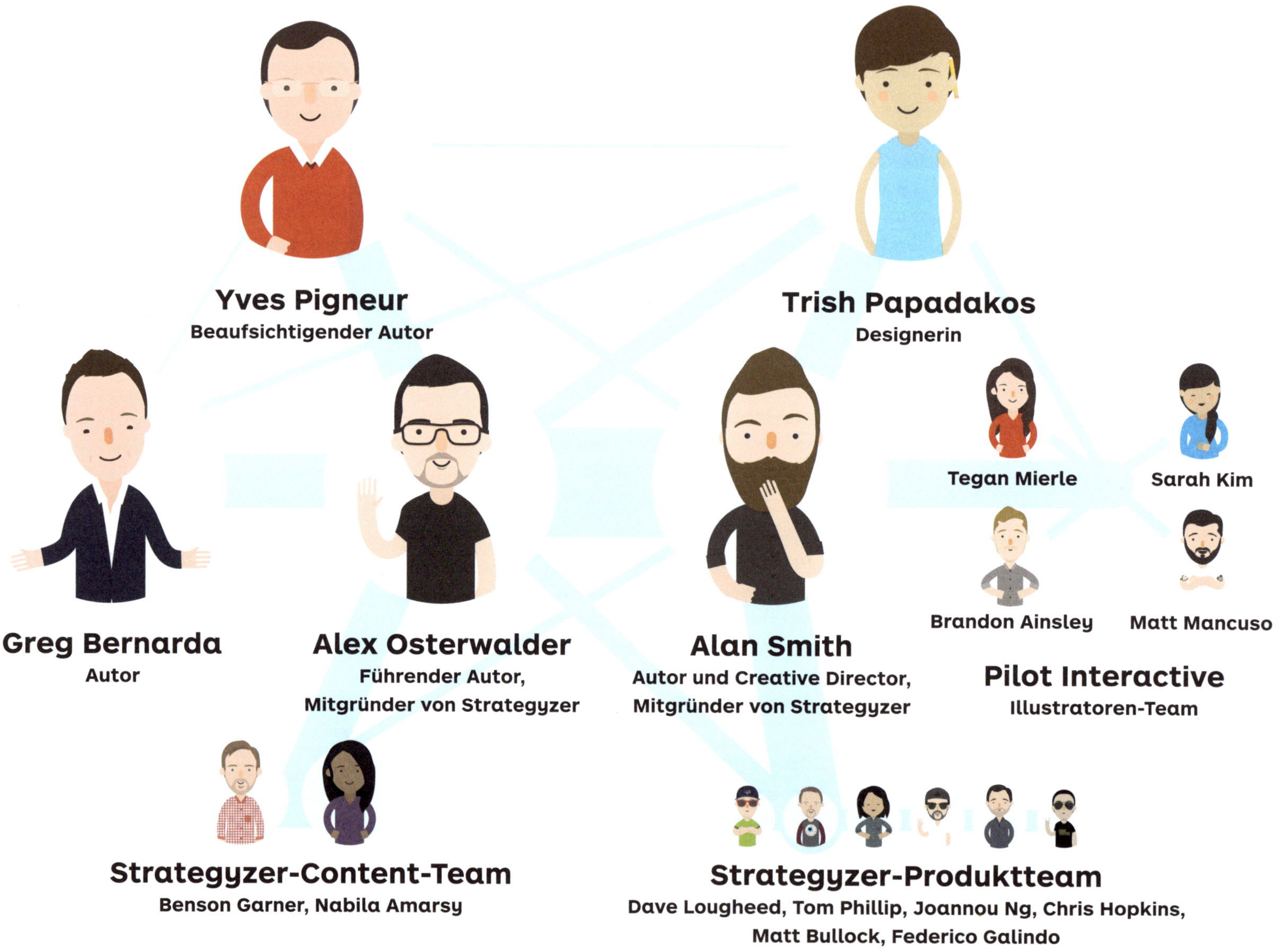

Betaleser

Wir befolgen unsere eigenen Ratschläge und haben unsere Ideen getestet, ehe wir sie veröffentlicht haben. Über 100 ausgewählte Personen aus aller Welt haben als Betaleser fungiert, um unseren Rohschöpfungen auf den Zahn zu fühlen. Über 60 haben aktiv beigetragen, indem sie Ideen, Konzepte und Buchseitengestaltung bewerteten. Sie haben Vorschläge gemacht, gründlich Korrektur gelesen und ohne Gnade auf Fehler und Unstimmigkeiten hingewiesen. Wir haben den Buchtitel mehrfach mit Betalesern überarbeitet, ehe wir verschiedene Alternativen am Markt getestet haben.

Gabrielle Benefield
Phil Blake
Jasper Bouwsma
Frederic Briguet
Karl Burrow
Manuel Jose Carvajal
Pål Dahl
Christian Doll
Joseph Dougherty
Todd Dunn
Reinhard Ematinger
Sven Gakstatter
Jonas Giannini
Claus Gladyszak
Boris Golob
Dave Gray
Gaute Hagerup
Natasha Hanshaw
Chris Hill
Luke Hohmann

Jay Jayaraman
Shyam Jha
Greg Judelman
James King
Hans Kok
Ryuta Kono
Jens Korte
Jan Kyhnau
Michael Lachapelle
Ronna Lichtenberg
Justin Lokitz
Ranjan Malik
Deborah Mills-Scofield
Nathan Monk
Mario Morales
Fabio Nunes
Jan Ondrus
Aloys Osterwalder
Matty Paquay
Olivier Perez Kennedy

Johan Rapp
Christian Saclier
Andrea Schrick
Gregoire Serikoff
Aron Solomon
Peter Sonderegger
Lars Spicker Olesen
Matt Terrell
James Thomas
Paris Thomas
Patrick Van Der Pijl
Emanuela Vartolomei
Mauricio
Reiner Walter
Matt Wanat
Lu Wang
Marc Weber
Judith Wimmer
Shin Yamamoto

Vitae

Alex Osterwalder

Dr. Alexander Osterwalder ist Hauptautor des internationalen Bestsellers *Business Model Generation*, leidenschaftlicher Unternehmer und viel gefragter Redner. Er ist Mitgründer von Strategyzer, einem Softwareunternehmen, das sich auf Tools und Content für strategisches Management und Innovation spezialisiert hat. Dr. Osterwalder hat die Business Model Canvas erfunden, ein strategisches Managementwerkzeug zum Designen, Testen, Aufbauen und Verwalten von Geschäftsmodellen, das von Unternehmen wie Coca-Cola, GE, P&G, Mastercard, Ericsson, Lego und 3M verwendet wird. Er ist häufig als Hauptreferent in führenden Organisationen und Universitäten in aller Welt zu Gast, darunter Stanford, Berkeley, MIT, IESE und IMD. Folgen Sie ihm online unter @alexosterwalder

Yves Pigneur

Dr. Yves Pigneur ist Koautor von *Business Model Generation* und Professor für Management- und Informationssysteme an der Universität Lausanne. Er hatte Gastprofessuren in den Vereinigten Staaten, in Kanada und Singapur. Yves ist häufig Gastredner zum Thema Geschäftsmodelle an Universitäten, in Großunternehmen, bei Unternehmertreffen und auf internationalen Konferenzen.

Greg Bernarda

Greg Bernarda ist Denker, Kreativer und Moderator und unterstützt Einzelpersonen, Teams und Firmen bei Strategie und Innovation. Er arbeitet mit engagierten Führungskräften zusammen, um eine Zukunft (neu) zu gestalten, die Mitarbeiter, Kunden und Gemeinschaften als ihre eigene anerkennen können. Seine Projekte wurden zum Beispiel bei Colgate, Volkswagen, an der Harvard Business School und bei Capgemini umgesetzt. Greg ist häufig als Redner zu hören; er ist Mitinitiator einer Reihe von Veranstaltungen zum Thema Nachhaltigkeit in Peking und arbeitet als Berater für Utopies in Paris. Zuvor hat er acht Jahre lang beim Weltwirtschaftsforum Initiativen für die Mitglieder ins Leben gerufen, um sich mit globalen Themen zu beschäftigen. Er hat einen MBA (Oxford Saïd) und ist zertifizierter Business Model Coach bei Strategyzer.

Alan Smith

Alans Passionen sind Design, Business und unser Umgang damit. Als Unternehmer mit Designerausbildung hat er in den Bereichen Film, Fernsehen, Druckmedien, Mobiltelefonie und Internet gearbeitet. Vor kurzem gründete er The Movement, eine internationale Designagentur mit Niederlassungen in London, Toronto und Genf. Gemeinsam mit Alex Osterwalder und Yves Pigneur schuf er die Value Proposition Canvas und war für das bahnbrechende Design von *Business Model Generation* verantwortlich. Er gehört zu den Mitgründern von Strategyzer, wo er mit einem hervorragenden Team Tools und Content schafft und Geschäftsleuten hilft, das zu liefern, was die Kunden wollen. Folgen Sie ihm online unter @thinksmith.

Trish Papadakos

Trish ist Designerin, Fotografin und Unternehmerin. Sie machte ihren Master in Design am Central St. Martins in London und ihren Bachelor in Design am York Sheridan Joint Program in Toronto. Sie unterrichtet Design an ihrer Alma Mater, hat mit preisgekrönten Agenturen zusammengearbeitet, mehrere Unternehmen gegründet und arbeitet nun zum dritten Mal mit dem Strategyzer-Team zusammen. Folgen Sie ihren Fotografien auf Instagram unter @trishpapadakos.

Index

A

B

C

D

E

F

G

H

I

J

K

L

M

N

O

P

R

S

T

U

V

W

Z

Verschwenden Sie weder Zeit, Energie noch Geld für die Entwicklung von Produkten und Services, die niemand will – drehen Sie das Buch um!